"十四五"职业教育国家规划教材

模具零件的手工制作与检测

（第 2 版）

主　编　卢尚文　徐文庆　熊建武

副主编　高显宏　陈黎明　刘绍忠　熊福意　王端阳

参　编　刘少华　孙忠刚　谢学民　郭晓昕　刘友成　黄启红
　　　　谭补辉　宋新华　丁洪波　王　静　夏　嵩　王　健
　　　　付　钢　姚　锋　刘雄健　邓四云　彭向阳　王　波
　　　　欧　伟　尹美红　王小平　刘　庆

主　审　胡智清　汪哲能

北京理工大学出版社

BEIJING INSTITUTE OF TECHNOLOGY PRESS

内 容 提 要

本书以通俗易懂的文字和丰富的图表,系统地介绍了钳工安全生产和文明生产制度,通用工装夹具和测量仪器的使用,模具零件的划线、錾削加工、锯削加工、锉削加工、钻削加工、螺纹加工、研磨、抛光、去毛刺、检测等内容,同时还安排了较典型模具零件的手工制作实例,并提供了模具零件手工制作和检测题例供学生实际操作。

本书适合于模具设计与制造、材料成型与控制技术、机械设计与制造、数控技术应用、机械制造技术、机电一体化等机械装备制造类专业中高职衔接班及五年一贯制大专班使用,适合高等职业技术学院和成人教育院校模具设计与制造、机械设计与制造、材料成型与控制技术、数控技术应用、机械制造技术、机电一体化、汽车运用与维护、汽车制造与装配技术、新能源汽车等机械装备制造类相关专业使用,也可供中等职业学校模具制造技术、机械加工技术、机电一体化、汽车维修、汽车制造与装配、新能源汽车等专业使用,还可供从事模具设计与制造的工程技术人员、高等职业技术学院和中等职业学校教师参考。

图书在版编目(CIP)数据

模具零件的手工制作与检测/卢尚文,徐文庆,熊建武主编. -- 2 版. -- 北京:北京理工大学出版社,2019.8(2024.1 重印)

ISBN 978-7-5682-7486-9

Ⅰ. ①模… Ⅱ. ①卢… ②徐… ③熊… Ⅲ. 模具-零件-制作②模具-零件-检测 Ⅳ. ①TG76

中国版本图书馆 CIP 数据核字(2019)第 188630 号

责任编辑: 高 芳		**文案编辑:** 高 芳	
责任校对: 周瑞红		**责任印制:** 李志强	

出版发行 / 北京理工大学出版社有限责任公司
社　　址 / 北京市丰台区四合庄路 6 号
邮　　编 / 100070
电　　话 / (010) 68914026 (教材售后服务热线)
　　　　　　(010) 68944437 (课件资源服务热线)
网　　址 / http://www.bitpress.com.cn
版印次 / 2024 年 1 月第 2 版第 3 次印刷
印　　刷 / 三河市天利华印刷装订有限公司
开　　本 / 787 mm×1092 mm　1/16
印　　张 / 21
字　　数 / 493 千字
定　　价 / 58.80 元

前　言

在国家加快构建新发展格局，着力推动高质量发展，以及实施科教兴国战略，强化现代化建设人才支撑的重大战略背景下，制造业承担着为党、为国培养造就更多大师、战略科学家、一流科技领军人才和创新团队、青年科技人才、卓越工程师、大国工匠、高技能人才的重任。本教材在贯彻落实党的二十大精神的指引下，以立德树人为根本宗旨，在总结近几年各院校模具设计与制造专业教学改革经验的基础上，由湖南工业职业技术学院等院校的专业教师联合编写，是模具设计与制造专业国家资源库建设项目《模具零件手工制作》课程配套教材，是《湖南职业教育"芙蓉工匠"培养研究基地》研究成果教材。

本书以培养学生机械零件手工制作与检测的基本技能为目标，按照基于工作过程导向的原则，在行业企业、同类院校进行调研的基础上，重构课程体系，拟定典型工作任务，重新制定课程标准，按照由简到难的顺序，让学生在学习机械零件的手工制作与检测等专业基础知识的同时，进行实际动手制作和检测，具备初步简单机械零件制作与检测等技能，以充分调动学生的学习积极性，使学生学有所成。

本书以通俗易懂的文字和丰富的图表，系统地介绍了钳工安全生产和文明生产制度，通用工装夹具和测量仪器的使用，模具零件的划线、錾削、锯削、钻削、螺纹加工、去毛刺、研磨、抛光和检测等内容，同时还安排了较典型模具零件的手工制作实例，并提供了模具零件手工制作和检测例题供学生实际操作。建议安排 48~60 课时。

本书由卢尚文（湖南工业职业技术学院）、徐文庆（湖南财经工业职业技术学院）、熊建武（湖南工业职业技术学院）主编，高显宏（辽宁交通高等专科学校）、陈黎明（湖南财经工业职业技术学院）、刘绍忠（邵阳职业技术学院）、熊福意（中南工业学校）、王端阳（祁东县职业中等专业学校）副主编。参加编写的还有刘少华（湖南财经工业职业技术学院），孙忠刚（湖南工业职业技术学院），谢学民（娄底技师学院），郭晓昕（包头铁道职业技术学院），刘友成（邵阳职业技术学院），黄启红（岳阳职业技术学院），谭补辉（益阳职业技术学院），宋新华（张家界航空工业职业技术学院），丁洪波（湖南省汽车技师学院），王静（永州市工商职业中等专业学校），夏嵩（长沙市望城区职业中等专业学校），王健（衡南县职业中等专业学校），付钢（中南工业学校），姚锋（湘阴县第一职业中等专业学校），刘雄健（祁东县职业中等专业学校），邓四云（衡东县职业中专学校），彭向阳（平江县职业技术学校），王波、欧伟（长沙汽车工业学校），尹美红（邵阳市高级技工学校），王小平（宁远县职业中专学校），刘庆（宁乡市职业中专学校）。熊建武负责全书的统稿和修改。胡智清（湖南财经工业职业技术学院教授）、汪哲能（湖南财经工业职业技术学院教授）任主审。

在本书编写过程中，湖南工业职业技术学院陈超教授、湖南省模具设计与制造学会副理事长钟志科教授级高级工程师、湖南工业职业技术学院何忆斌教授、湖南省模具设计与制造学会副理事长贾庆雷高级工程师、湖南省模具设计与制造学会副理事长、湘潭电机股份有限公司电机事业部孙孝文高级工程师、湖南维德科技发展有限公司陈国平总经理对本书提出了许多宝贵意见和建议，湖南工业职业技术学院、湖南财经工业职业技术学院、邵阳职业技术学院、娄底技师学院、中南工业学校、衡南县职业中等专业学校等院校领导给予了大力支持，在此一并表示感谢。

为便于学生查阅有关资料、标准及拓展学习，本书特为相关内容设置了二维码链接。同时，作者在撰写过程中搜集了大量有利于教学的资料和素材，限于篇幅未在书中全部呈现，感兴趣的读者可向作者索取，作者的邮箱：xiongjianwu2006@126.com。

本书适合于模具设计与制造、材料成型与控制技术、机械设计与制造、数控技术应用、机械制造技术、机电一体化等机械装备制造类专业中高职衔接班及五年一贯制大专学生使用，适合高等职业和成人教育院校模具设计与制造、机械设计与制造、材料成型与控制技术、数控技术应用、机械制造技术、机电一体化、汽车运用与维护、汽车制造与装配技术、新能源汽车等机械装备制造类相关专业学生使用，也可供中等职业学校模具制造技术、机械加工技术、机电一体化、汽车维修、汽车制造与装配、新能源汽车等专业学生使用，还可供从事模具设计与制造的工程技术人员、高等职业和中等职业院校教师参考。

由于时间仓促和著者水平有限，书中错误和不当之处在所难免，恳请广大读者批评指正。

编　者

目　　录

钳工安全生产和文明生产制度

≫ 项目内容：

● 钳工安全生产和文明生产制度。

≫ 学习目标：

● 了解并遵守学校实习实训管理制度、企业安全生产和文明生产制度。

≫ 主要知识点与技能：

● 钳工的工作任务及其在机械设计制造和使用中的地位和作用。
● 钳工的工作场地。
● 机械制造企业的安全生产和文明生产制度。

1.1 钳工的工作任务

钳工通常分为机修钳工、装配钳工和工具钳工。根据国家职业技能鉴定标准，钳工分为五级即初级工、中级工、高级工、技师、高级技师。

机修钳工的主要工作就是使用工具、量具、刃具及辅助设备，对各类设备进行安装、调试和维修。装配钳工的主要工作就是使用工具、量具、刃具及辅助设备，操作机械设备、仪器仪表，对各类机械设备零件、部件或成品进行组合装配与调试。工具钳工的主要工作就是工具、夹具、模具制造、修理、维护以及更新，也包括各种夹具、钻具、量具的制作与维护。

钳工大多是在钳工台上以手工工具为主对工件进行加工的工种，机械零件的手工制作是工具钳工的基本工作。手工制作的特点是技艺性强，加工质量好坏主要取决于手工制作者技能水平的高低。凡是不太适宜采用机械设备加工方法或难以进行机械设备加工的场合，通常由钳工来完成，尤其是工装、夹具、检具、模具以及机械产品的装配、调试、安装、维修等更需要钳工操作。

钳工首先应具备各项基本操作技能，如划线、錾削、锉削、锯削、钻孔、扩孔、锪孔、铰孔、攻螺纹、套螺纹、矫正、弯曲、铆接、刮削、研磨、抛光、测量以及简单的热处理，还应掌握机械零件的手工制作方法，以及工装、夹具、检具、模具的修理和调试的技能。模具钳工应掌握所加工模具的结构与构造，模具零部件加工工艺和装配工艺流程，模具材料及其性能，模具的标准化等相关知识。

钳工属于高技能工种，除了掌握高中阶段的基础知识以外，还要求具备机械制图、识图的相关知识和机械设计与制造方面的专业知识。钳工对技能要求较高，强调动手能力，除了掌握有关模具、夹具、工具、量具等知识与技能以外，还要求有操作各种机床的能力，比如车床（Lathe）、钻床（Drill Machine）、铣床（Mill Machine）、磨床（Grinder），以及手工工具等。

　　国家职业标准中暂时没有模具钳工，但是，业内人士均习惯称呼从事模具装配、安装、调试、维护、修理等工作的人员为模具钳工，模具钳工属于工具钳工范畴。由于模具制造的多样性、复杂性和广泛的适用性，模具工业被称之为"帝王工业""贵族工业"。一方面原因是在设计、制造模具的过程中，模具钳工既要用脑、又要动手，工作性质相对轻松、灵活，待遇较高，成为"蓝领"中的佼佼者。另外一个原因是模具制造的高成本和昂贵的价格，通常一套普通模具加工费用也要以万元为单位，几十万乃至上百万元的模具也并不罕见。

　　模具是现代工业的重要工艺装备，模具的用途广泛，种类繁多，制造方法也多种多样。模具钳工是模具制造的基础，充分发挥模具钳工在模具加工体系中的重要作用，对提高模具生产率，缩短模具的制造周期，降低模具制造成本，都具有十分重要的意义。

1.2　钳工的工作场地

　　钳工工作场地、实习场地，一般分为钳工工位区、台钻区、划线区和刀具刃磨区等区域。各区域由白线或黄线分隔而成，区域之间留有安全通道。钳工工作场地、实习场地的平面图布置，如图 1-1 所示。

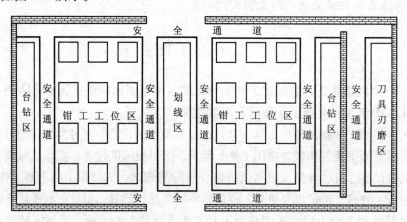

图 1-1　钳工工作场地、实习场地的平面图

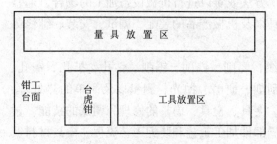

图 1-2　工量具摆放位置示意图

　　钳工在制作机械零件、安装和调试工装、夹具、检具、模具等各项操作中，都需要一定的场地并借助机床设备或手动工具等来完成。钳工的工作场地是一人或多人工作的固定地点，在工作场地常用的设备有钳工工作台、划线平板、台虎钳、砂轮机、钻床等。

　　钳工工具一般都放置在台虎钳的右侧，量具则放置在台虎钳的正前方，如图 1-2 所示。

工、量具不得混放；摆放时，工具均平行摆放，并留有一定间隙，工具的柄部均不得超出钳工台面，以免被碰落砸伤人员或损坏工具。工作时，量具均平放在量具盒上，量具数量较多时，可放在台虎钳的左侧。

1. 钳工工作台

钳工工作台简称钳台，如图1-3所示，上面装有台虎钳，抽屉用来存放钳工常用的工、夹、量具等。钳台是钳工工作的主要设备，采用木料或钢材制成，高度约800～900 mm，长度和宽度根据场地和工作情况而定。

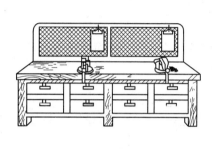

图1-3　钳工工作台

2. 台虎钳

台虎钳安装在钳台上，用来夹持工件，分固定式和回转式两种，如图1-4所示。其规格以钳口的宽度表示，有100 mm（4 in）、125 mm（5 in）和150 mm（6 in）等。

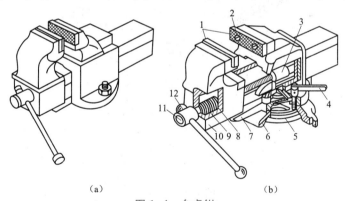

（a）　　　　　　　　　　　（b）

图1-4　台虎钳

（a）固定式；（b）回转式

1—钳口；2—螺钉；3—螺母；4—手柄；5—夹紧盘；6—转盘座；7—固定钳身；
8—挡圈；9—弹簧；10—活动钳身；11—丝杠；12—旋转手柄

QB/T 1558.1—2017　　　QB/T 1558.2—2017　　　QB/T 1558.3—2017
台虎钳　通用技术条件　　台虎钳　普通台虎钳　　台虎钳　多用台虎钳

台虎钳的安装使用方法如下：

① 台虎钳安装在钳台上时，必须使固定钳身的钳口工作面处于钳台边缘之外，以保证夹持长条形工件时，工件的下端不受钳台边缘的阻碍。

② 台虎钳必须牢固地固定在钳台上，两个夹紧螺钉必须扳紧，操作时保证钳身没有松动现象，否则容易损坏台虎钳，影响工作质量。

③ 夹紧工件时只允许依靠手的力量来扳动手柄，不能用手锤敲击手柄或随意套上长管子来扳手柄，以免丝杠、螺母或钳身损坏。

④ 在进行强力作业时，应尽量使力量朝向固定钳身，否则将额外增加丝杠和螺母的受力，造成螺纹的损坏。

⑤ 不要在活动钳身的光滑平面上进行敲击，以免降低它与固定钳身的配合性能。

⑥ 丝杠、螺母和其他活动表面上都要经常加油并保持清洁，以利于润滑和防止生锈。

3. 砂轮机

砂轮机主要用来刃磨錾子、钻头、刮刀等刀具或样冲、划针等其他工具，也可以用于磨去工件或材料上的毛刺、锐边。砂轮机主要由砂轮、电动机和机体组成，如图1-5所示。

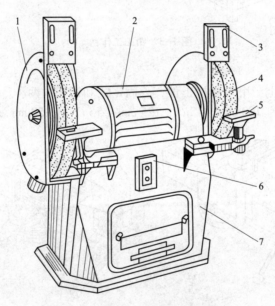

图1-5　砂轮机

1—防护罩；2—电动机；3—挡板；4—砂轮；5—搁架；6—开关；7—机座

JB/T 4143—2014
台式砂轮机

JB/T 8799—1998　砂轮机
安全防护技术条件

JB/T 6092—2007
轻型台式砂轮机

GB 13960.5—2008　可移式
电动工具的安全　第二部分：
台式砂轮机的专用要求

砂轮质地较脆，而且转速较高，使用砂轮机时应遵守安全操作规程，严防产生砂轮碎裂和人身伤亡事故，一般应注意以下几点：

① 砂轮的旋转方向应正确，使磨屑向下方飞离砂轮。

② 启动后，待砂轮转速达到正常后再进行磨削。

③ 磨削时要防止刀具或工件对砂轮发生剧烈的撞击或施加过大的压力。砂轮表面跳动严重时，应及时用修整器修整砂轮。

④ 砂轮机的搁架与砂轮间的距离，一般应保持在 3 mm 以内，否则容易造成磨削件被轧入的事故。

⑤ 操作者尽量不要站立在砂轮的对面，而应站在砂轮的侧面或斜侧位置。

⑥ 禁止戴手套磨削，磨削时应戴防护镜。

4. 钻床

1）台式钻床

台式钻床简称台钻，是一种小型钻床，一般安装在工作台上或铸铁方箱上，其结构如图 1-6 所示。

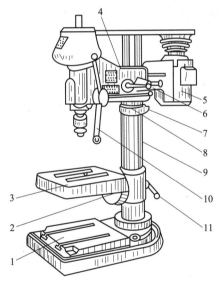

图 1-6　台式钻床

1—底座；2—螺；3—工作台；4—机床本体；5—电动机；6—锁紧手柄；
7—螺钉；8—保险环；9—立柱；10—进给手柄；11—锁紧手柄

JB/T 5245.3—2011　台式钻床
第 3 部分：轻型　精度检验

JB/T 8647—1997　轻型台
式钻床　精度检验

JB 5245.7—2006　台式钻床
第 7 部分：参数【原标准号
GB/T 2813—2003】

台钻用来钻直径 13 mm 以下的孔，钻床的规格是指钻孔的最大直径，常用的有 6 mm 和 12 mm 等几种规格。由于台钻的最低转速较高（一般不低于 400 r/min），不适于锪孔、铰孔。常见的台钻型号为 Z5032。使用台钻时应注意以下几点：

① 严禁戴手套操作钻床，女性操作者需戴工作帽。

② 使用台钻过程中，工作台面必须保持清洁。

③ 钻通孔时必须使钻头能通过工作台面上的让刀孔，或在工件下垫上垫铁，以免钻坏工作台面。

④ 钻孔时，要将工件固定牢固，以免加工时刀具旋转将工件甩出。

⑤ 使用完台钻后，必须将其外露滑动面及工作台面擦净，并对各滑动面及注油孔加注润滑油。

⑥ 铁屑要用毛刷清理。

2）立式钻床

立式钻床简称立钻，一般用来钻、扩、锪、铰中小型工件上的孔，最大钻孔直径规格有 25 mm、35 mm、40 mm 和 50 mm 等几种。立钻的结构如图 1-7 所示，主要由主轴、变速箱、进给箱、工作台、立柱、底座等组成。

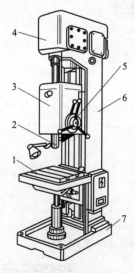

图 1-7 立式钻床

1—工作台；2—主轴；3—进给箱；4—变速箱；
5—操纵手柄；6—立柱；7—底座

JB/T 4148—1999 十字工作台
立式钻床 精度检验

JB 9903.1—2006 立式钻床
第 1 部分参数【原标准号 GB/T 2814—2003】

JB/T 3769—2006 方柱立式
钻床技术条件

使用立钻时应注意以下几点：

① 使用立钻前必须先空转试车，待机床各机构能正常工作时方可操作。

② 工作中不采用机动进给时，必须将三星手柄端盖向里推，断开机动进给传动。

③ 变换主轴转速或机动进给量时，必须在停车后进行。

④ 经常检查润滑系统的供油情况。

3）摇臂钻床

摇臂钻床用于大型工件及多孔工件的钻孔，需通过移（转）动钻轴对准工件上孔的中心来钻孔，其结构如图1-8所示。摇臂钻床主要由主轴、主轴变速箱、立柱、摇臂、工作台和底座组成，主轴变速箱能沿摇臂左右移动，摇臂又能回转360°，摇臂钻床的工作范围很大，摇臂的位置由电动涨闸锁紧在立柱上，主轴变速箱可用电动锁紧装置固定在摇臂上，这样主轴位置不会变动，刀具也不易振动。大型工件可直接固定在底座上加工，中型工件可放在工作台上加工。摇臂钻床可用于钻孔、扩孔、锪平面和沉孔、铰孔、镗孔、攻螺纹、环切大圆孔等。

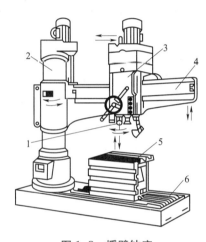

图1-8　摇臂钻床
1—主轴；2—立柱；3—主轴变速箱；
4—摇臂；5—工作台；6—底座

JB/T 6335.3—2006
摇臂钻床　第3部分参数
【原标准号 GB/T 9461—2003】

GB/T 4017—1997
摇臂钻床　精度检验

JB/T 6335.2—2006
摇臂钻床　第2部分：
技术条件

JB/T 9897—2011
无底座万向摇臂
钻床　精度检验

1.3　模具制造企业的安全生产和文明生产制度

安全生产是人命关天的大事。文明生产是现代工业文明的重要体现。与钳工有关的安全生产和文明生产规范和制度主要有：

（1）钳工工作台要放在便于工作和光线适宜的场地，台钻和砂轮机应放在场地一角，确保安全。

（2）不得擅自使用不熟悉的设备和工具。使用手提式风动工具时，接头要牢靠，风动砂轮应有完整的罩壳装置。

（3）使用砂轮机时，要戴好防护眼镜。

（4）钳台上要有防护网。清除切屑要用毛刷，不要直接用手清除或用嘴吹。

（5）毛坯和加工零件应在规定位置摆放整齐，便于取放，避免刮伤零件已加工表面。

（6）使用手提式电动工具时，插头必须完好，外壳接地，绝缘可靠。调换砂轮和钻头时，必须切断电源。发生故障应及时上报，维修前要停止使用。

（7）禁止使用无柄的刮刀或锉刀、滑口或烂牙的板牙等有缺陷的工具。

（8）錾削、磨削、装弹簧时，不许对准他人，锤击时要注意不要伤及他人。

（9）对于大型和异型工件的支撑和装夹要注意其重心位置，以免坠落或颠覆伤人。

（10）禁止在行车吊起的工件下进行操作或停留。

（11）严禁使用36 V以上电压电源的手提式移动照明灯具。

（12）在生产现场就地检修夹具、模具，必须先断电。

（13）工具、量具应按下列要求摆放：

① 为取用方便，右手取用的工具、量具放在右手边，左手取用的工具、量具放在左手边，且排列整齐，不能使其伸到钳台以外。

② 量具不能与工具或工件混放在一起，应放在量具盒内或专用板架上。精密的工具、量具要轻拿轻放。

③ 工具、量具用后不应随意堆放，以免精度受损和取用不便。工具、量具用后要定期维护、保养和精度检验。

（14）保持工作场地整洁。工作结束后，对所用过的设备都应按要求进行清理、润滑，清扫工作场地，并将切屑及污物运送到指定地点。

思考与练习

1. 简述模具钳工的工作任务。

2. 使用台虎钳时，有哪些注意事项？

3. 使用砂轮机时，有哪些注意事项？

4. 使用台钻时，有哪些注意事项？

5. 钳工工具的摆放，有哪些注意事项？

通用工装夹具和测量仪器的使用

≫ 项目内容：

- 了解通用工装夹具及其使用。
- 了解常用测量仪器及其使用。

≫ 学习目标：

- 能使用通用工装夹具和测量仪器。

≫ 主要知识点与技能：

- 通用工装夹具的使用。
- 测量与测量仪器的类型。
- 钢直尺、内外卡钳与塞尺及其使用。
- 量块及其使用。
- 游标类量具及其使用。
- 千分尺类量具及其使用。
- 机械测量仪器及其使用。
- 角度量具及其使用。
- 其他测量仪器（立式光学计、万能测长仪、表面粗糙度测量仪、万能工具显微镜）及其使用。
- 测量新技术与新型测量仪器。

2.1 通用工装夹具的使用

2.1.1 通用工具及其使用

在各种机械中使用的通用工具较多，这里主要介绍用于紧固工装、模具、夹具、刀具和零件的螺纹拧紧工具及其使用方法。

1. 扳手

扳手的类型有多种，如图2-1所示。图2-1（a）为活扳手，用于拧紧或松开多种规格的六角头或方头螺栓、螺钉和螺母；图2-1（b）为双头标准扳手，用于拧紧或松开具有两种规格尺寸的六角头及方头螺栓、螺钉和螺母；图 2-1（c）为钩形扳手，专用来装拆各种圆螺母；图 2-1（d）为梅花扳手，用于拧紧或松开六角头螺栓、螺钉和螺母，特别适于工作空间狭窄的地方；图 2-1（e）为套筒扳手，除具有一般扳手的功用外，特别适于各种特殊位置和维修空间狭窄的地方；图 2-1（f）为内六角扳手，专用来装拆各种内六角头螺钉。

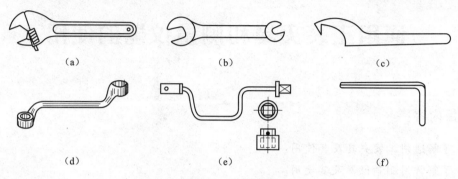

（a）　　　　　　　　（b）　　　　　　　　（c）

（d）　　　　　　　　（e）　　　　　　　　（f）

图 2-1　各式扳手

（a）活扳手；（b）双头标准扳手；（c）钩形扳手；（d）梅花扳手；（e）套筒扳手；（f）内六角扳手

GB/T 4440—2008　　　GB/T 4388—2008　　　GB/T 4389—2013　　　GB/T 4393—2008

活扳手　　　　　　　呆扳手、梅花扳手、　　双头呆扳手、双头梅花扳手、　　呆扳手、梅花扳手、

　　　　　　　　　　两用扳手的型式　　　两用扳手　头部外形的　　两用扳手　技术规范

　　　　　　　　　　　　　　　　　　　最大尺寸

QB/T 3001—2008　　　GB/T 4392—1995　　　HB 4139—1988　　　GB/T 3390.1—2013

呆扳手　　　　　　敲击呆扳手和敲击梅花扳手　　钩形扳手　　　　手动套筒扳手　套筒

GB/T 3390.2—2013　　　GB/T 3390.3—2013　　　GB/T 14765—2008　　　HB 4381—1989

手动套筒扳手　　　　手动套筒扳手　传动附件　　十字柄套筒扳手　　套筒扳手组件

传动方榫和方孔

HB 4531.13—1991
H 型孔系组合夹具系统
附件　套筒扳手

JB/T 3627.1—1999
组合夹具组装用工具、辅具
六角套筒扳

JB/T 3411.36—1999
丁字形内六角扳手　尺寸

GB/T 5356—2008
内六角扳手

HB 4531.14—1991
H 型孔系组合夹具系统附件
T 形内六角扳手

　　使用扳手拧紧螺母时，应选用适当的扳手，拧小螺钉切勿用大扳手，以免损坏螺纹。此外，应尽量选用标准扳手或梅花扳手，这类扳手的长度是根据对应规格螺钉所需的拧紧力矩而设计的，拧紧程度也比较适中。

　　操作时，不允许用管子接长扳手来旋紧螺钉。如发生扳手脱出情况，应注意检测扳手是否碰到机器。

2. 旋具

　　旋具又称起子。旋具有一字旋具、十字旋具等，如图 2-2 所示。一字旋具［图 2-2（a）］用于拧紧或松开头部带一字形沟槽的螺钉；十字旋具［图 2-2（b）］用于拧紧或松开头部带十字槽的螺钉。

（a）　　　　　　　　　　　　　　　　　（b）

图 2-2　各式旋具

（a）一字旋具；（b）十字旋具

QB/T 3863—1999
一字槽螺钉旋具

QB/T 3864—1999
十字槽螺钉旋具

QB/T 2564.4—2012
螺钉旋具　一字槽螺钉旋具

QB/T 2564.5—2012
螺钉旋具　十字槽螺钉旋具

使用旋具要适当。对十字形槽螺钉不要用一字旋具，否则不仅拧不紧，甚至损坏螺钉槽。一字形槽的螺钉要用刀口宽度略小于槽长的一字旋具，刀口宽度太小，不仅拧不紧螺钉，甚至损坏螺钉槽。

2.1.2 通用夹具及其使用

在机械加工过程中，常用的夹具有机床用平口虎钳（简称平口钳）、压板螺栓、三爪自定心卡盘、顶尖、心轴和分度头等。

1. 平口钳

平口钳结构如图2-3所示，以不同的钳口宽度来表示其规格，可安装在铣、刨、磨、钻等加工机械的工作台上，适于装夹形状规则的小型工件。使用时先把平口钳固定在工作台上，将钳口找正，然后再安装工件。安装工件时，常用的划线找正方法，如图2-4所示。

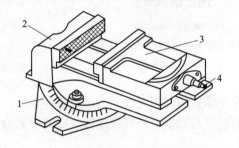

图2-3 平口钳

1—底座；2—固定钳口；3—活动钳口；4—螺杆

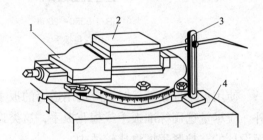

图2-4 按划线找正安装

1—平口钳；2—工件；3—划针及划线盘；4—工作台

JB/T 9936—2011 可倾机用虎钳　　JB/T 9937—2011 高精度机用虎钳　　JB/T 9938—2011 增力机用虎钳　技术条件　　HB 2083—1989 检验平台（L=200～800mm）

在平口钳中安装工件，应注意工件的待加工表面必须高于钳口，以免刀具碰着钳口。若工件高度不够，可用平行垫铁将工件垫高，如图2-5所示。为了保护钳口，在夹持毛坯时，可先在钳口上垫铜皮，并将比较平整的面贴紧在固定钳口上。当安装刚性较差的工件时，应将工件的薄弱部分预先垫实或作支撑，以免工件夹紧后产生变形，如图2-6所示。

2. 压板螺栓

当工件尺寸较大或形状特殊时，可用压板螺栓和垫铁把工件直接固定在工作台上进行加工。安装时先找正工件，具体安装方法如图2-7所示。

在用压板螺栓装夹工件的操作过程中，应注意压板的位置要安排得当，压点要靠近加工面，压力大小要合适。粗加工时，压紧力要大，以防止切削中工件移动；精加工时，压紧力要适当，防止工件发生变形。各种压紧方法的正、误比较如图2-8所示。

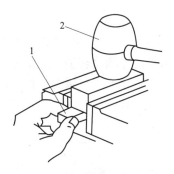

图 2-5 用垫铁垫高工件的操作

1—平行垫铁；2—软手锤

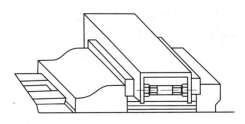

图 2-6 框形工件的安装

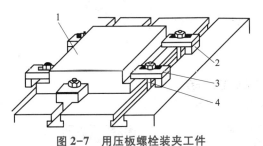

图 2-7 用压板螺栓装夹工件

1—工件；2—垫铁；3—压板；4—螺栓

JB/T 8010.13—1999

机床夹具零件及部件 直压板

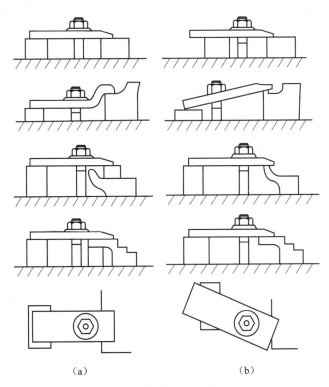

（a） （b）

图 2-8 压板的使用

（a）正确；（b）错误

3. 三爪自定心卡盘

三爪自定心卡盘的构造如图 2-9 所示，通常作为车床附件由法兰盘内的螺纹直接旋装在主轴上，用来装夹回转体工件。当旋转小锥齿轮时，大锥齿轮随之转动，大锥齿轮背面的平面螺纹就使三个卡爪同时等速向中心靠拢或退出。用三爪自定心卡盘装夹工件，可使工件中心与车床主轴中心自动对中，自动对中的准确度约为 0.05～0.15 mm。

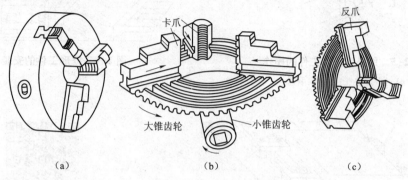

图 2-9　三爪自定心卡盘

（a）外形图；（b）传动原理图；（c）反三爪自定心卡盘

GB/T 4346—2008

机床　手动自定心卡盘

JB/T 8074.2—1999

机床用手动自定心

卡盘　技术条件

JB/T 8074.1—1999

机床用手动自定心卡盘

验收试验规范（几何精度检验）

三爪自定心卡盘适用于装夹圆形、六方形截面的中小型工件。装夹方法如图 2-10 所示。当工件直径较小时，工件置于三个长爪之间装夹，如图 2-10（a）所示；当工件孔径较大时，可将三个卡爪伸入工件内孔中，利用长爪的径向张力装夹盘、套、环状零件，如图 2-10（b）所示，当工件直径较大，用顺爪不便装夹时，可将三个顺爪换成三个反爪进行装夹，如图 2-10（c）所示；当工件长度大于 4 倍直径时，应在工件右端用车床上的尾座顶尖支撑，如图 2-10（d）所示。

JB/T 10332—2002

车床用卡盘安全操作

例行规范

用三爪自定心卡盘装夹工件时，应先将工件置于三个卡爪中找正，轻轻夹紧，然后开动机床使主轴低速旋转，检查工件有无歪斜偏摆，并作好记号。停车后用小锤轻轻校正，然后夹紧工件，及时取下卡盘扳手，将车刀移至车削行程最右端，调整好主轴转速和切削用量后，才可开动车床。

4. 顶尖

顶尖的种类、形状如图 2-11 所示。顶尖多用于车床、铣床和外圆磨床上装夹工件。图 2-12 中的序号是表示在车床上用顶尖安装轴类工件的步骤。安装顶尖时必须先擦净顶尖锥面和锥孔，然后用力推紧；否则，工件装不正也装不牢。

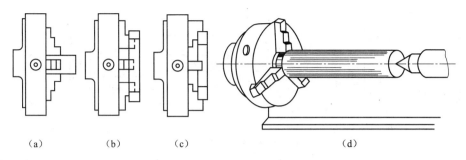

图 2-10 用三爪自定心卡盘装夹工件的方法

（a）顺爪装夹外圆面；（b）顺爪装夹内圆面；（c）反爪装夹；（d）与顶尖配合装夹

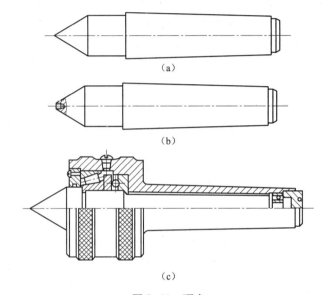

图 2-11 顶尖

（a）普通顶尖；（b）反顶尖；（c）活顶尖

GB/T 9204—2008

固定顶尖

JB/T 3580—2011

回转顶尖

JB/T 9162.46—1999

固定顶尖座 尺寸

JB/T 9162.47—1999

弹簧式活动顶尖座 尺寸

JB/T 9162.48—1999

螺杆式活动顶尖座 尺寸

HB 7030.9—1994

夹具通用件定位夹紧件
反向半圆顶尖

HB 7030.8—1994

夹具通用件定位
夹紧件 反顶尖

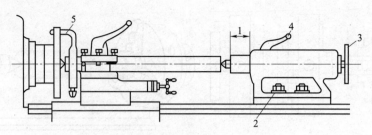

图 2-12　在双顶尖上安装工件的步骤

1—调整套筒伸出长度；2—将尾座固定；3—调节工件与顶尖松紧；4—锁紧套筒；5—拧紧卡箍螺钉

安装顶尖必须校正，如图 2-13 所示。将尾座移向车床的主轴箱，前后两顶尖接近时，检查其轴线是否重合，如不重合，需将尾座体作横向调节，使之重合；否则，车削的外圆将呈锥面。

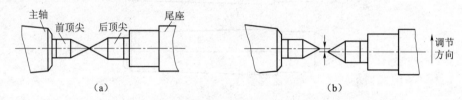

图 2-13　校正前后顶尖

（a）两顶尖轴线重合；（b）两顶尖轴线不重合，需横向调节尾座体

5. 心轴

心轴的种类很多，常用的有锥度心轴、圆柱心轴和可胀心轴。锥度心轴，如图 2-14 所示，锥度为 1∶2 000～1∶5 000。工件压入后，靠摩擦力与心轴紧固。锥度心轴对中准确，装卸方便，但不能承受过大的力矩。

圆柱心轴如图 2-15 所示，工件装入圆柱心轴后需加上垫圈，用螺母锁紧。其夹紧力大，可用于较大直径盘类零件的加工。圆柱心轴外圆与孔配合有一定间隙，对中性比锥度心轴差。

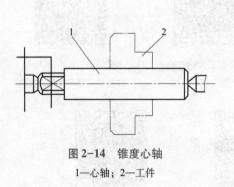

图 2-14　锥度心轴

1—心轴；2—工件

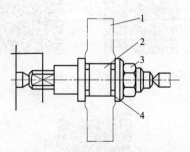

图 2-15　圆柱心轴

1—工件；2—心轴；3—螺母；4—垫圈

可胀心轴如图 2-16 所示，工件装在可胀锥套上，拧紧螺母 3，使锥套沿心轴锥体向左移动而引起直径增大，即可胀紧工件。

HB 1445—1989

测量心轴　T901705～
T901770

HB 2088—1989

圆锥形检验心轴
$D=3\sim40mm$

JB/T 10116—1999

机床夹具零件及部件
锥度心轴

HB 1445—1989

测量心轴　T901705～
T901770

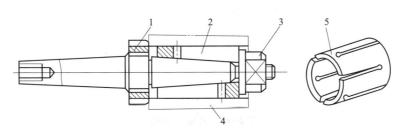

图 2-16　可胀心轴

1—螺母；2—可胀锥套；3—螺母；4—工件；5—可胀锥套

6. 分度头

分度头如图 2-17 所示，在铣削多角体工件时，工件每铣削一面后，需要转过一个角度再铣第二面，这种操作叫做分度。铣削齿轮、花键和刻线等也需要分度。分度一般利用分度头依次进行。

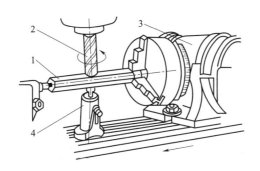

图 2-17　用分度头铣六方体示意图

1—六方体工件；2—立铣刀；3—分度头；4—辅助支撑

GB/T 2554—2008

机械分度头

GB/T 3371—2013

光学分度头

JB/T 11136—2011

数控分度头

1）万能分度头的结构

万能分度头的外形结构如图 2-18 所示。分度头的基座上装有回转体，回转体内装有主轴。分度头主轴可随回转体在铅垂平面内扳成水平、垂直或倾斜位置。分度时，摇动分度手柄，蜗杆蜗轮带动分度头主轴旋转。分度头的传动系统如图 2-19 所示。

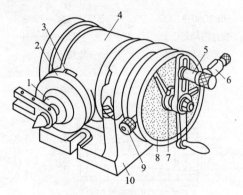

图 2-18　万能分度头

1—主轴；2—刻度环；3—游标；4—回转体；5—插销；6—侧轴；

7—扇形夹；8—分度盘；9—紧固螺钉；10—基座

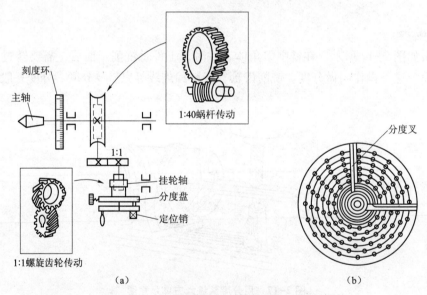

图 2-19　万能分度头的传动示意图和分度盘

（a）传动示意图；（b）分度盘

2）简单分度法计算

分度头的传动比 $i=\dfrac{蜗杆的头数}{蜗轮的齿数}=\dfrac{1}{40}$。即当手柄通过速比为 1：1 的一对直齿轮带动蜗杆转动一周时，蜗轮只能带动主轴转过 1/40 周。如果工件整个圆周上的等分数 z 为已知，则每一等分要求分度头主轴转 $1/z$ 圈。这时，分度手柄所需转的圈数 n 可由下式算出：

$$1:40=\frac{1}{z}:n,\ 即\ n=\frac{40}{z} \tag{2-1}$$

式中　n——手柄每次分度时的转数；

　　　　z——工件的等分数；

　　　　40——分度头定数。

3）简单分度法实例

分度时需利用如图2-19（b）所示的分度盘进行分度。分度头常配有两块分度盘，其两面各有许多孔数不同的等分孔圈。第一块正面各圈孔数为：24、25、28、30、34、37；反面各圈孔数为：38、39、41、42、43。第二块正面各圈孔数为：46、47、49、51、53、54；反面各圈孔数为：57、58、59、62、66。分度方法有简单分度法、角度分度法和差动分度法等，$n=40/z$ 即为简单分度法计算转数的公式。例如，铣削齿数 $z=32$ 的齿轮，每分一齿时手柄转数为：

$$n = \frac{40}{z} = \frac{40}{32} = 1\frac{1}{4} \text{（圈）}$$

即每次分齿，手柄需转过 $1\frac{1}{4}$ 圈。这1/4圈则需通过分度盘来控制。简单分度时，分度盘固定不动。此时应将分度手柄上的定位销调整到孔数为4的倍数（如孔数为24）的孔圈上。每次分度时手柄转过一周后，再转过6个孔距 $n = \frac{40}{z} = \frac{40}{32} = 1\frac{1}{4}$ 圈即可。

为了准确迅速地数出所需的孔数，可调整分度盘上的扇形架1、2间的夹角，使之正好等于6个孔距。

2.2　测量与计量仪器的类型

2.2.1　测量与检测

为了实现互换性要求，除了需要合理的规定公差之外，还应当用正确的检测方法检测完工后零件的实际尺寸，只有经过检验合格的零件才具有互换性功能。在生产过程中，由于相配零件可能是在不同的时间、不同的地点、不同的生产设备，并由不同的生产人员加工而得，所以，如何保证量值的准确性和计量单位的统一便成为一个现实的问题。为了确保量值准确和计量单位统一而进行的工作就称为计量工作，是实现互换性的重要环节之一，包括检验和测量两大类。

测量是指确定被测对象几何要素而进行的一系列检测工作，有时也称为量测。检验的特点是，一般情况下只确定被测要素是否在规定的合格范围内，而不管被测要素的具体数值。测量的特点是，测量结果都是被测要素的具体数值。

一个完整的检测过程包括测量对象、测量方法、测量单位和测量误差四个方面。

（1）被测对象。在长度计量工作中，被测对象的表现形式多种多样，比如孔和轴的直径、槽的宽度和深度、螺纹的螺距和公称直径、表面粗糙度及各种几何误差等。

（2）测量方法。计量器具的比较步骤、方式、检测条件的总称。

（3）测量单位。我国采用的是国际单位制。在国际单位中，长度的主单位是米，在机械行业中，常用的单位是毫米。

（4）测量误差。测量结果与被测要素实际值之间的差，由于各种因素的影响，测量误差不可避免，不可能得到被测要素的真值，而只能得到其近似值。如何提高测量效率、降低测量成本，以及避免废品的发生，这是检测工作的重要内容。

2.2.2 计量仪器的类型

计量器具是测量工具与测量仪器的总称。测量工具是直接测量几何量的计量器具，不具有传动放大系统，如游标卡尺、90°角尺、量规等。而具有传动放大系统的计量器具被称为测量仪器，如机械比较仪、投影仪和测长仪等。

计量器具按照其结构特点可以分为以下几类。

1. 标准测量工具

标准测量工具是以固定形式复现测量值的计量工具，一般结构比较简单，没有量测值的传动放大系统。标准测量工具中有的可以单独使用，有的需要和其他的计量器具配合才能使用。

测量工具根据其复现的测量数值分为单值测量工具和多值测量工具。

单值测量工具是用来复现单一测量数值的测量工具，有称为标准测量工具，比如量块、直角尺等。多值测量工具是用来复现一定范围内的一系列不同测量数值的测量工具，又称为通用测量工具。

通用测量工具按照其结构特点可以分为：

① 固定刻线测量工具，包括钢直尺、角度尺、圈尺。

② 游标测量工具，包括游标卡尺、万能角度尺。

③ 螺旋测微测量工具，包括外径千分尺、内径千分尺、螺旋千分尺等。

2. 量规

量规是一种没有刻度的专用测量器具，只能用于检验零件要素实际形状、位置的测量结果是否处于规定的范围内，从而判断出该零件被测要素的几何量是否合格，而不能得出其具体测量数值，主要有光滑极限量规等。

3. 测量仪表

测量仪表是将被测几何量的测量值通过一定的传动放大系统转换成可直接观察的指示值或等效信息的计量器具。根据转换原理，测量仪表分为：

① 机械式测量仪表，如杠杆比较仪、扭簧比较仪等。

② 光学式测量仪表，如万能测长仪、立式光学计、工具显微镜、干涉仪等。

③ 电动式测量仪表，如电感式测微仪、电容式测微仪、电动轮廓仪、圆度仪等。

④ 气动式测量仪表，如水柱式气动测量仪表、浮标式气动测量仪表等。

4. 计量装置

为了确定被测几何量数值所必需的计量器具和辅助设备就是计量装置，结构较为复杂，功能较多，能够用来测量几何量较多和较复杂的零件，可以实现检测自动化和智能化，一般应用于大批量零件的检测中，从而提高检测优良率与检测精度。比如，齿轮综合精度检查仪和发动机缸底孔集合精度测量仪表就是这种计量装置。

2.3　钢直尺、内外卡钳与塞尺及其使用

2.3.1　钢直尺及其使用

钢直尺是最简单的长度测量工具，它的长度有 150 mm、300 mm、500 mm 和 1 000 mm 四种规格。图 2-20 所示是常用的 150 mm 钢直尺。

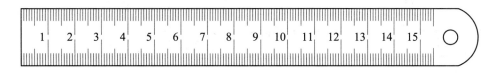

图 2-20　150 mm 钢直尺

钢直尺用于测量零件的长度尺寸，如图 2-21 所示，测量结果不太准确。这是由于钢直尺的刻线间距为 1 mm，而刻线本身的宽度就有 0.1～ 0.2 mm，测量时读数误差比较大，只能读出毫米数，即它的最小读数值为 1 mm，比 1 mm 小的数值，只能估计而得。

如果用钢直尺直接去测量零件的直径尺寸（轴径或孔径），则测量精度更差。其原因是：除了钢直尺本身的读数误差比较大以外，钢直尺无法正好放在零件直径的正确位置。所以，零件直径尺寸的测量，需要利用钢直尺和内外卡钳配合使用。

JJG 1—1999
钢直尺检定规程

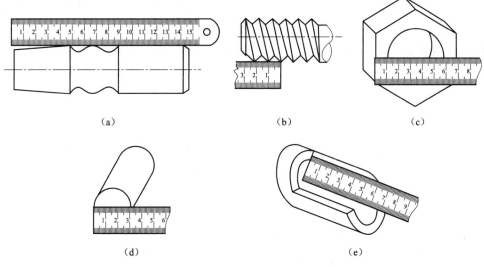

(a)　　　　　　　　　　(b)　　　　　　　　　　(c)

(d)　　　　　　　　　　(e)

图 2-21　钢直尺的使用方法

(a) 量长度；(b) 量螺距；(c) 量宽度；(d) 量外径；(e) 量深度

2.3.2　内外卡钳及其使用

图 2-22 所示是常见的两种内外卡钳。内外卡钳是最简单的比较测量工具。外卡钳是用

来测量零件的外径和平面的，内卡钳是用来测量零件的内径和凹槽的。它们本身都不能直接读出测量结果，而是把测量得到的长度尺寸（直径也属于长度尺寸），在钢直尺上进行读数，或在钢直尺上先取下所需尺寸，再去检验零件的直径是否符合要求。

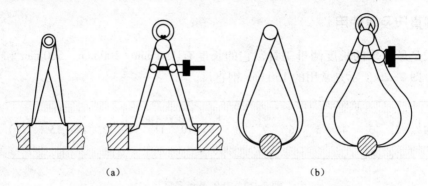

（a）　　　　　　　　　　　　　　　（b）

图 2-22　内外卡钳
（a）内卡钳；（b）外卡钳

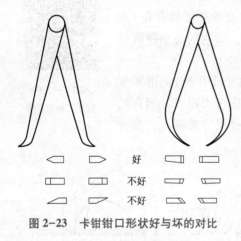

图 2-23　卡钳钳口形状好与坏的对比

1. 卡钳开度的调节

首先检查钳口的形状，钳口形状对测量精确度影响很大，应注意经常修整钳口的形状，图 2-23 所示为卡钳钳口形状好与坏的对比。

调节卡钳的开度时，应轻轻敲击卡钳脚的两侧面。先用两手把卡钳调整到和工件尺寸相近的开口，然后轻敲卡钳的外侧来减小卡钳的开口，敲击卡钳内侧来增大卡钳的开口，如图 2-24（a）所示。但不能直接敲击钳口，图 2-24（b）所示，这会因卡钳的钳口损伤量测面而引起测量误差，更不能在机床的导轨上敲击卡钳，如图 2-24（c）所示。

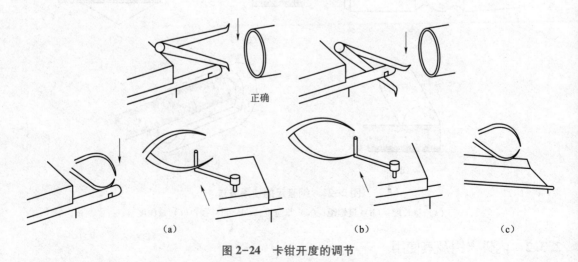

（a）　　　　　　　　　　　　　　（b）　　　　　　　　　　　　（c）

图 2-24　卡钳开度的调节
（a）正确；（b）错误；（c）错误

2. 外卡钳的使用

外卡钳在钢直尺上取尺寸时，如图 2-25（a）所示，一个钳脚的测量面靠在钢直尺的端面上，另一个钳脚的测量面对准所需尺寸刻线的中间，且两个测量面的连线应与钢直尺平行，人的视线要垂直于钢直尺。

用已在钢直尺上取好尺寸的外卡钳去测量外径时，要使两个测量点的连线垂直零件的轴线，靠外卡钳的自重滑过零件外圆时，手中的感觉应该是外卡钳与零件外圆正好是点接触，此时外卡钳两个测量点之间的距离，就是被测零件的外径。所以，用外卡钳测量外径，就是比较外卡钳与零件外圆接触的松紧程度，如图 2-25（b）所示，以卡钳的包重能刚好滑下为合适。如当卡钳滑过外圆时，手中没有接触感觉，就说明外卡钳比零件外径尺寸大，如靠外卡钳的自重不能滑过零件外圆，就说明外卡钳比零件外径尺寸小。切不可将卡钳歪斜地放上工件测量，这样有误差，如图 2-25（c）所示。由于卡钳有弹性，把外卡钳用力压过外圆是错误的，更不能把卡钳横着卡上去，如图 2-25（d）所示。对于大尺寸的外卡钳，靠它自重滑过零件外圆的测量压力已经太大了，此时应托住卡钳进行测量，如图 2-25（e）所示。

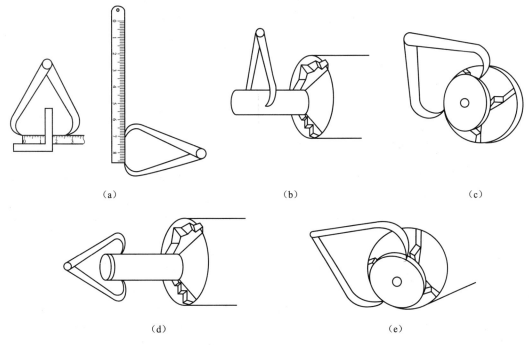

（a）　　　　　　　　　（b）　　　　　　　　　（c）

（d）　　　　　　　　　　　（e）

图 2-25　外卡钳在钢直尺上取尺寸和测量方法

（a）、（b）、（e）正确；（c）、（d）错误

3. 内卡钳的使用

用内卡钳测量内径时，应使两个钳脚的测量点的连线正好垂直相交于内孔的轴线，即钳脚的两个测量点应是内孔直径的两端点。测量时应将下面钳脚的测量点停在孔壁上作为支点，如图 2-26（a）所示，上面的钳脚由孔口略往里面一些逐渐向外试探，并沿孔壁圆周方向摆动，当沿孔壁圆周方向能摆动的距离为最小时，则表示内卡钳脚的两个测量点已处于内孔直径的两端点了，再将卡钳由外至里慢慢移动，可检验孔的圆度公差，如图 2-26（b）所示。

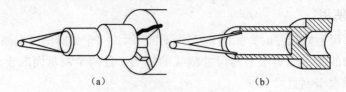

图 2-26　内卡钳测量方法

用已在钢直尺上或在外卡钳上取好尺寸的内卡钳去测量内径，如图 2-27（a）所示，就是比较内卡钳在零件孔内的松紧程度。如内卡钳在孔内有较大的自由摆动时，就表示卡钳尺寸比孔径内小了；如内卡钳放不进去，或放进孔内后紧得不能自由摆动，就表示内卡钳尺寸比孔径大了；如内卡钳放入孔内，按照上述的测量方法能有 1～2 mm 的自由摆动距离，这时孔径与内卡钳尺寸正好相等。测量时不要用手抓住卡钳测量，这样手感就没有了，难以比较内卡钳在零件孔内的松紧程度，并使卡钳变形而产生测量误差。

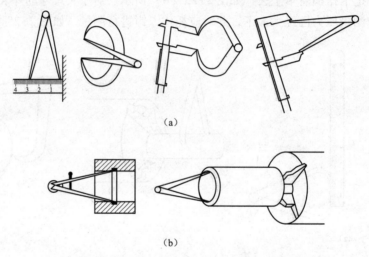

图 2-27　卡钳量取尺寸和测量方法
（a）正确；（b）错误

4. 卡钳的使用范围

卡钳是一种简单的测量工具，具有结构简单、制造方便、价格低廉、维护和使用方便等特点，广泛应用于要求不高的零件尺寸的测量和检验方面，尤其是对锻铸件毛坯尺寸的测量和检验，卡钳是最合适的测量工具。

卡钳虽然是简单测量工具，只要掌握得好，也可获得较高的测量精度。例如，用外卡钳比较两根轴的直径大小时，就是轴径相差只有 0.01 mm，有经验的技术工人也能分辨得出。又如，用内卡钳与外径百分尺联合测量内孔尺寸时，有经验的技术工人完全有把握用这种方法测量高精度的内孔。这种内径测量方法，称为"内卡搭百分尺"，是利用内卡钳在外径百分尺上读取准确的尺寸，如图 2-28 所示，再去测量零件的内径；或内卡钳在孔内调整好与孔接触的松紧程度，再在外径百分尺上读出具体尺寸。这种测量方法，不仅在缺少精密的内径测量工具时，是测量内径的好办法，而且，对于某零件的内径，如图 2-28 所示的零件，由于它的孔内有轴，即使使用精密的内径测量工具测量也有困难，但是采用内卡钳搭外径百分尺测量内径方法，就能较好地解决问题。

2.3.3 塞尺及其使用

塞尺又称厚薄规或间隙片，主要用来检验机床特别紧固面和紧固面、活塞与汽缸、活塞环槽和活塞环、十字头滑板和导板、进排气阀顶端和摇臂、齿轮啮合间隙等两个结合面之间的间隙大小。塞尺是由许多层厚薄不一的薄钢片组成，如图 2-29 所示，按照塞尺的组别制成一把一把的塞尺，每把塞尺中的每片具有两个平行的测量平面，且都有厚度标记，以供组合使用。测量时，根据结合面间隙的大小，用一片或数片重叠在一起塞进间隙内。例如，用 0.03 mm 的一片能插入间隙，而 0.04 mm 的一片不能插入间隙，这说明间隙在 0.03～0.04 mm 之间，所以塞尺也是一种界限量规。塞尺的规格，见表 2-1。

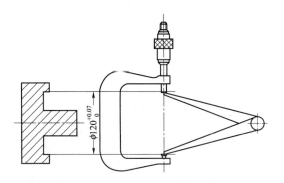

图 2-28 内卡搭外径百分尺测量内径

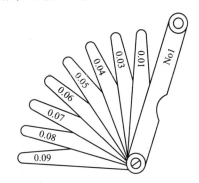

图 2-29 塞尺

表 2-1 塞尺的规格（摘自 GB/T 22523—2008）　（单位：mm）

A 型	B 型	塞尺片长度	片数	塞尺片厚度及组装顺序
组别标记				
	75B13	75		
	100B13	100	13	0.10, 0.02, 0.02, 0.03, 0.03, 0.04, 0.04, 0.05, 0.05, 0.06, 0.07, 0.08, 0.09
150A13		150		
200A13		200		
300A13		300		
	75B14	75		
	100B14	100	14	1.00, 0.05, 0.06, 0.07, 0.08, 0.09, 0.10, 0.15, 0.20, 0.25, 0.30, 0.40, 0.50, 0.75
150A14		150		
200A14		200		
300A14		300		
	75B17	75		
	100B17	100	17	0.50, 0.02, 0.03, 0.04, 0.05, 0.06, 0.07, 0.08, 0.09, 0.10, 0.15, 0.20, 0.25, 0.30, 0.35, 0.40, 0.45
150A17		150		
200A17		200		
300A17		300		

续表

A 型	B 型	塞尺片长度	片数	塞尺片厚度及组装顺序
组别标记				
	75B20	75	20	1.00, 0.05, 0.10, 0.15, 0.20, 0.25, 0.30, 0.35, 0.40, 0.45, 0.50, 0.55, 0.60, 0.65, 0.70, 0.75, 0.80, 0.85, 0.90, 0.95
	100B20	100		
150A20		150		
200A20		200		
300A20		300		
	75B21	75	21	0.50, 0.02, 0.02, 0.03, 0.03, 0.04, 0.04, 0.05, 0.05, 0.06, 0.07, 0.08, 0.09, 0.10, 0.15, 0.20, 0.25, 0.30, 0.35, 0.40, 0.45
	100B21	100		
150A21		150		
200A21		200		
300A21		300		

注：保护片厚度建议采用≥0.30 mm。

图 2-30 是主机与轴系法兰定位检测，将直尺贴附在以轴系推力轴或第一中间轴为基准的法兰外圆的素线上，用塞尺测量直尺与之连接的柴油机曲轴或减速器输出轴法兰外圆的间隙，并依次在法兰外圆的上、下、左、右四个位置上进行测量。

图 2-31 是检验机床尾座紧固面的间隙（<0.04 mm）。

GB/T 22523—2008

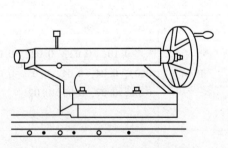

图 2-30　用直尺和塞尺测量轴的偏移和曲折

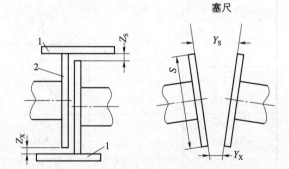

图 2-31　用塞尺检验车床尾座紧固面间隙
1—直尺；2—法兰

使用塞尺时必须注意下列几点：

① 根据结合面的间隙情况选用塞尺片数，但片数愈少愈好。

② 测量时不能用力太大，以免塞尺遭受弯曲和折断。

③ 不能测量温度较高的工件。

2.4　量块及其使用

2.4.1　量块的类型

1. 长度量块

量块,又称块规,是由两个相互平行的测量面之间的距离来确定其工作长度的高精度量具,其长度为计量器具的长度标准,通过对计量仪器、量具和量规等示值误差的检定等方式,使机械加工中各种制成品的尺寸能够溯源到长度基准。

量块具有的经过精密加工很平整很光滑的两个平行平面,叫做量测面。量块就是以其两量测面之间的距离作为长度的实物基准,是一种单值量具。其两量测面之间的距离为工作尺寸,又称为标称尺寸,该尺寸具有很高的精度。为了消除量块量测面的平面度误差和两量测面间的平行度误差对量块长度的影响,将量块的工作尺寸定义为量块的中心长度,即两个量测面中心点的长度。

量块的标称尺寸大于或等于 10 mm 时,其量测面尺寸为 35 mm×9 mm;标称尺寸在 10 mm 以下时,其量测面的尺寸为 30 mm×9 mm。量块材料通常都用铬锰钢、铬钢和轴承钢制成,其材料与热处理工艺可以满足量块的尺寸稳定、硬度高、耐磨性好的要求,线胀系数与普通钢材相同即为 $(11.5\pm1)\times10^{-5}$/℃,其稳定性约为年变化量不超出±0.5～1.0 μm。

绝大多数量块制成直角平行六面体,如图 2-32 所示,也有制成 ϕ 20 mm 的圆柱体。每块量块的两个量测面都非常光洁、平面度精度很高,用少许压力推合两块量块,使它们的量测面紧密接触,两块量块就能粘合在一起,量块的这种特性称为研合性。利用量块的研合性,就可用不同尺寸的量块组合成所需的各种尺寸。

量块的应用较为广泛,除了作为量值传递的媒介以外,还用于检定和校准其他量具、量仪,相对量测时调整量具和量仪的零位,以及用于精密机床的调整、精密划线和直接量测精密零件等。

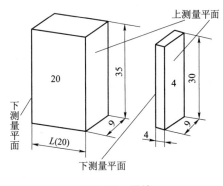

图 2-32　量块

2. 角度量块

角度量块有三角形(一个工作角)和四边形(四个工作角)两种。三角形角度量块只有一个工作角(10°～79°),可以用作角度量测的标准量,而四边形角度量块则有四个工作角(80°～100°),也可以用作角度量测的标准量。

2.4.2　量块的等和级

在实际生产中,量块是成套使用的,每套量块由一定数量的不同标称尺寸的量块组成,以便组合成各种尺寸,满足一定尺寸范围内的量测需求,GB/T 6093—2001 共规定了 17 套量块。常用成套量块(91 块、83 块、46 块、38 块等)的级别、尺寸系列、间隔和块数,见表2-2。

表2-2 成套量块尺寸表（摘自 GB/T 6093—2001）

类别	总块数	级别	尺 寸 系 列/mm	间隔/mm	块数
1	91	0, 1	0.5	—	1
			1	—	1
			1.001, 1.002, …, 1.009	0.001	9
			1.01, 1.02, …, 1.49	0.01	49
			1.5, 1.6, …, 1.9	0.1	5
			2.0, 2.5, …, 9.5	0.5	16
			10, 20, …, 100	10	10
2	83	0, 1, 2	0.5	—	1
			1	—	1
			1.005	—	1
			1.01, 1.02, …, 1.49	0.01	49
			1.5, 1.6, …, 1.9	0.1	5
			2.0, 2.5, …, 9.5	0.5	16
			10, 20, …, 100	10	10
3	46	0, 1, 2	1	—	1
			1.001, 1.002, …, 1.009	0.001	9
			1.01, 1.02, …, 1.09	0.001	9
			1.1, 1.2, …, 1.9	0.1	9
			2, 3, …, 9	1	8
			10, 20, …, 100	10	10
4	38	0, 1, 2	1	—	1
			1.005	—	1
			1.01, 1.02, …, 1.09	0.01	9
			1.1, 1.2, …, 1.9	0.1	9
			2, 3, …, 9	1	8
			10, 20, …, 100	10	10
5	10^-	0, 1	0.991, 0.992, …, 1	0.001	10
6	10^+	0, 1	1, 1.001, …, 1.009	0.001	10
7	10^-	0, 1	1.991, 1.992, …, 2	0.001	10
8	10^+	0, 1	2, 2.001, 2.002, …, 2.009	0.001	10
9	8	0, 1, 2	125, 150, 175, 200, 250, 300, 400, 500	—	8

续表

类别	总块数	级别	尺 寸 系 列/mm	间隔/mm	块数
10	5	0, 1, 2	600, 700, 800, 900, 1 000	—	5
11	10	0, 1, 2	2.5, 5.1, 7.7, 10.3, 12.9, 15, 17.6, 20.2, 22.8, 8.25	—	10
12	10	0, 1, 2	27.5, 30.1, 32.7, 35.3, 37.9, 40, 42.6, 45.2, 47.8, 50	—	10
13	10	0, 1, 2	52.5, 55.1, 57.7, 60.3, 62.9, 65, 67.6, 70.2, 72.8, 75	—	10
14	10	0, 1, 2	77.5, 80.1, 82.7, 85.3, 87.9, 90, 92.6, 95.2, 97.8, 100	—	10
15	12	3	41.2, 81.5, 121, 8, 51.2, 121.5, 191.8, 101.2, 201.5, 291.8, 10, 20 (二块)		12
16	5	3	101.2, 200, 291.5, 375, 451.8, 490	—	6
17	6	3	201.2, 400, 581.5, 750, 901.8, 990	—	6

GB/T 6093—2001
几何计量技术规范（GPS）
长度标准 量块

JB/T 3323—20171
量块附件

JJG 146—2011
量块

JB/T 10313—2002
量块检验方法

GB/T 22521—2008
角度量块

　　根据标准规定，量块按其制造精度分为5个"级"：00，0，1，2和3级。00级精度最高，其余依次降低，3级最低，分级的依据是量块长度的极限偏差和长度变动量允许值。用户按量块的标称尺寸使用量块，这样必然受到量块中心长度实际偏差的影响，将制造误差带入量测结果。同时标准还对量块的检定精度规定了6等：1，2，3，4，5，6。其中1等最高，精度依次降低，6等最低。量块按"等"使用时，所根据的是量块的实际尺寸，因而按"等"使用时可获得更高的精度，可用较低级别的量块进行较高精度的量测。

2.4.3 量块的选用和使用

1. 量块的选用

长度量块的分等，其量值按长度量值传递系统进行，即低一等的量块检定，必须用高一等的量块作基准进行量测。

单个量块使用很不方便，一般都按序列将许多不同标称尺寸的量块成套配置，使用时根据需要选择多个适当的量块研合起来使用。为了减少量块组合的累计误差，使用量块时，应该尽量减少使用的块数，通常组成所需尺寸的量块总数不应超过4块。选用量块时，应根据所需要的组合尺寸，从最后一位数字开始选择，每选一块量块，应使尺寸数字的位数少一位，依此类推，直到组合成完整的尺寸。

按"等"使用量块，在量测上需要加入修正值，虽麻烦一些，但消除了量块尺寸制造误差的影响，便可制造精度较低的量块进行较精密的量测。例如，标称长度为30 mm的0级量块，其长度的极限偏差为±0.000 20 mm，若按"级"使用，不管该量块的实际尺寸如何，按30 mm计，则引起的量测误差为±0.000 2 mm。但是，若该量块经检定后，确定为3等，其实际尺寸为30.000 12 mm，量测极限误差为±0.001 5 mm。显然，按"等"使用比按"级"使用量测精度高。

量块的基本特性除了稳定性、耐磨性和准确性之外，还有一个重要特性——研合性。研合性是指两个量块的量测面相互接触，并在不大的压力下作一些切向相对滑动就能贴附在一起的性质。利用这一性质，把量块研合在一起，便可以组成所需要的各种尺寸。

【例2-1】 检验尺寸89.765 mm，请选用83块套的量块组合。

```
89.765    ………… 所需尺寸
-)1.005   ………… 第一块
 88.76
-)1.26    ………… 第二块
 87.5
-)7.5     ………… 第三块
 80       ………… 第四块
```

图2-33 量测尺寸89.765 mm
时量块的选择

【解】 尺寸89.765 mm使用83块套的4块量块组合为 $89.765 = 1.005 + 1.26 + 7.5 + 80$，具体过程如图2-33所示。

2. 量块的使用

量块是一种精密量具，在使用时一定要注意，不能划伤和碰伤表面，特别是其量测面。量块在使用过程中应注意以下几点：

① 量块必须在使用有效期内，否则应及时送专业部门检定。

② 量块应存放在干燥处，如存放在干燥缸内，房间湿度应不大于25%。

③ 当气温高于恒温室内温度时，量块从恒温室取出后，应及时清洗干净，并涂一层薄油后存放干燥处。

④ 使用前应清洗，洗涤液应经过化验，酸碱度应符合规定要求，洗后应立即擦干净。

⑤ 使用前对量块、仪器工作台、平台等接触表面应进行检查，清除杂质，并将接触表面擦干净。

⑥ 使用时必须戴上手套，不准直接用手拿量块，并避免面对量块讲话，避免碰撞和跌落。

⑦ 使用时，应尽可能地减少摩擦。

⑧ 使用后，应涂防锈油，防锈油或防锈油纸应经化验，酸碱度应符合规定要求。

⑨ 研合时应保持动作平稳，以免量测面被量块棱角刮伤，应用推压的方法将量块研合。

2.5　游标类量具及其使用

2.5.1　游标类量具的种类与结构

游标类量具是利用游标读数原理制成的一种常用量具，主要用于机械加工中量测工件内外尺寸、宽度、厚度和孔距等，具有结构简单、使用方便、量测范围大等特点。

常用的游标量具有游标卡尺 ［如图 2-34（a）所示］、游标齿厚尺 ［如图 2-34（b）所示］、游标深度尺 ［如图 2-34（c）所示］、游标高度尺 ［如图 2-34（d）所示］、游标角度规等。前 4 种用于长度量测，后 1 种用于角度量测。

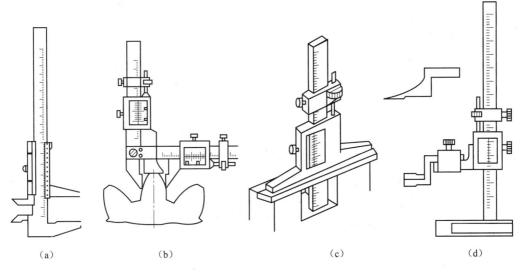

（a）　　　　　　　　（b）　　　　　　　　（c）　　　　　　　　（d）

图 2-34　各类游标卡尺

（a）游标卡尺；（b）游标齿厚尺；（c）游标深度尺；（d）游标高度尺

GB/T 21389—2008
游标、带表和数显卡尺

GB/T 21388—2008
游标、带表和数显深度卡尺

GB/T 21390—2008
游标、带表和数显高度卡尺

游标齿厚尺，由两把互相垂直的游标卡尺组成，用于量测直齿、斜齿圆柱齿轮的固定弦齿厚；游标深度尺，主要用于量测孔、槽的深度和阶台的高度；游标高度尺，主要用于量测工件的高度尺寸或进行画线。

最常用的 3 种游标卡尺的结构和量测指标见表 2-3。从结构图中可以看出，游标量具在结构上的共同特征是都有主尺、游标尺以及量测基准面。主尺上有 mm 刻度，游标尺上的分度值有 0.1，0.05，0.02 mm 等 3 种。游标卡尺的主尺是一个刻有刻度的尺身，其上有固定量爪。有刻度的部分称为尺身，沿着尺身可移动的部分称为尺框。尺框上有活动量爪，并装有游标和紧固螺钉。有的游标卡尺上为调节方便还装有微动装置。在尺身上的滑动尺框，可使两量爪的距离改变，以完成不同尺寸的量测工作。游标卡尺通常用来量测内外径尺寸、孔距、壁厚、沟槽及深度等。

表 2-3 常用的游标卡尺

种类	结 构 图	量测范围/mm	游标读数值/mm
三用卡尺（Ⅰ）型	刀口内测量爪 紧固螺钉 深度尺 尺框 游标 尺身 外测量爪	0～125 0～150	0.02 0.05
双面卡尺（Ⅱ）型	刀口外测量爪 尺框 游标 紧固螺钉 尺身 微动装置 内外测量爪 b	0～200 0～300	0.02 0.05
单面卡尺（Ⅲ）型	尺身 尺框 游标 紧固螺钉 微动装置 内外测量爪 b	0～200 0～300	0.02 0.05
		0～500	0.02 0.05 0.1
		0～1 000	0.05 0.1

2.5.2　游标卡尺的刻线原理和读数方法

游标卡尺的读数部分由尺身与游标组成。游标读数（或称为游标细分）原理是利用主尺刻线间距与游标刻线间距的间距差 $b=\dfrac{(n-1)\times a}{n}$ 实现的。通常尺身刻线间距 a 为 1 mm，刻线 $(n-1)$ 格的长度等于游标刻线 n 格的长度。常用的有 $n=10$，$n=20$ 和 $n=50$ 等 3 种，相应的游标刻线间距分别为 0.90 mm，0.95 mm，0.98 mm 等 3 种。尺身刻线间距与游标刻线间距之差，即 $i=a-b$ 为游标读数值（游标卡尺的分度值），此时 i 分别为 0.10 mm，0.05 mm 和 0.02 mm。根据这一原理，在量测时，尺框沿着尺身移动，根据被测尺寸的大小尺框停留在某一确定的位置，此时游标上的零线落在尺身的某一刻度间，游标上的某一刻线与尺身上的某一刻线对齐，由以上两点，得出被测尺寸的整数部分和小数部分，两者相加，即得量测结果。

为了方便读数，有的游标卡尺装有测微表头，图 2-35 所示为带表游标卡尺，它是通过机械传动装置，将两量爪的相对移动转变为指示表的回转运动，并借助尺身刻度和指示表，对两量爪相对位移所分隔的距离进行读数。

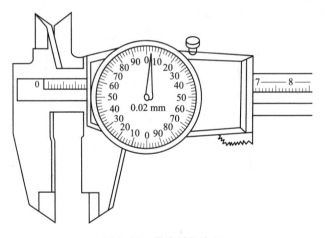

GB/T 21388—2008
游标、带表和数显
深度卡尺

图 2-35　带表游标卡尺

图 2-36 所示为电子数显卡尺，它具有非接触性电容式量测系统，由液晶显示器显示，其外形结构各部分名称如图所示，电子数显卡尺量测方便、可靠。

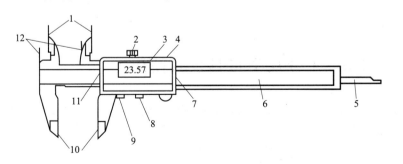

GB/T 21388—2008
游标、带表和数显
深度卡尺

图 2-36　电子数显卡尺

1—内量测爪；2—紧固螺钉；3—液晶显示器；4—数据输出端口；5—深度尺；6—尺身；7，11—防尘板；
8—置零按钮；9—米制、英制转换按钮；10—外量爪；12—台阶量测面

2.5.3　使用游标卡尺的注意事项

使用游标卡尺时，应注意以下各项：

① 使用前，应先把量爪和被测工件表面的灰尘和油污等擦干净，以免碰伤量爪面和影响量测精度，同时检查各部件的相互作用，如尺框和基尺装置移动是否灵活，紧固螺钉是否能起作用等。

② 使用前，还应检查游标卡尺零位，使游标卡尺两量爪紧密贴合，用眼睛观察时应无明显的光隙，同时观察游标零刻线与尺身零刻线是否对准，游标的尾刻线与尺身的相应刻线是否对准。最好把量爪闭合3次，观察各次读数是否一致。如果3次读数虽然不是"零"，但读数一样，可把这一数值记下来，在量测时加以修正。

③ 使用时，要掌握好量爪面同工件表面接触时的压力，做到既不太大，也不太小，刚好使量测面与工件接触，同时量爪还能沿着工件表面自由滑动。有微动装置的游标卡尺，应使用微动装置。

④ 在读数时，应把游标卡尺水平拿着朝光亮的方向，使视线尽可能地和尺上所读的刻线垂直，以免由于视线的歪斜而引起读数误差（即视差）。必要时，可用3倍至5倍的放大镜帮助读数。最好在工件的同一位置上多量测几次，取其平均读数，以减小读数误差。

⑤ 量测外尺寸读数后，切不可从被测工件上用猛力抽下游标卡尺，否则会使量爪的量测面加快磨损。量测内尺寸读数后，要使量爪沿着孔的中心线滑出，防止歪斜，否则将使量爪扭伤、变形或使尺框走动，影响量测精度。

⑥ 不准用游标卡尺量测运动中的工件，否则容易使游标卡尺受到严重磨损，也容易发生事故。

⑦ 不准以游标卡尺代替卡钳在工件上来回拖拉，使用游标卡尺时不可用力同工件撞击，防止损坏游标卡尺。

⑧ 游标卡尺不要放在强磁场附近（如磨床的工作台上），以免使游标卡尺感应磁性，影响使用。

⑨ 使用后，应当注意把游标卡尺平放，尤其是大尺寸的游标卡尺，否则会使主尺弯曲变形。

⑩ 使用完毕之后，应安放在专用盒内，注意不要弄脏或生锈。

⑪ 游标卡尺受损后，不能用锤子、锉刀等工具自行修理，应交专门修理部门修理，并经检定合格后才能使用。

2.6　千分尺类量具及其使用

千分尺类量具又称为测微螺旋量具，它是利用螺旋副的运动原理进行量测和读数的一种测微量具。可分为外径千分尺、内径千分尺、深度千分尺、杠杆千分尺以及专用的量测螺纹中径尺寸的螺纹千分尺和量测齿轮公法线长度的公法线千分尺。

2.6.1　千分尺类量具的读数原理

通过螺旋传动，将被测尺寸转换成测微螺杆的轴向位移和微分套筒的圆周位移，并以微分套筒上的刻度对圆周位移进行计量，从而实现对螺距的放大细分。

当量测测微螺杆连同微分套筒转过 φ 角时，丝杠沿轴向位移量为 L，千分尺的传动方程式为

$$L=p\times\varphi/2\pi \qquad\qquad (2-2)$$

式中　p——丝杠螺距；

　　　φ——微分套筒转角。

一般 $p=0.5$ mm，而微分套筒的圆周刻度数为 50 等分，故每一等分所对应的分度值为 0.01 mm。

读数的整数部分由固定套筒上的刻度给出，其分度值为 1 mm，读数的小数部分由微分套筒上的刻度给出。

读数方法：在千分尺的固定套筒上刻有轴向中线，作为微分套筒读数的基准线。在中线的两侧，刻有两排刻线，每排刻线间距为 1 mm，上下两排相互错开 0.5 mm。测微螺杆的螺距为 0.5 mm，微分套筒的外圆周上刻有 50 等分的刻度。当微分套筒转一周时，螺杆轴向移动 0.5 mm。如微分套筒只转动一格时，则螺杆的轴向移动为 0.5/50 – 0.01 mm，因而 0.01 mm 就是千分尺分度值。

读数时，从微分套筒的边缘向左看固定套筒上距微分套筒边缘最近的刻线，从固定套筒中线上侧的刻度读出整数，从中线下侧的刻度读出 0.5 mm 小数，再从微分套筒上找到与固定套筒中刻度对齐的刻线，将此刻线数乘以 0.01 mm 就是小于 0.5 mm 的小数部分的读数，最后把以上几部分相加即为量测值。

【例 2-2】如图 2-37 所示，请读出图中千分尺所示读数。

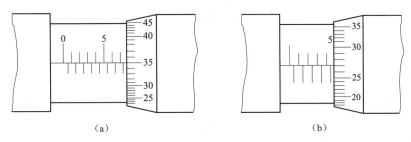

图 2-37　千分尺的读数

【解】在图 2-37（a）中，距微分套筒最近的刻线为中线下侧的刻线，表示 0.5 mm 的小数，中线上侧距微分套筒最近的为 7 mm 的刻线，表示整数，微分套筒上的 35 刻线对准中线，所以外径千分尺的读数为 7+0.5+0.01×35 = 7.85 mm。

在图 2-37（b）中，距微分套筒最近的刻线为 4 mm 的刻线，而微分套筒上数值为 27 的刻线对准中线，所以外径千分尺的读数为 4+0.5+0.01×27 = 4.77 mm。

2.6.2　外径千分尺的结构与使用

1. 外径千分尺的结构及其特点

外径千分尺由尺架、微分套筒、固定套筒、测力装置、量测面、锁紧机构等组成，如图 2-38 所示，其结构特征如下：

① 结构设计符合阿贝原则。

② 以测微螺杆螺距作为量测的基准量，测微螺杆和螺母的配合应该精密，配合间隙应能调整。

③ 固定套筒和微分套筒作为示数装置，用刻度线进行读数。

④ 有保证一定测力的棘轮棘爪机构。

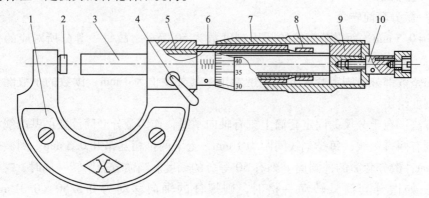

图 2-38　外径千分尺

1—尺架；2—砧座；3—测微螺杆；4—锁紧装置；5—螺纹轴套；6—固定套筒；

7—微分套筒；8—螺母；9—接头；10—测力装置

GB/T 20919—2007　　　　JB/T 10032—1999　　　　GB/T 1216—2004

电子数显外径千分尺　　　　微米千分尺　　　　　外径千分尺

（最新标准为：GB/T 20919—2018

电子数显外径千分尺【暂缺】）

图 2-38 中，测力装置由固定套筒用螺钉固定在螺纹轴套上，并与尺架紧密结合成一体。微螺杆的一端为量测杆，它的中部外螺纹与螺纹轴套上的内螺纹精密配合，并可通过螺母调节配合间隙；另一端的外圆锥与接头的内圆锥相配，并通过顶端的内螺纹与测力装置连接。当此螺纹旋紧时，测力装置通过垫片紧压接头，而接头上开有轴向槽，能沿着测微螺杆上的外圆锥胀大，使微分套筒与测微螺杆和测力装置结合在一起。当旋转测力装置时，就带动测微螺杆和微分套筒一起旋转，并沿精密螺纹的轴线方向移动，使两个量测面之间的距离发生变化。千分尺测微螺杆的移动量一般为 25 mm，有少数大型千分尺制成 50 mm 的。

外径千分尺使用方便，读数准确，其量测精度比游标卡尺高，在生产中使用广泛；但千分尺的螺纹传动间隙和传动副的磨损会影响量测精度，因此主要用于量测中等精度的零件。常用的外径千分尺的量测范围有 0～25 mm，25～50 mm，50～75 mm 等多种，最大的可达 2 500～3 000 mm。

千分尺的制造精度主要由它的示值误差（主要取决于螺纹精度和刻线精度）和量测面的平行度误差决定。制造精度可分为 0 级和 1 级两种，0 级精度最高。

2. 外径千分尺的使用方法

外径千分尺的使用方法是：

（1）使用前，必须校对外径千分尺的零位。对量测范围为 0～25 mm 的外径千分尺，校对零位时应使两量测面接触；对量测范围大于 25 mm 的外径千分尺，应在两量测面间安放尺寸为其量测下限的校对用的量测杆后，进行对零。如零位不准，按下述步骤调整：

① 使用测力装置转动测微螺杆，使两量测面接触。

② 锁紧测微螺杆。

③ 用外径千分尺的专用扳手，插入固定套管的小孔内，扳转固定套管，使固定套管纵刻线与微分套筒上的零刻线对准。

④ 若偏离零刻线较大时，需用螺钉旋具将固定套管上的紧固螺钉松脱，并使测微螺杆与微分套筒松动，转动微分套筒，进行粗调，然后锁紧紧固螺钉，再按上述步骤③进行微调并对准。

⑤ 调整零位，必须使微分套筒的棱边与固定套管上的"0"刻线重合，同时要使微分套筒上的"0"线对准固定套管上的纵刻线。

（2）使用时，应手握隔热装量。如果手直接握住尺架，会使外径千分尺和工件温度不一致，增加量测误差。

（3）量测时，要使用测力装置，不要直接转动微分套筒使量测面与工件接触。应先用手转动千分尺的微分套筒，待测微螺杆的量测面接近工件被测表面时，再转动测力装置上的棘轮，使测微螺杆的量测面接触工件表面，听到 2～3 声"咔咔"声后即停止转动，此时已得到合适的量测力，可读取数值。不可用手猛力转动微分套筒，以免使量测力过大而影响量测精度，严重时还会损坏螺纹传动副。

（4）量测时，外径千分尺量测轴线应与工件被测长度方向一致，不要斜着量测。

（5）外径千分尺量测面与被测工件相接触时，要考虑工件表面几何形状，以减少量测误差。

（6）在加工过程中量测工件时，应在静态下进行量测。不要在工件转动或加工时量测，否则容易使量测面磨损、测杆弯曲，甚至折断。

（7）按被测尺寸调整外径千分尺时，要慢慢地转动微分套筒或测力装置，不要握住微分套筒挥动或摇转尺架，以免使精密螺杆变形。

2.6.3　内径千分尺的结构与使用

如图 2-39（a）所示为内径千分尺的结构样式。内径千分尺可以用来量测 50 mm 以上的实体内部尺寸，其读数范围为 50～63 mm；也可用来量测槽宽和两个内端面之间的距离。内径千分尺附有成套接长杆，如图 2-39（b）所示，必要时可以通过连接接长杆，以扩大其量程。连接时去掉保护螺帽，把接长杆右端与内径千分尺左端旋合，可以通过连接多个接长杆，直到满足需要。

使用时的注意事项有：

（1）使用前，应用调整量具（校对卡规）校对微分头零位，若不正确，则应进行调整。

（2）选取接长杆时，应尽可能选取数量最少的接长杆来组成所需的尺寸，以减少累积误差。

模具零件的手工制作与检测（第2版）

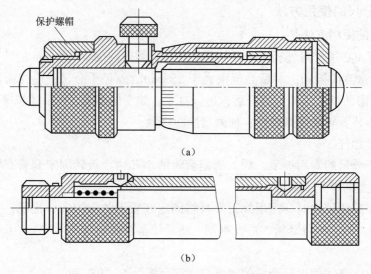

（a）

（b）

图 2-39　内径千分尺

GB/T 8177—2004　　　GB/T 6314—2004　　　JJG 22—2014　　　GB/T 22093—2008
两点内径千分尺　　　三爪内径千分尺　　内径千分尺检定规程　　电子数显内径千分尺

（3）连接接长杆时，应按尺寸大小排列。尺寸最大的接长杆应与微分头连接，依次减小，这样可以减少弯曲，减少量测误差。

（4）接长后的大尺寸内径千分尺，量测时应支撑在距两端距离为全长的 0.211 处，使其变形量为最小。

（5）当使用量测下限为 75（或 150）mm 的内径千分尺时，被量测面的曲率半径不得小于 25（或 60）mm，否则可能造成内径千分尺的测头球面边缘接触被测件，产生量测误差。

2.6.4　深度千分尺的结构与使用

深度千分尺如图 2-40 所示，其主要结构与外径千分尺相比较，多一个基座而没有尺架。深度千分尺主要用来量测孔和沟槽的深度及两平面间的距离。在测微螺杆的下面连接着可换量测杆，以增加量程。量测杆有 4 种尺寸规格，加量测杆后的量测范围分别为 0～25 mm，25～50 mm，50～75 mm，75～100 mm。深度千分尺量测工件的最高公差等级为 IT10。

使用时的注意事项包括以下几个方面。

（1）量测前，应将底板的量测面和工件被测面擦干净，并去除毛刺，被测表面应具有较细的表面粗糙度。

（2）应经常校对零位是否正确，零位的校对可采用两块尺寸相同的量块组合体进行。

38

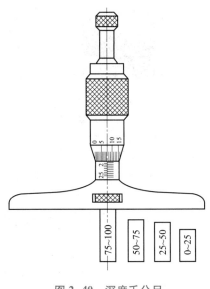

图 2-40　深度千分尺

GB/T 1218—2004
深度千分尺

GB/T 1214.4—1996
游标类卡尺　深度游标卡尺

GB/T 22092—2008
电子数显测微头和
深度丁分尺

JB/T 54280—1999
量具量仪产品质量
分等　深度千分尺

（3）在每次更换测杆后，必须用调整量具校正其示值，如无调整量具，可用量块校正。

（4）量测时，应使量测底板与被测工件表面保持紧密接触。量测杆中心轴线与被测工件的量测面保持垂直。

（5）用完之后，放在专用盒内保存。

2.6.5　杠杆千分尺的结构与使用

1. 杠杆千分尺的结构与特点

杠杆千分尺是一种带有精密杠杆齿轮传动机构的指示式测微量具（如图 2-41 所示），它的用途与外径千分尺相同，但因其能进行相对量测，故量测效率较高，适用于较大批量、精度较高的中、小零件量测。

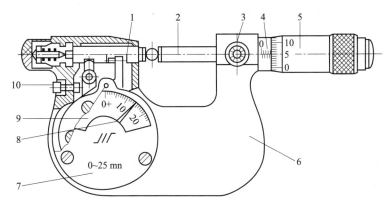

图 2-41　杠杆千分尺

1—测砧；2—测微螺杆；3—锁紧装置；4—固定轴套；5—微分套筒；

6—尺架；7—盖板；8—指针；9—刻度盘；10—按钮

GB/T 8061—2004 JJG 26—2011 JB/T 54255—1999
杠杆千分尺   杠杆千分尺、杠杆卡 量具量仪产品质量
规检定规程   分等　杠杆千分尺

杠杆千分尺的结构如图 2-41 所示。杠杆千分尺与外径千分尺相似，只是尺架的刚性比外径千分尺好，可以较好地保证量测精度和量测的稳定性。其测砧可以微动调节，并与一套杠杆测微机构相连。被测尺寸的微小变化，可引起测砧的微小位移，此微小位移带动与之相连的杠杆偏转，从而在刻度盘中将微小位移显示出来。

杠杆千分尺的量程有 0～25 mm，25～50 mm，50～75 mm，75～100 mm 等 4 种。其螺旋读数装置的分度值是 0.001 mm，而杠杆齿轮机构的表盘分度值有 0.001 mm 和 0.002 mm 两种，指示表的示值范围为 ±0.02 mm，其量测精度比外径千分尺高。若使用标准量块辅助作相对量测，还可进一步提高其量测的精度。分度值为 0.001 mm 的杠杆千分尺，可量测的尺寸公差等级为 6 级；分度值为 0.002 mm 的杠杆千分尺可测公差等级为 7 级。

2. 使用杠杆千分尺的注意事项

（1）使用前应校对杠杆千分尺的零位。首先校对微分套筒零位和杠杆指示表零位。0～25 mm 杠杆千分尺可使两量测面接触，直接进行校对；25 mm 以上的杠杆千分尺用 0 级调整量棒或用 1 级量块来校对零位。

刻度盘可调整式杠杆千分尺零位的调整，先使微分套筒对准零位，指针对准零刻度线即可。

刻度盘固定式杠杆千分尺零位的调整，须先调整指示表指针零位，此时若微分套筒上零位不准，应按通常千分尺调整零位的方法进行调整。即将微分套筒后盖打开，紧固止动器，松开微分套筒后，将微分套筒对准零刻线，再紧固后盖，直至零位稳定。

在上述零位调整时，均应多次拨动拨叉，示值必须稳定。

（2）直接量测时将工件正确置于两量测面之间，调节微分套筒使指针有适当示值，并应拨动拨叉几次，示值必须稳定。此时，微分套筒的读数加上表盘上的读数，即为工件的实测尺寸。

（3）相对量测时可用量块做标准，调整杠杆千分尺，使指针位于零位，然后紧固微分套筒，在指示表上读数，比较量测可提高量测精度。

（4）成批量测时应按工件被测尺寸，用量块组调整杠杆千分尺示值，然后根据工件公差，转动公差带指标调节螺钉，调节公差带。

量测时只需观察指针是否在公差带范围内，即可确定工件是否合格，这种量测方法不但精度高且检验效率亦高。

（5）使用后，放在专用盒内保存。

2.7 机械测量仪器及其使用

虽然游标卡尺和千分尺结构简单，使用方便，但由于其示值范围较大并受机械加工精度的限制，故其量测准确度不易提高。

机械式量仪是借助杠杆、齿轮、齿条或扭簧的传动，量测杆的微小直线位移被传动和放大机构转变为表盘上指针的角位移，从而指示出相应的测量数值，机械式量仪又称指示式量仪。

机械式量仪主要用于相对量测，可单独使用，也可将它安装在其他仪器中当做测微表头使用。这类量仪的示值范围较小，示值范围最大的不超出 10 mm（如百分表），最小的只有 ±0.015 mm（如扭簧比较仪），其示值误差在 ±0.01～0.000 1 mm 之间。此外，机械式量仪都有体积小、重量轻、结构简单、造价低等特点，不需附加电源、光源、气源等，也比较坚固耐用。因此，应用十分广泛。

机械式量仪按其传动方式的不同，可以分为以下 4 类。

（1）杠杆式传动量仪：刀口式测微仪。

（2）齿轮式传动量仪：百分表。

（3）扭簧式传动量仪：扭簧比较仪。

（4）杠杆式齿轮传动量仪：杠杆齿轮式比较仪、杠杆式卡规、杠杆式千分尺、杠杆百分表和内径百分表。

2.7.1 百分表的结构与使用

1. 百分表的结构

百分表是一种应用最广的机械式量仪，其外形及传动如图 2-42 所示。从图 2-42 可以看到，带有齿条的量测杆 5 上下移动时，带动与齿条相啮合的小齿轮 1 转动，此时与小齿轮固定在同一轴的大齿轮也跟着转动。通过大齿轮即可带动中间齿轮 3 及与中间齿轮固定在同一轴上的指针 6。这样通过齿轮传动系统就可将量测杆 5 的微小位移放大转变为指针 6 的偏转，并由指针在刻度盘上指出相应的量测数值。

为了消除由齿轮传动系统中齿侧间隙引起的量测误差，在百分表内装有游丝 8，由游丝 8 产生的扭矩作用在大齿轮 7 上，大齿轮 7 也和中间齿轮 3 啮合，这样可以保证齿轮在正反转时都在齿的同一侧面啮合，因而可消除齿侧间隙的影响。大齿轮 7 的轴上装有小指针，以显示大指针的转数。

百分表体积小、结构紧凑、读数方便、量测范围大、用途广，但齿轮的传动间隙和齿轮的磨损及齿轮本身的误差会产生量测误差，影响量测精度。百分表的示值范围通常有 0～3 mm，0～5 mm 和 0～100 mm 等 3 种。

百分表的量测杆移动 1 mm，通过齿轮传动系统，使大指针沿着刻度盘转过一圈。刻度盘沿圆周刻有 100 个刻度，当指针转过一格时，表示所量测的尺寸变化为 1 mm/100 = 0.01 mm，所以百分表的分度值为 0.01 mm。

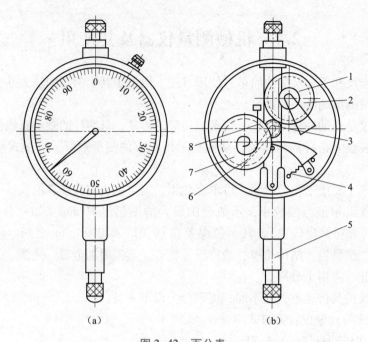

（a）   （b）

图 2-42　百分表

1—小齿轮；2，7—大齿轮；3—中间齿轮；4—弹簧；5—量测杆；6—指针；8—游丝

GB/T 1219—2008

指示表

JJG 379—2009

大量程百分表检定规程

2. 百分表的使用

量测前，应该检查表盘玻璃是否破裂或脱落，量测头、量测杆、套筒等是否有碰伤或锈蚀，指针有无松动现象，指针的转动是否平稳等。

量测时，应使量测杆与零件被测表面垂直。量测圆柱面的直径时，量测杆的中心线要通过被量测圆柱面的轴线。量测头开始与被量测表面接触时，为保持一定的初始量测力，应该使量测杆压缩 0.3~1 mm，以免当偏差为负时，得不到量测数据。

量测时应轻提量测杆，移动工件至量测头下面（或将量测头移至工件上），再缓慢放下与被测表面接触。不能快速放下量测杆，否则易造成量测误差。不得将工件强行推至量测头下，以免损坏量仪。

使用百分表座及专用夹具，可对长度尺寸进行相对量测。量测前先用标准件或量块校对百分表和转动表圈，使表盘的零刻度线对准指针，然后再量测工件，从表中读出工件尺寸相对标准件或量块的偏差，从而确定工件尺寸。

使用百分表及相应附件还可用来量测工件的直线度、平面度及平行度等误差，以及在机床上或者其他专用装置上量测工件的各种跳动误差等。

3. 使用百分表的注意事项

（1）测头移动要轻缓，距离不要太大，量测杆与被测表面的相对位置要正确，提压量测杆的次数不要过多，距离不要过大，以免损坏机件及加剧零件磨损。

（2）量测时不能超量程使用，以免损坏百分表内部零件。

（3）应避免剧烈震动和碰撞，不要使量测头突然撞击在被测表面上，以防量测杆弯曲变形，更不能敲打表的任何部位。

（4）表架要放稳，以免百分表落地摔坏。使用磁性表座时要注意表座的旋钮位置。

（5）表体不得猛烈震动，被测表面不能太粗糙，以免齿轮等运动部件损坏。

（6）严防水、油、灰尘等进入表内，不要随便拆卸表的后盖。百分表使用完毕，要擦净放回盒内，使量测杆处于自由状态，以免表内弹簧失效。

2.7.2 内径百分表的结构与使用

内径百分表由百分表和专用表架组成，用于量测孔的直径和孔的形状误差，特别适宜于深孔的量测。

内径百分表的构造如图 2-43 所示，百分表的量测杆与传动杆始终接触，弹簧是控制量测力的，并经过传动杆、杠杆向外顶住活动测头。量测时，活动测头的移动使杠杆回转，通过传动杆推动百分表的量测杆，使百分表指针回转。由于杠杆是等臂的，百分表量测杆、传动杆及活动测头三者的移动量是相同的，所以，活动测头的移动量可以在百分表上读出来。

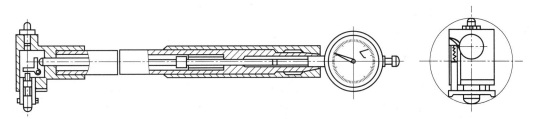

图 2-43 内径百分表

JB/T 8790—2012
球式内径指示表

JB/T 8791—2012
涨簧式内径百分表

使用时的注意事项有：

（1）量测前必须根据被测工件尺寸，选用相应尺寸的测头，安装在内径百分表上。

（2）使用前应调整百分表的零位。根据工件被测尺寸，选择相应精度标准环规或用量块及量块附件的组合体来调整内径百分表的零位。调整时表针应压缩 1 mm 左右，表针指向正上方为宜。

（3）调整及量测中，内径百分表的测头应与环规及被测孔径轴线垂直，即在径向找最大值，在轴向找最小值。

（4）量测槽宽时，在径向及轴向均找其最小值。

（5）具有定心器的内径百分表，在量测内孔时，只要将其按孔的轴线方向来回摆动，找其最小值，即为孔的直径。

2.7.3 杠杆百分表的结构与使用

杠杆百分表又称靠表，是把杠杆测头的位移（杠杆的摆动），通过机械传动系统转变为指针在表盘上的偏转。杠杆百分表表盘圆周上有均匀的刻度，分度值为 0.01 mm，示值范围一般为±0.4 mm。

杠杆百分表的外形和传动原理，如图 2-44 所示，由杠杆和齿轮传动机构组成。杠杆测头位移时，带动扇形齿轮绕其轴摆动并使与其啮合的齿轮转动，从而带动与齿轮同轴的指针偏转。当杠杆测头的位移为 0.01 mm 时，杠杆齿轮传动机构使指针正好偏转一格。

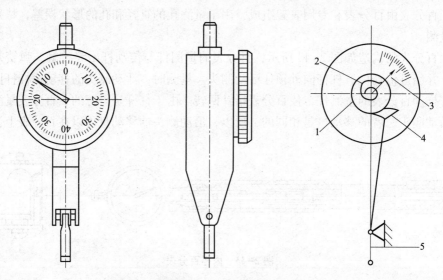

图 2-44　杠杆百分表
1—齿轮；2—游丝；3—指针；4—扇形齿轮；5—杠杆测头

GB/T 1219—2008
指示表

GB/T 8123—2007
杠杆指示表

杠杆百分表体积较小，杠杆测头的位移方向可以改变，因而在校正工件和量测工件时都很方便。尤其是对小孔的量测和在机床上校正零件时，由于空间限制，百分表放不进去或量测杆无法垂直于工件被测表面，使用杠杆百分表则十分方便。

若无法使测杆的轴线垂直被测工件尺寸时，量测结果按下式修正：

$$A = B\cos \alpha \tag{2-3}$$

式中　　A——正确的量测结果；

　　　　B——量测读数；

　　　　α——量测线与被测工件尺寸的夹角。

2.7.4　其他机械测量仪器简介

1. 千分表

千分表的用途、结构形式及工作原理与百分表相似，如图 2-45 所示，但千分表的传动机构中齿轮传动的级数要比百分表多，因而放大比更大，分度值更小，量测精度也更高，可用于较高精度的量测。千分表的分度值为 0.001 mm，其示值范围为 0～1 mm。示值误差在工作行程范围内不大于 5 μm，在任意 0.2 mm 范围内不大于 3 μm，示值变化不大于 0.3 μm。

2. 杠杆齿轮比较仪

杠杆齿轮比较仪是将量测杆的直线位移，通过杠杆齿轮传动系统变为指针在表盘上的角位移。表盘上有不满一周的均匀刻度。图 2-46 所示为杠杆齿轮比较仪的外形和传动示意图。

GB/T 6320—2008
杠杆齿轮比较仪

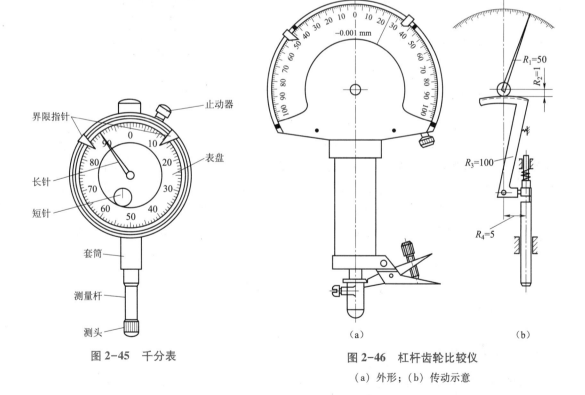

图 2-45　千分表

图 2-46　杠杆齿轮比较仪

（a）外形；（b）传动示意

当量测杆移动时，使杠杆绕轴转动，并通过杠杆短臂 R_4 和长臂 R_3 将位移放大，同时扇形齿轮带动与其啮合的小齿轮转动，这时小齿轮分度圆半径 R_2 与指针长度 R_1 又起放大作用，使指针在标尺上指示出相应量测杆的位移值。

3. 扭簧比较仪

扭簧比较仪是利用扭簧作为传动放大机构，将量测杆的直线位移转变为指针的角位移。图 2-47 所示为其外形与传动原理示意图。

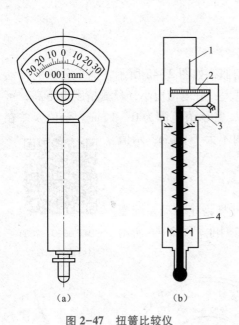

图 2-47　扭簧比较仪

（a）外形；（b）传动原理

1—指针；2—灵敏弹簧片；3—弹性杠杆；4—量测杆

GB/T 4755—2004

扭簧比较仪

GB/T 6321—2004

光学扭簧测微仪

GB/T 22524—2008

小扭簧比较仪

JJG 118—2010

扭簧比较仪检定规程

JB/T 50147—2000

量具量仪产品质量分等　小扭簧比较仪

灵敏弹簧片 2 是截面为长方形的扭曲金属带，一半向左，一半向右扭曲成麻花状，其一端被固定在可调整的弓形架上，另一端则固定在弹性杠杆 3 上。当量测杆 4 有微小升降位移时。使弹性杠杆 3 动作而拉动灵敏弹簧片 2，从而使固定在灵敏弹簧片中部的指针 1 偏转一个角度，其大小与弹簧片伸长成比例，在标尺上指示出相应的量测杆位移值。

扭簧比较仪的结构简单，内部没有相互摩擦的零件，因此灵敏度极高，可用作精密量测。

2.8　角度量具及其使用

2.8.1　万能角度尺

万能角度尺是用来量测工件 0°～320° 内外角度的量具。按最小刻度（即分度值）可分为 2′ 和 5′ 两种，按尺身的形状可分为圆形和扇形两种。本书以最小刻度为 2′ 的扇形万能角度尺为例介绍万能角尺的结构、刻线原理、读数方法和量测范围。

万能角度尺的结构如图 2-48 所示，由尺身、角尺、游标、制动器、扇形板、基尺、直尺、夹块（卡块）、捏手、小齿轮和扇形齿轮等组成。游标固定在扇形板上，基尺和尺身连成一体。扇形板可以与尺身作相对回转运动，形成和游标卡尺相似的读数机构。角尺用夹块固定在扇形板上，直尺又用夹块固定在角尺上。根据所测角度的需要，也可拆下角尺，将直尺直接固定在扇形板上。制动器可将扇形板和尺身锁紧，便于读数。

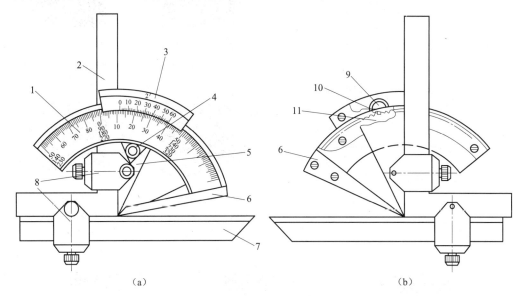

（a）　　　　　　　　　　　（b）

图 2-48　万能角度尺

（a）正面；（b）背面

1—尺身；2—角尺；3—游标；4—制动器；5—扇形板；6—基尺；7—直尺；
8—卡块；9—捏手；10—小齿轮；11—扇形齿轮

GB/T 6315—2008
游标、带表和数显万能角度尺

JB/T 11243—2012
电子数显角度尺

JJG 33—2002
万能角度尺检定规程

　　量测时，可转动万能角度尺背面的捏手，通过小齿轮转动扇形齿轮，使尺身相对扇形板产生转动，从而改变基尺与角尺或直尺间的夹角，满足各种不同情况量测的需要。

2.8.2　正弦规

　　正弦规是量测锥度的常用量具。使用正弦规检测圆锥体的锥角 α 时，应先计算出量块组的高度尺寸，计算公式为

$$H = L \times \sin \alpha \tag{2-4}$$

　　量测方法如图 2-49 所示。如果被测角正好等于锥角，则指针在 a、b 两点指示值相同。如果被测锥度有误差 ΔK，则 a、b 两点必有差值 n。n 与被测长度 L 的比即为锥度误差，即

$$\Delta K = n/L \qquad\qquad (2-5)$$

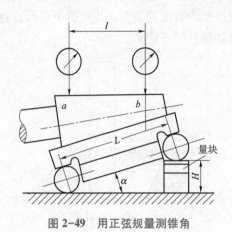

图2-49　用正弦规量测锥角

HB 6998. 1—1994
正弦工具　窄型正弦尺

HB 6998. 2—1994
正弦工具　宽型正弦尺

HB 6998. 3—1994
正弦工具　单正弦T形
槽工作台

HB 6998. 4—1994
正弦工具　双正弦T形
槽工作台

HB 6998. 5—1994
正弦工具　双正弦电磁吸盘

HB 6998. 6—1994
正弦工具　单正弦永磁吸盘

HB 6998. 7—1994
正弦工具　双正弦永磁吸盘

HB 6998. 8—1994
正弦工具　单正弦带手柄平口钳

HB 6998. 9—1994
正弦工具　单正弦快动平口钳

HB 6998. 10—1994
正弦工具　技术条件

2.8.3　水平仪

1. 水平仪的用途与类型

水平仪是量测被测平面相对水平面微小倾角的一种计量器具，在机械制造中，常用来检测工件表面或设备安装的水平情况。如检测机床、仪器的底座、工作台面及机床导轨等的水平情况，还可以用水平仪检测导轨、平尺、平板等的直线度和平面度误差，以及量测两工作面的平行度和工作面相对于水平面的垂直度误差等。

水平仪按其工作原理可分为水准式水平仪和电子水平仪两类。水准式水平仪又有条式水平仪、框式水平仪和合像水平仪 3 种。水准式水平仪目前使用最为广泛。

2. 水准式水平仪的结构与规格

水准式水平仪的主要工作部分是管状水准器，它是一个密封的玻璃管，其内表面的纵剖面是一曲率半径很大的圆弧面。管内装有精馏乙醚或精馏乙醇，但未注满，形成一个气泡。玻璃管的外表面刻有刻度，不管水准器的位置处于何种状态，气泡总是趋向于玻璃管圆弧面的最高位置。当水准器处于水平位置时，气泡位于中央。水准器相对于水平面倾斜时，气泡就偏向高的一侧，倾斜程度可以从玻璃管外表面上的刻度读出如图 2-50 所示，经过简单的换算，就可得到被测表面相对水平面的倾斜度和倾斜角。

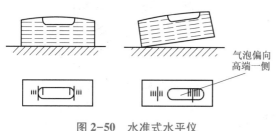

气泡偏向
高端一侧

图 2-50　水准式水平仪

SJ 20873—2003
倾斜仪、水平仪通用规范

JJG 191—2002
水平仪检定器检定规程

1）条式水平仪

条式水平仪的外形如图 2-51 所示，由主体、盖板、水准器和调零装置组成。在量测面上刻有 V 形槽，以便放在圆柱形的被测表面上量测。图 2-51（a）中的水平仪的调零装置在一端，而图 2-51（b）中的调零装置在水平仪的上表面，因而使用更为方便。条式水平仪工作面的长度有 200 mm 和 300 mm 两种。

2）框式水平仪

框式水平仪的外形如图 2-52 所示，由横水准器、主体把手、主水准器、盖板和调零装置组成。它与条式水平仪的不同之处在于：条式水平仪的主体为一条形，而框式水平仪的主体为一框形。框式水平仪除有安装水准器的下量测面外，还有一个与下量测面垂直的测量测面，因此框式水平仪不仅能量测工件的水平表面，还可用它的测量测面与工件的被测表面相靠，检测其对水平面的垂直度。框式水平仪的框架规格有 150 mm×150 mm，200 mm×200 mm，250 mm×250 mm，300 mm×300 mm 等 4 种，其中 200 mm×200 mm 最为常用。

3）合像水平仪

合像水平仪主要应用于量测平面和圆柱面对水平的倾斜度，以及机床与光学机械仪器的导轨或机座等的平面度、直线度和设备安装位置的正确度等。其工作原理是利用棱镜将水准器中的气泡影像经过放大，来提高读数的瞄准精度，利用杠杆、微动螺杆等传动机构进行读数。

合像水平仪结构如图 2-53 所示，合像水平仪的水准器安装在杠杆架的底板上，它的位置可用微动旋钮通过测微螺杆与杠杆系统进行调整。水准器内的气泡，经两个不同位置的棱镜反射至观察窗放大观察（分成两个半合像）。当水准器不在水平位置时，气泡 A、B 两半不对齐，当水准器在水平位置时，气泡 A、B 两半就对齐，如图 2-53（c）所示。

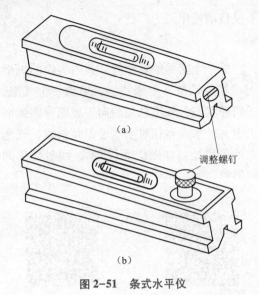

（a）

调整螺钉

（b）

图 2-51　条式水平仪

图 2-52　框式水平仪

GB/T 16455—2008　条式和框式水平仪

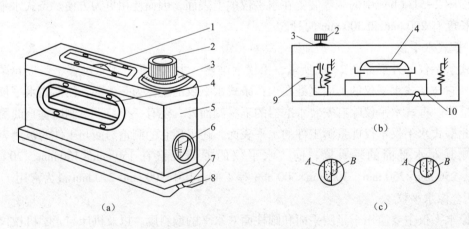

（a）

（b）

（c）

图 2-53　合像水平仪的结构

1—观察窗；2—微动旋钮；3—微分盘；4—主水准器；5—壳体；6—毫米/米刻度；

7—底面工作面；8—V 型工用面；9—指针；10—杠杆

合像水平仪主要用于精密机械制造中，其最大特点是使用范围广、量测精度较高、读数方便、准确。

水准式水平仪使用时要注意以下事项：

① 使用前工作面要清洗干净。

② 湿度变化对仪器中的水准器位置影响很大，必须隔离热源。

③ 量测时旋转微分盘要平稳，必须等 A、B 两气泡像完全对齐后方

GB/T 22519—2008
合像水平仪

可读数。

3. 电子水平仪

电子水平仪是将微小的角位移转变为电信号,经放大后由指示仪表读数的一种角度计量仪器。主要用于测量被测面对水平面的倾斜角及制件表面的直线度、平面度,机床导轨的直线度、扭曲度,也可用于检测、调整各种设备的水平安装位置。

JDZ-B 型指针式电子水平仪的结构,如图 2-54 所示,主要由用作工作测量面的铸铁底座、电极水准泡式传感器和指示电表三部分构成。分度值有 3 挡:0.005 mm /1 000 mm、0.01 mm/1 000 mm 和 0.02 mm /1 000 mm。

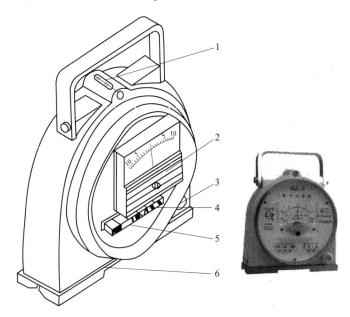

图 2-54 JDZ-B 型指针式电子水平仪

1—副水准泡;2—电表;3—调零口;4—电源开关;
5—分度值选择按钮;6—底座

电极水准泡式传感器是由一种直径为 14 mm、长度为 90 mm 左右的玻璃管内壁,压贴 4 片相互对称的铂电极,并用铂丝引出而制成的。玻璃管内壁经研磨、内灌导电液体并且有一定长度的气泡,经烧结而成。电极水准泡内的 4 片铂电极为两个活动桥臂、两个固定桥臂,而桥臂组成一个差动交流电桥。其工作原理是,当电极水准泡内的气泡在中间位置时,两对电极间阻抗相等,这时电桥平衡,输出信号近似为零。当气泡向任何一方移动时,电极水准泡阻抗增大或减小,故电桥不平衡,于是有信号输出。

2.9 其他测量仪器简介

除了上述量测仪器外,利用光学原理制成的光学量仪应用也比较广泛,如在长度量测中的光学计、测长仪等。光学计是利用光学杠杆放大作用将量测杆的直线位移转换为反射镜的偏转,使反射光线也发生偏转,从而得到标尺影像的一种光学量仪。

2.9.1 立式光学计

立式光学计主要是利用量块与零件相比较的方法来量测物体外形的微差尺寸，是量测精密零件的常用量测器具。

1. LG-1型立式光学计主要技术参数

（1）总放大倍数：约1 000倍；

（2）分度值：0.001 mm；

（3）示值范围：±0.1 mm；

（4）量测范围：最大长度180 mm；

（5）仪器的最大不确定度：±0.000 25 mm；

（6）示值稳定性：0.000 1 mm；

（7）量测的最大不确定度：$\pm(0.5+L/100)\,\mu m$（L为测量长度）。

2. 工作原理

利用光学杠杆的放大原理，将微小的位移量转换为光学影像的移动。

3. 结构

立式光学计的外形结构如图2-55所示，主要由以下部分组成。

（1）光学计管：量测读数的主要部件；

（2）零位调节手轮：可对零位进行微调整；

（3）测帽：根据被测件形状，选择不同的测帽套在测杆上，其选择原则为测帽与被测件的接触面积要最小；

（4）工作台：对不同形状的测件，应选用尺寸不同的工作台，选择原则与（3）基本相同。

4. 使用方法

（1）粗调。仪器放在平稳的工作台上，将光学计管安装在横臂的适当位置。

（2）测帽选择。量测时被测件与测帽间的接触面应最小，即近似于点或线接触。

（3）工作台校正。工作台校正的目的是使工作面与测帽平面保持平行。一般是将与被测件尺寸相同的量块放在测帽边缘的不同位置，若读数相同，则说明其平行。否则可调工作台旁边的4个调节旋钮。

（4）调零。将选用的量块组放在一个清洁的平台上，转动粗调节环使横臂下降至测头刚好接触量块组时，将横臂固定在立柱上。再松开横臂前端的锁紧装置，调整光管与横臂的相对位置，当从光管的目镜中看到零刻线与指示虚线基本重合后，固定光管。调整光管微调手

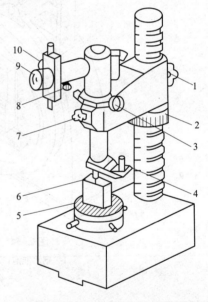

图2-55 立式光学计外形结构

1—悬臂锁紧装置；2—升降螺母；3—光管微调手轮；4—拨叉；5—工作台；6—被测工件；7—光管锁紧螺母；8—测微螺母；9—目镜；10—反光镜

JB/T 10575—2013
光学计

轮，使零刻线与指示虚线完全对齐。拨动提升器几次，若零位稳定，则仪器可进行工作。

5. 仪器保养

（1）使用精密仪器应注意保持清洁，不用时宜用罩子套上防尘。

（2）使用完毕后必须在工作台、量测头以及其他金属表面用航空汽油清洗、拭干，再涂上无酸凡士林。

（3）光学计管内部构造比较复杂精密，不宜随意拆卸，出现故障应送专业部门修理。

（4）光学部件避免用手指碰触，以免影响成像质量。

2.9.2　万能测长仪

万能测长仪是由精密机械、光学系统和电气部分结合起来的长度量测仪器。既可用来对零件的外形尺寸进行直接量测和比较量测，也可以使用仪器的附件进行各种特殊量测工作。

1. 主要技术参数

（1）分度值：0.001 mm。

（2）量测范围：量测范围包括以下几个方面。

① 直接量测：0～100 mm。

② 外尺寸量测：0～500 mm。

③ 内尺寸量测：10～200 mm。

④ 电眼装置量测：1～20 mm。

⑤ 外螺纹中径量测：0～180 mm。

⑥ 内螺纹中径量测：10～200 mm。

（3）仪器误差：仪器误差包括以下方面。

① 测外部尺寸：$\pm(0.5+L/100)\mu$m（L 为测量长度）。

② 测内部尺寸：$\pm(2+L/100)\mu$m（L 为测量长度）。

2. 量测原理

万能测长仪是按照阿贝原则设计制造的，其量测精度较高。在万能测长仪上进行量测，是直接把被测件与精密玻璃尺做比较，然后利用补偿式读数显微镜观察刻度尺，进行读数。玻璃刻度尺被固定在被测体上，因其在纵向轴线上，故刻度尺在纵向上的移动量完全与被测件之长度一致，而此移动量可在显微镜中读出。

3. 仪器结构

如图2-56所示，卧式万能测长仪主要由底座、万能工作台、量测座、手轮、尾座和各种量测设备附件等组成。

底座的头部和尾部分别安装着量测座和尾座，它们可在导轨上沿量测轴线方向移动，在底座中部安装着万能工作台，通过底座尾部的平衡装置，可使工作台连同被测零件一起轻松地升降。平衡装置是通过尾座下方的手柄使弹簧产生不同的伸长和拉力，再通过杠杆机构和工作台升降机构连接，使与工作台的重量相平衡。

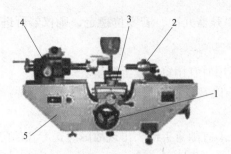

图 2-56　JDY-2 卧式万能测长仪

1—手轮；2—尾座；3—万能工作台；

4—测量座；5—底座

JB/T 10572—2013

万能测长仪

万能工作台可有 5 个自由度的运动。中间手轮调整其升降运动，范围为 0～105 mm，并可在刻度盘上读出；旋转前端微分套筒可使工作台产生 0～25 mm 的横向移动；扳动侧面两手柄可使工作台具有 ±3° 的倾斜运动或使工作台绕其垂直轴线旋转 ±4°；在量测轴线上工作台可自由移动 ±5°。

量测座是量测过程中感应尺寸变化并进行读数的重要部件，主要由测杆、读数显微镜、照明装置及微动装置组成。它可以通过滑座在底座床面的导轨上滑动，并能用手轮在任何位置上固定。量测座的壳体由内六角螺钉与滑座紧固成一体。

尾座是放在底座右侧的导轨面上，它可以用手柄固定在任意位置上，尾管装在尾管的相应孔中，并能用手柄固定，旋转其后面的手轮时可使尾座测头作轴向微动。测头上可以装置各种测帽，同时通过螺钉调节，可使其测帽平面与测座上的测帽平面平行，尾座上的测头是量测中的一个固定测点。

量测附件主要包括内尺寸量测附件、内螺纹量测附件和电眼装置等 3 类。

4. 仪器使用

卧式万能测长仪可量测两平行平面间的长度、圆柱体的直径、球体的直径、内尺寸长度、外螺纹中径和内螺纹中径等。由于万能测长仪能量测的被测件类型较多，量测方法各不相同，其基本步骤为选择并装调测头、安放被测件、校正零位、寻找被测件的最佳量测点、量测读数，在具体操作仪器前须仔细阅读使用说明书。

5. 维护保养

（1）仪器室不得有灰尘、振动及各种腐蚀性气体；

（2）室温应维持在 20 ℃左右，相对湿度最好不超过 60%，防止光学部件产生霉斑；

（3）每次使用完毕后，必须在工作台、测帽以及其他附属设备的表面用汽油清洗，并涂上无酸凡士林，盖上仪器罩。

2.9.3　表面粗糙度测量仪

1. JJI-22A 型表面粗糙度测量仪

JJI-22A 型表面粗糙度测量仪主要用于测量表面粗糙度和不同型面的粗糙度。其结构简单小巧，传感器灵敏度高。由于该仪器采用了计算机信号处理技术，测量精度高，测量人员只需按动一个测量键即可进行测量，仪器自动显示测量结果。

1）主要技术指标

传感器种类：压电式标准传感器

触针圆弧半径：$10\pm2.5\ \mu m$

触针材料：金刚石

驱动器移动长度：15 mm

测量长度：4～12.5 mm

移动速度：3.2 mm/s

测量范围：$Ra\ 0.1～3.2\ \mu m$，$Rz\ 0.5～30\ \mu m$，$Ry\ 0.5～30\ \mu m$

仪器误差：$<\pm15\%$

可测零件形状：长度>15 mm，内孔直径>10 mm

2）工作原理

驱动器带动压电式传感器在零件表面移动进行采样，信号经放大器及计算机的处理，通过显示屏同时读出被测量表面的 Ra、Rz、Ry 实测值。

3）仪器使用

仪器使用的基本步骤为：

① 安装仪器。

② 校准仪器放大倍数。

③ 安放被测件。

④ 采集数据。

⑤ 数据处理。

4）维护与保养

① 被测表面温度不得高于 40 ℃，且不得有水、油、灰尘、切屑、纤维及其他污物。

② 使用现场不得有振动，仪器不能跌撞。

③ 传感器在使用中避免撞击触尖，触尖不能用酒精清洗，必要时只能用无水汽油清洗。

JJF 1105—2003
触针式表面粗糙度
测量仪校准规范

④ 随仪器附带的多刻线样板如有严重划伤时，应及时更换，否则造成校准的误差增大。

2. 德国霍米尔 T1000 小粗糙度仪

德国霍米尔 T1000 小粗糙度仪如图 2-57 所示，是面向 21 世纪的新一代小型粗糙度轮廓仪。

1）主要技术指标

（1）德国霍米尔 T1000"世纪星"小型粗糙度轮廓仪的主要技术指标为：

测量精度：3%。

粗糙度参数：Ra，Rz，$Rmax$，Rt，Rpc，Rp，Rpm，Rq，$R3z$，Rsm，Rmr（即 tp 参数）。

珩磨网纹粗糙度参数：Rk，Rpk，Rvk，$Mr1$，$Mr2$。

选用参数（波纹度参数）：Wa，Wz，Wt，Wpc，Wsm。

选用参数（原始轮廓参数）：Pa，Pz，$Pmax$，Pt，Ppc。

（a）　　　　　　　　　　（b）　　　　　　　　　（c）

图 2-57　德国霍米尔 T1000 小粗糙度仪及附件

（a）德国霍米尔 T1000 小粗糙度仪；（b）附件一；（c）附件二

测量长度：16 mm/20 mm，垂直量程：160 μm /640 μm。

分辨率：0.001 μm。

内置微型打印机，可配 Windows 2000 版测量分析软件。

有标准，圆弧面，小孔，深槽等各种测头。

（2）德国霍米尔 T1000 BASIC "世纪星" 小型粗糙度仪的主要技术指标为：

测量不确定度：3%

系统总的允许误差：德国标准 DIN4772，一级（5%）

传感器触针位置显示：+/-120 微米，显示分辨率：0.001 微米，测量分辨率：0.01 微米

参数测量范围：Ra：0.01～25 μm；Rz：0.05～62.5 μm；$Rmax$ 和 Rt（Ry）：0.05～80 μm；

测量头可以转 90°，横向扫描，可测量曲轴凸轮轴的轴颈、曲柄的表面粗糙度。

ISO 4287 国际标准/DIN 德国标准：Ra，Rz（$Rz4$，$Rz3$，$Rz2$，$Rz1$），$Rmax$，Rt，Rz-ISO，Rpc，Rp，Rpm，Rq，$R3z$，Rsm，Rmr（c）（$=tp$），

珩磨表面参数 Roughness Parameters（ISO 13565）：Rk，Rpk，Rvk，$Mr1$，$Mr2$

日本标准（JIS-B 0601：Rz-JIS，$Rmax$-JIS）

法国标准（Motive Parameters（ISO 12085））：R，Rx，AR，$P\,dc$（CR，CL，CF）

轮廓记录和输出：R-粗糙度轮廓，Rk-轮廓，材料支承率 tp 曲线

超大液晶显示屏 240×160 点阵显示：真实轮廓显示

统计：每个参数均可做最多 999 次测量结果的统计分析

测量程序：5 个预置测量程序

内置大容量存储卡：数据存储功能，能存储 200 条轮廓 或 999 次测量结果

2）仪器设定

自动设定（自动识别传感器），也可以手动设定

滤波器：M1 高斯数字滤波器（M1）-ISO 11562 和 M2 数字滤波器 ISO 13565-1

测量行程长度：1.5 mm，4.8 mm，15 mm，也可选用 1～5 倍基本长度（截止波长）

测量评定长度：1.25 mm，4.0 mm，12.5 mm，

基本长度（截止波长）：0.08 mm，0.25 mm，0.8 mm，2.5 mm

带通滤波器 Lc/Ls（ISO 3274）：100，300

测量速度和截止波长与测量长度相关联

测量速度：0.1；0.15。

3）垂直放大比

最大×100 000 倍，×50 000，×20 000，×10 000，×5 000，×2 000，×1 000，×500，×200，×100

T1000 粗糙度仪也可以自动设定最佳放大比

水平放大比：×10／×40／×100。

记录纸：57.5 mm 宽。

4）其他

大容量内置环保型镍氢电池（可反复充电，无记忆效应）。

电池的能量：大约 1 000 次测量。

外接电源：超宽范围 90～240 V。

2.9.4　万能工具显微镜

万能工具显微镜是一种在工业生产和科学研究部门中使用十分广泛的光学量测仪器。它具有较高的量测精度，适用于长度和角度的精密量测。同时由于配备多种附件，使其应用范围得到充分的扩大。仪器可用影像法、轴切法或接触法按直角坐标或极坐标对机械工具和零件的长度、角度和形状进行量测。主要的量测对象有刀具、量具、模具、样板、螺纹和齿轮类零件等。

1. 仪器结构

19JA 型万能工具显微镜的外形，如图 2-58 所示，主要由底座、X 轴滑台、Y 轴滑台、立臂、横梁、瞄准显微镜、投影读数装置组成。

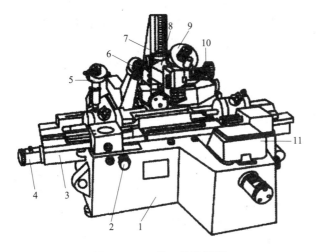

JB/T 10573—2006

工具显微镜

图 2-58　万能工具显微镜

1—基座；2—纵向锁紧手轮；3—工作台纵滑板；4—纵向滑动微调；

5—纵向读数显微镜；6—横向读数显微镜；7—立柱；8—支臂；

9—测角目镜；10—立柱倾斜手轮；11—小平台

2. 量测原理

工具显微镜主要是应用直角或极坐标原理，通过主显微镜瞄准定位和读数系统读取坐标值而实现量测的。

根据被测件的形状、大小及被测部位的不同，一般有以下3种量测方法。

1）影像法

中央显微镜将被测件的影像放大后，成像在"米"字分划板上，利用"米"字分划板对被测点进行瞄准，由读数系统读取其坐标值，相应点的坐标值之差即为所需尺寸的实际值。

2）轴切法

为克服影像法量测大直径外尺寸时因出现衍射现象而造成较大的量测误差，利用仪器所配附件量测刀上的刻线，来替代被测表面轮廓进行瞄准，从而完成量测。

3）接触法

用光学定位器直接接触被测表面来进行瞄准、定位并完成量测。适用于影像成像质量较差或根本无法成像的零件的量测，如有一定厚度的平板件、深孔零件、台阶孔、台阶槽等。

3. 使用方法

不同的被测件所采用的量测原理各不相同，详细的操作使用方法可查阅其使用说明书和有关的参考书。

4. 维护保养

与立式光学比较仪、万能测长仪、光切法显微镜等光学仪器相似。

2.10　测量新技术与新型测量仪器简介

随着科学技术的迅速发展，量测技术已从应用机械原理、几何光学原理发展到应用更多的新的物理原理，引进了最新的技术成就，如光栅、激光、感应同步器、磁栅以及射线技术等。特别是计算机技术的发展和应用，使得计量仪器跨越到一个新的领域。三坐标量测机和计算机完美的结合，使之成为一种愈来愈引人注目的高效率、新颖的几何量精密量测设备。

2.10.1　光栅测量技术

1. 计量光栅

在长度计量测试中应用的光栅称为计量光栅，一般是由很多间距相等的不透光刻线和刻线间透光缝隙构成。光栅尺的材料有玻璃和金属两种。

计量光栅一般可分为长光栅和圆光栅。长光栅的刻线密度有每毫米 25、50、100 和 250 条等。圆光栅的刻线数有 10 800 条和 21 600 条两种。

2. 莫尔条纹的产生

如图 2-59（a）所示，将两块具有相同栅距（W）光栅的刻线面平行地叠合在一起，中间保持 0.01～0.1 mm 间隙，并使两光栅刻线之间保持一很小夹角（θ）。于是在 a-a 线上，两块光栅的刻线相互重叠，而缝隙透光（或刻线间的反射面反光），形成一条亮条纹。而在 $b\text{-}b$ 线上，两块光栅的刻线彼此错开，缝隙被遮住，形成一条暗条纹。由此产生的一系列明暗相间的条纹称为莫尔条纹，如图 2-59（b）所示。图 2-59 中莫尔条纹近似地垂直于光栅刻线，因此称为横向莫尔条纹。两亮条纹或暗条纹之间的宽度 B 称为条纹间距。

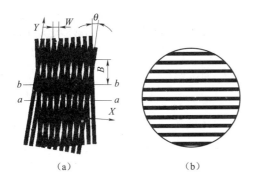

JB/T 10080. 1—2011
光栅线位移测量系统
第 1 部分：光栅数字显示仪表

（a）　　　　　　（b）

图 2-59　莫尔条纹

3. 莫尔条纹的特征

（1）对光栅栅距的放大作用。根据图 2-59 的几何关系可知，当两光栅刻线的 θ 交角很小，条纹间距 B 的计算公式为：

$$B \approx W/\theta \tag{2-6}$$

式中　θ 以弧度为单位。此式说明，适当调整夹角 θ 可使条纹间距 B 比光栅栅距 W 放大几百倍甚至更大，这对莫尔条纹的光电接收器接收非常有利。如 $W=0.04$ mm，$\theta=0°13'15''$，则$B=10$ mm，相当于放大了 250 倍。

（2）对光栅刻线误差的平均效应。由图 2-59（a）可以看出，每条莫尔条纹都是由许多光栅刻线的交点组成，所以个别光栅刻线的误差和瑕疵在莫尔条纹中得到平均。设 δ_0 为光栅刻线误差，n 为光电接收器所接收的刻线数，则经莫尔条纹读出后的系统误差为：

$$\delta = \frac{\delta_0}{\sqrt{n}} \tag{2-7}$$

由于 n 一般可以达几百条刻线，所以莫尔条纹的平均效应可使系统量测精度提高很多。

（3）莫尔条纹运动与光栅副运动的对应性。在图 2-59（a）中，当两光栅尺沿 X 方向相对移动一个栅距 W 时，莫尔条纹在 Y 方向也随之移动一个莫尔条纹间距 B，即保持着运动周期的对应性；当光栅尺的移动方向相反时，莫尔条纹的移动方向也随之相反，即保持了运动方向的对应性。利用这个特性，可实现数字式的光电读数和判别光栅副的相对运动方向。

2.10.2　激光测量技术

激光是一种新型的光源，具有其他光源所无法比拟的优点，即很好的单色性、方向性、相干性和能量高度集中性，出现后很快就在科学研究、工业生产、医学、国防等许多领域中获得广泛的应用。现在，激光技术已成为建立长度计量基准和精密测试的重要手段。它不但可以用干涉法量测线位移，还可以用双频激光干涉法量测小角度，用环形激光量测圆周分度，以及用激光准直技术来量测直线度误差等。这里主要介绍应用广泛的激光干涉测长仪的基本原理。

常用的激光测长仪实质上就是以激光作为光源的迈克尔逊干涉仪，如图2-60所示。

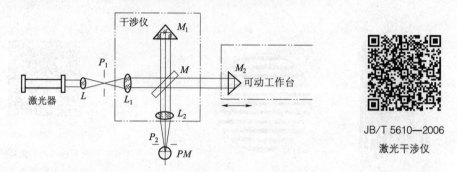

JB/T 5610—2006
激光干涉仪

图 2-60　激光干涉测长仪原理

从激光器发出的激光束，经透镜 L、L_1 和光阑 P_1 组成的准直光管扩束成一束平行光，经分光镜 M 被分成两路，分别被角隅棱镜 M_1 和 M_2 反射回到 M 重叠，被透镜 L_2 聚集到光电计数器 PM 处。当工作台带动棱镜 M_2 移动时，在光电计数处由于两路光束聚集产生干涉，在光电计数处形成明暗条纹，通过计数就可以计算出工作台移动的距离为：

$$S = (N \times \lambda)/2 \tag{2-8}$$

式中　N——干涉条纹数；

　　　λ——激光波长。

激光干涉测长仪的电子线路系统原理框图，如图2-61所示。

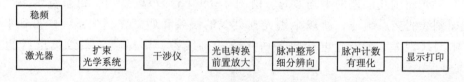

图 2-61　激光干涉测长仪电路原理图

2.10.3　坐标测量技术与三坐标测量机

1. 三坐标测量机的结构类型

三坐标测量机如图2-62所示，一般都具有相互垂直的三个量测方向，水平纵向运动方向为 x 方向（又称 x 轴），水平横向运动方向为 y 方向（又称 y 轴），垂直运动方向为 z 方向（又称 z 轴）。

三坐标测量仪的结构类型，如图2-63所示，其中图2-63（a）为悬臂式 z 轴移动，特点是左右方向开阔，操作方便。但因 z 轴在悬臂 y 轴上移动，易引起 y 轴挠曲，使 y 轴的量测范围受到限制（一般不超过500 mm）。图2-63（b）为悬臂式 y 轴移动，特点是 z 轴固定在悬臂 y 轴上，随 y 轴一起前后移动，有利于工件的装卸。但悬臂在 y 轴方向移动，重心的变化较明显。图2-63（c）、（d）为桥式，以桥框作为导向面，x 轴能沿 y 方向移动，它的

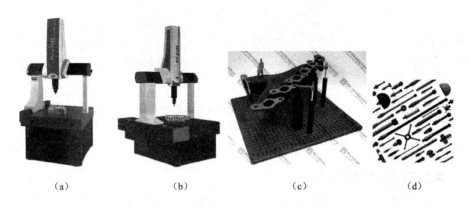

图 2-62　三坐标测量机

（a）AEH 三坐标测量仪（Daisy 系列）；（b）AEH 三坐标测量仪（MQ 系列）；

（c）三坐标夹具；（d）Renishaw 测针

结构刚性好，适用于大型量测机。图 2-63（e）、（f）为龙门移动式和龙门固定式两种，其特点是当龙门移动或工作台移动时，装卸工件非常方便，操作性能好，适宜于小型量测机，精度较高。图 2-63（g）、（h）是在卧式镗床或坐标镗床的基础上发展起来的坐标机，这种形式精度也较高，但结构复杂。

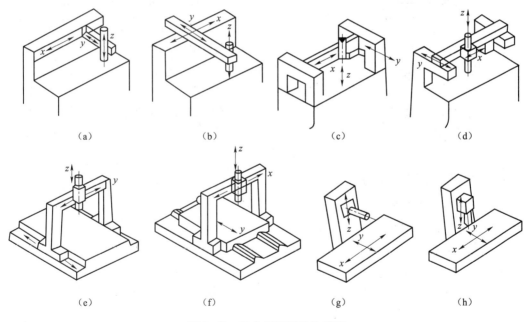

图 2-63　三坐标测量机构类型

2. 三坐标测量机的量测系统

量测系统是坐标测量机的重要组成部分之一，它关系着坐标测量机的精度、成本和寿命。对于 CNC 三坐标测量机一定要求量测系统输出的坐标值为数字脉冲信号，才能实现坐标位置闭环控制。坐标测量机上使用的量测系统种类很多，按其性质可分为机械式、光学式和电气式量测系统，各种量测系统精度范围，见表 2-4。

表2-4 各种量测系统精度范围

测量系统	精度范围/μm	测量系统	精度范围/μm
丝杠或齿条	10～50	感应同步器	2～10
刻线尺	光屏投影 1～10	磁尺	2～10
	光电扫描 0.2～1	码尺（绝对测量系统）	10
光栅	1～10	激光干涉仪	0.1

3. 三坐标测量机的量测头

三坐标测量机的量测头按量测方法分为接触式和非接触式两大类。接触式量测头可分为硬测头和软测头两类。硬测头多为机械测头，主要用于手动量测和精度要求不高的场合。软测头是目前三坐标量测机普遍使用的量测头，软测头分为触发式测头和三维测微头两种。

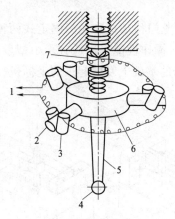

图2-64 触发式测头
1—信号线；2—销；3—圆柱销；4—红宝石测头；5—测杆；6—块规；7—陀螺

触发式测头亦称电触式测头，其作用是瞄准。它可用于"飞越"量测，即在检测过程中，测头缓缓前进，当测头接触工件并过零时，测头即自动发出信号，采集各坐标值，而测头则不需要立即停止或退回，即允许若干毫米的超程。

图2-64是触发式测头的典型结构之一，其工作原理相当于零位发信开关。当三对由圆柱销组成的接触副均匀接触时，测杆处于零位。当测头与被测件接触时，测头被推向任一方向后，三对圆柱销接触副必然有一对脱开，电路立即断开，随即发出过零信号。当测头与被测件脱离后，外力消失，由于弹簧的作用，测杆回到原始位置。这种测头的量测精度可达±1 μm。

4. 三坐标测量机的应用

三坐标测量机集精密机械、电子技术、传感器技术、电子计算机等现代技术之大成。对坐标量测机，任何复杂的几何表面与几何形状，只要测头能感受（或瞄准）到的地方，就可以测出它们的几何尺寸和相互位置关系，并借助于计算机完成数据处理。如果在三坐标测量机上设置分度头、回转台（或数控转台），除采用直角坐标系外，还可采用极坐标、圆柱坐标系量测，使量测范围更加扩大。对于有 x、y、z、φ（回转台）四轴坐标的测量机，常称为四坐标测量机。增加回转轴的数目，还有五坐标或六坐标测量机。

三坐标测量机与"加工中心"相配合，具有"量测中心"的功能。在现代化生产中，三坐标测量机已成为 CAD/CAM 系统中的一个量测单元，它将量测信息反馈到系统主控计算机，进一步控制加工过程，提高产品质量。

正因如此，三坐标测量机越来越广泛地应用于机械制造、电子、汽车和航空航天等工业领域。

思考与练习

1. 平口钳适用于装夹哪些工件？如何对工件进行找正？试举例说明。

2. 对一花键轴等分为 10 等分，如何利用分度头进行分度？

3. 常用的形状公差和位置公差分别有哪些项目？各是什么含义？如何标注？

4. 游标卡尺和百分尺测量的准确度是多大？试用其刻线原理进行说明。使用时的注意事项有哪些？

5. 游标卡尺和千分尺在使用前为什么要检查零点？

6. 简述游标卡尺的读数方法，并正确读出表 2-5 中各游标卡尺的示数。

表 2-5 游标卡尺的读数

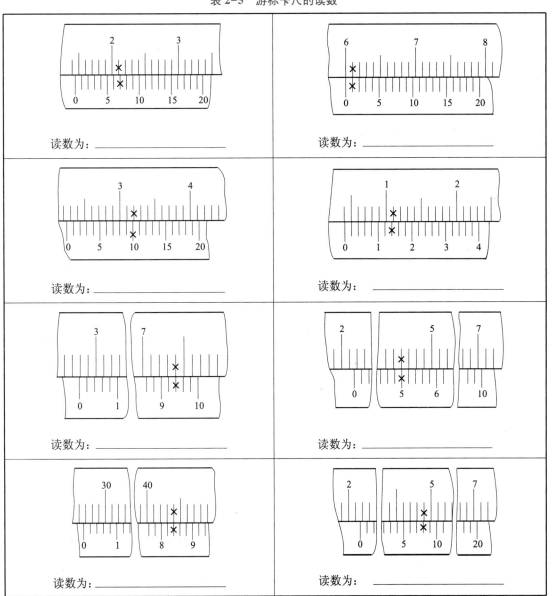

7. 简述千分尺的读数方法，并正确读出表2-6中各千分尺的示数。

表 2-6　千分尺的读数

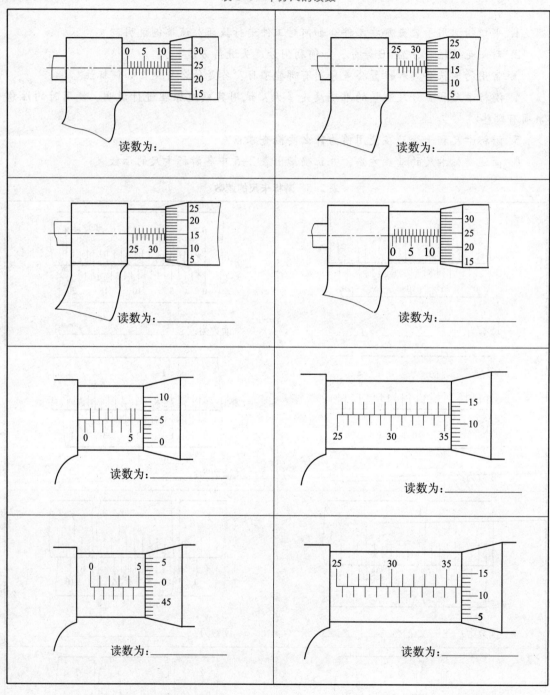

读数为：_____　　　读数为：_____

读数为：_____　　　读数为：_____

读数为：_____　　　读数为：_____

读数为：_____　　　读数为：_____

8. 试述刀口形直尺、90°角尺和塞尺的用途。

9. 试述百分表的读数原理及其用途。

10. 使用游标卡尺测量导柱零件的长度和外径，导柱零件图如图2-65所示。

11. 简述千分尺的读数方法。

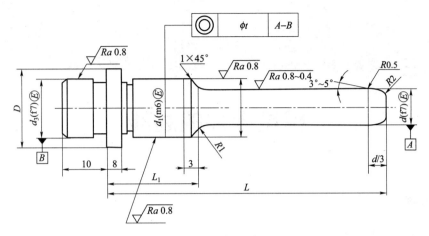

图 2-65 导柱零件图

12. 为什么内径百分表调整零位和测量孔径时都要摆动量仪，找指针指示的最小数值？

13. 内径百分表测量孔径属于哪一种测量方法？

14. 请判断如图 2-66 所示使用游标卡尺测量大外圆的方法是否正确，并说明理由。

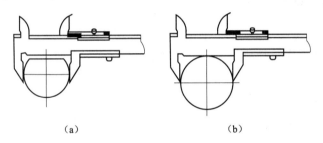

（a）　　　　　　　　　　　　（b）

图 2-66 游标卡尺测量大外圆示意图

项目三

模具零件的划线

» **项目内容：**

- 模具零件的划线。

» **学习目标：**

- 能使用划线工具划线。

» **主要知识点与技能：**

- 用钢直尺、90°角尺、划线盘、方箱等划线工具划线。
- 掌握圆弧与两直线相切的划法。
- 掌握圆周三等分、五等分与六等分的划法。
- 掌握划线后冲眼的方法和要求。
- 平面划线的基准选择。
- 划线时的找正和借料。
- 掌握划线样板和模具连接孔的划线。

3.1 用钢直尺划线

如图 3-1 所示，用左手食指和拇指紧握钢直尺，同时紧紧靠着基准边，用划针沿着钢直尺的零边划出一段线条，如图 3-1（a）所示。若工件一端有边可靠，则可将钢直尺的零边抵住靠边，在需要划线处，划出很短的线，如图 3-1（b）所示。

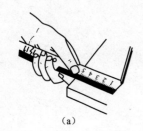

（a）   （b）

图 3-1　用钢直尺划线

JB/T 3411. 64—1999

划针　尺寸

JB/T 9168. 12—1998

切削加工通用

工艺守则　划线

如图 3-2 所示，用钢直尺将划出的短线连接起来，这时必须注意划针的尖端要沿着钢直尺的底边，如图 3-3（a）所示。否则划出的线会不直，划出的尺寸也不正确，如图 3-3（b）所示。

划线时，划针还必须沿划线方向倾斜 30°～60°，使针尖顺着方向拖去，如图 3-4 所示。碰到工件表面有不平处，针尖能滑过去，若将划针垂直或反向倾斜，则碰到不平处针尖会跳动，划出的线条不直。

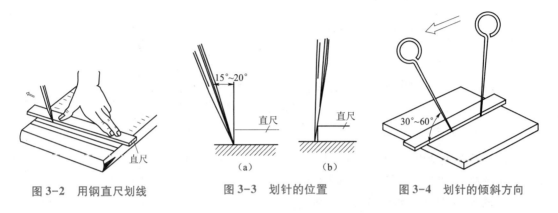

图 3-2　用钢直尺划线　　　图 3-3　划针的位置　　　图 3-4　划针的倾斜方向

3.2　用 90°角尺划线

1. 划平行线

如图 3-5 所示，先用钢直尺靠着 90°角尺量好距离，然后用划针沿着 90°角尺划出平行线。

2. 划垂直线

精度要求不高的垂直线可用扁 90°角尺来划，一边对准已划好的线沿扁角尺的另一边划垂直线，如图 3-6 所示。若要划多条平行的垂线，可按图 3-7 所示，用两只平行夹头把直尺对准已划好的线夹紧固定，然后用扁 90°角尺紧靠在钢直尺上，依照工件要求划出垂直线。若划工件一个边的垂直线或划与侧面已划好的线相垂直的线，可将扁 90°角尺厚的一面靠在工件一边上，如图 3-8 所示，然后沿 90°角尺另一边划线，就能得到与工件一边相垂直或与侧面已划好的线相垂直的线。

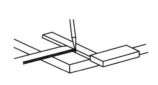

图 3-5　用 90°角尺划平行线

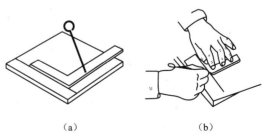

（a）　　　　　　（b）

图 3-6　用扁 90°角尺对准线划垂直线

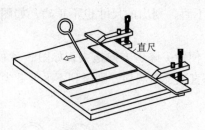

图3-7　用90°角尺和钢直尺配合划垂直线

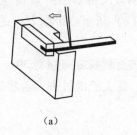
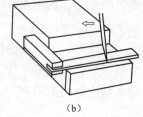

（a）　　　　　　　　（b）

图3-8　在互成直角的面上划相连接的线

3.3　用划规划圆弧线和平行线

1. 用划规划圆弧线

划圆弧前要先划出中心线，确定中心并在中心点上打样冲眼，再用划规按图样所要求的半径划出圆弧，如图3-9所示。若圆弧的中心点在工件边沿上，划圆弧时，就须使用辅助支座，如图3-10所示。将已打好样冲眼的辅助支座和工件一起夹在台虎钳上，用划规在工件上划圆弧。

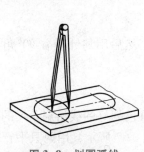

图3-9　划圆弧线

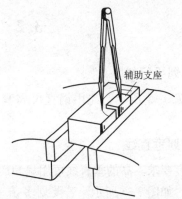

图3-10　用辅助支座划圆弧

当需划半径很大的圆弧，中心在工件以外时，须用两只平行夹头将已打好样冲眼的延长板夹紧在工件上，再用滑杆划规划出圆弧，如图3-11所示。

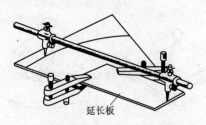

图3-11　中心点在工件外圆弧的划法

JB/T 3411.54—1999
划规　尺寸

JB/T 3411.55—1999
长划规　尺寸

用划卡确定孔轴中心和划平行线。划卡又称单脚规，可用以确定轴及孔的中心位置，也可用来划平行线，如图3-12所示。

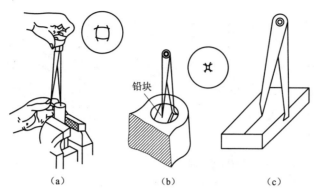

图 3-12 用划卡确定孔轴中心和划平行线

（a）定轴心；（b）定孔中心；（c）划平行线

2. 用划规划平行线

划规结构如图 3-13（a）所示，可用来划圆、量取尺寸和等分线。图 3-13（b）为划平行线示意图，具体方法如下：

① 用钢直尺和划针划一条基准线。

② 靠近基准线两端各取一点，分别以这两点为圆心，以平行线间的距离为半径，向基准线同一侧划圆弧。

③ 用钢直尺和划针作两圆弧的公切线，即为所求平行线。

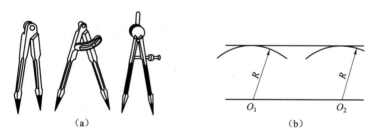

图 3-13 划规结构及用划规划平行线

（a）划规；（b）用划规和钢直尺划平行线

3.4 用划线盘划平行线

划线盘一般用于立体划线和校正工件位置，由底座、立柱、划针和夹紧螺母等组成。划针的直头端用来划线，弯头端用来找正工件的位置。使用完后，应将划针的直头端向下，使其处于垂直状态。划线盘有普通划线盘和可调划线盘两种形式，可作为立体划线和找正工件位置用的工具。如图 3-14（b）所示，调节划针高度，在平板上移动划线盘，即可在工件上画出与平板平行的线来。

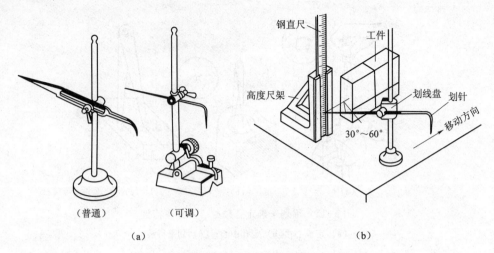

图 3-14　划线盘及应用

（a）普通划线盘和可调划线盘；（b）用划线盘划平行线

JB/T 3411.65—1999　　JB/T 3411.66—1999

划线盘　尺寸　　　　　大划线盘　尺寸

3.5　轴类模具零件上划圆心线

　　轴类模具零件一般需在端面钻中心孔，以备在车床或磨床上加工或在端面钻孔、铣槽等，这都需划出圆心线。图 3-15 所示，是用单脚划规在轴端面划圆心的方法，将单脚划规的两脚调节到约等于工件的半径，以边缘上 4 点为圆心，在端面划出 4 条短圆弧，中间形成近似的方框，在方框的中间打样冲眼，就是所求的圆心。图 3-16 所示，是用高度游标卡尺与 V 形块配合求圆心的方法。将轴类零件放在两块等高 V 形块的槽内，把高度游标卡尺的划线脚调整到轴顶面上的高度，然后减去轴的半径，划出一条直线，再将轴翻转任意一个角度 2 次，划出 2 条直线，三条直线的交点或中间位置就是所求的圆心。

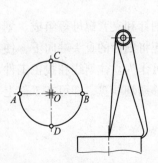 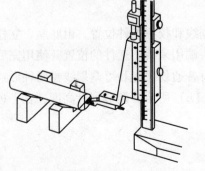

JB/T 3411.60—1999

划线用 V 形铁　尺寸

图 3-15　用单脚划规求圆心　图 3-16　用高度游标卡尺与 V 形块配合求圆心

3.6　用方箱划水平线和垂直线

划线方箱是一个空心的箱体，相邻平面互相垂直，相对平面互相平行。依靠夹紧装置把工件固定在方箱上，利用划线盘或高度游标尺则可划出各边的水平线或平行线，如图 3-17 （a）所示，翻转方箱 90°，则可把工件上互相垂直的线划出来，如图 3-17 （b）所示。

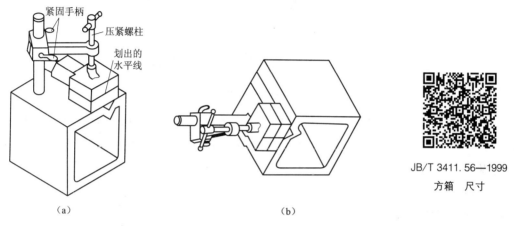

JB/T 3411.56—1999
方箱　尺寸

（a）　　　　　　　　　　　　　　（b）

图 3-17　在方箱上划线

（a）将工件压紧在方箱上划水平线；（b）方箱翻转 90° 划垂直线

3.7　圆弧与两直线相切的划法

根据两直线相交的角度（锐角、直角或钝角）划出两已知直线，再以这两条直弧半径 r 为距离作两条直线分别与两已知直线平行，这两平行线的交点就是相切圆弧的圆心。以 O 为圆心，以 r 为半径就可划出相切的圆弧，如图 3-18 所示。

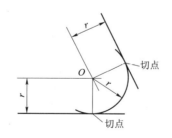

图 3-18　圆弧与两直线相切的划法

3.8　圆周三等分、五等分与六等分的划法

如图 3-19 （a）所示，先划圆周的直径 AB，在 A 点以圆半径 r 为半径划弧交圆周于 C、D 两点，则 B、C、D 三点就是圆周上的三个等分点。

同理，可分圆周为六等分。如图 3-19（b）所示，再以 B 点为圆心，同样以圆半径 r 为半径划弧又可交圆周于 E、F 两点，则 A、B、C、D、E、F 六点就是圆周的六个等分点。

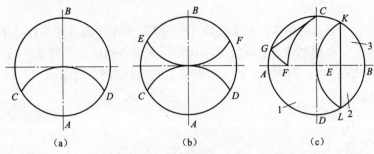

图 3-19　圆周等分法

(a) 三等分；(b) 六等分；(c) 五等分

将圆四等分，划出直径 AB 与 CD，如图 3-19（c）所示，以 B 为圆心，圆半径 r 为半径划圆弧交圆周于 K、L 两点，连接 KL 与直径 AB 相交得 E 点；以 E 为圆心，CE 为半径划圆弧与直径 AB 交于 F 点，再以 C 点为圆心，CF 为半径划圆弧交圆周于 G 点；以 CG 弦长（CG=CF）依次在圆周上划等分点 1、2、3，则 C、G、1、2、3 五点就是圆周上的五个等分点。

常用线条的基本划法，如表 3-1 所示。

表 3-1　常用线条的基本划法

名称	图　例	划线方法说明
划垂直的十字线		划直线 AB，取任意两点 O 和 O₁ 为圆心，作圆弧交于上下两点 C 和 D，通过 C、D 连线，就是 AB 垂直线
划定距离平行线		划直线 AB，分别以 C 和 D 为圆心，以一定距离 R 为半径划弧 a 和 b，划两弧的公切线，就是所要求的平行线
过线外一点划平行线		先以 C 为圆心，用较大半径划圆弧交直线 AB 于 D 点，再以 D 点为圆心，以同样半径划弧交直线于 E 点；再以 D 点为圆心，以 CE 为半径划弧交第一次弧线于 F 点，连接 CF 就是所要求的平行线

名称	图　例	划线方法说明
过线外一点划垂直线		先以线外 C 点为圆心，适当长度为半径，划弧同已知线交于 A 和 B 点；适当长度为半径，分别以 A 和 B 点为圆心，划弧交于 D 点，连接 CD 的直线，就是 AB 的垂直线
二等分直线		分别以 AB 线两端的 A 和 B 点为圆心，适当长度为半径，划弧交于 C 和 D 点，连接 CD 和 AB 相交于 E 点，E 点就是线 AB 的二等分点，CD 直线是 AB 的垂直线
二等分一弧线		分别以弧线两端的 a 和 b 点为圆心，适当长度为半径，划弧交于 c 和 d 点，连接 cd 和 ab 弧相交于 e 点，即弧的二等分点
二等分已知角		以 ∠abc 的顶点为圆心，任意长度为半径，划弧与两边交于 d、e 两点；分别以 d 和 e 为圆心，适当长度为半径，划弧交于 f 点，连接 bf，就是该已知角的平分线
常用角度的划法		30°和 60°斜线的划法：以 CD 的中点 O 为圆心，CD/2 为半径划一半圆，再以 D 为圆心，用同一半径划弧交于 M 点，连接 CM 和 DM，则 ∠DCM 为 30°。∠CDM 为 60°
		45°斜线的划法：先划线段 EF 的垂直平分线 OG，再以 EF/2 为半径，以 O 点为圆心划弧，交垂直平分线于 H 点，连接 EH，则 ∠FEH 为 45°

名称	图　例	划线方法说明
等分圆周		先作直径 AB，然后在 A 点为圆心，r 为半径作两圆弧与圆周交于 C、D 点，则 B、C、D 即是圆周上的三等分点
		先做直径 AB，然后分别以 A、B 点为圆心，以大于圆半径 r 的任意半径作圆弧，连接圆弧的交点 C、D 与圆交于 E、F 点，则 A、B、E、F 即是圆周上的四等分点
		先过圆心 O 作垂直的直径 AB 和 CD，然后划出 OA 的中点 E，以 E 为中心，EC 为半径与 OB 交于 F 点，DF 或 CF 的长度都是五等分圆周的弦长（弦长就是每等分在圆周上的直线长度），可采用此划法制作五角星
		先作直径 AB，分别以 A、B 点为中心，以圆半径 r 为半径作弧与圆交于 C、D、E、F 点，则 A、D、F、B、E、C 即是圆周上的六等分点
划任意角度的简易划法		作 AB 直线，以 A 为圆心，以 57.4 mm 为半径作圆弧 CD；在弧 CD 上截取 10 mm 的长度，向 A 连线的夹角为 10°，每 1 mm 弦长近似为 1° 实际使用时，应先用常用角划线法或平分角度法，划出临近角度后，再用此法划余量角 注意：可按比例放大，以利于截取小尺寸
划任意三点的圆心		已知 A、B、C，分别将 AB 和 CB 用直线相连，再分别划 AB 和 CB 的垂直平分线，两垂直平分线的交点 O，即为 A、B、C 三点的圆心

名称	图　例	划线方法说明
划圆弧的圆心		先在圆弧 AB 上任取 N_1、N_2 和 M_1、M_2，分别划弧 N_1N_2 和 M_1M_2 的垂直平分线，两垂直平分线的交点 O 即为弧 AB 的圆心
划圆弧与两直线相切		先分别划距离为 R 并平行于直线Ⅰ和Ⅱ的直线Ⅰ′、Ⅱ′，Ⅰ′和Ⅱ′交于 O 点，再以 O 为圆心，R 为半径划圆弧 MN 和两直线相切
划圆弧与两圆外切		分别以 O_1 和 O_2 为圆心，以 R_1+R 及 R_2+R 为半径，划圆弧交于 O；以 O 为圆心，R 为半径，划圆弧与两圆外切于 M、N 点 同理：以 $R-R_1$ 及 $R-R_2$ 为半径，划圆弧交于 O；以 O 为圆心，R 为半径，可划圆弧与两圆内切
划椭圆		划互相垂直的线 AB（长轴）和 CD（短轴），连 AC，在 AC 上截取 $CE=OA-OC$，划 AE 的垂直平分线，与长、短轴各交于 O_1 及 O_2，并找出 O_1、O_2 的对称点 O_3、O_4，以 O_1、O_2、O_3、O_4 为圆心，O_1A（或 O_3B）和 O_2C（或 O_4D）为半径，分别划出四段圆弧，圆弧连接为椭圆
划蛋形圆		以垂直线 AB 和 CD 的交点 O 为圆心，分别以 C、D 为圆心，CD 为半径划弧，再通过 C 和 D 点划 CB 和 DB 的连线，并延长交于 E、F 两点；然后以 B 为圆心，BE 或 BF 为半径划圆弧，连接 E 和 F，即得蛋形圆

续表

名称	图　　例	划线方法说明
划圆的渐开线		分圆周为若干等分（图中为12等分），得出各等分点1，2，3，4，…，12（A），划出各等分点与圆心的连线；过圆上各点作圆的切线，在点12（A）的切线上，取A～12，等于圆周长，并将此线段分成12等分，得各等分点1′，2′，3′，…，12′。在圆周各点的切线上分别截取线段，使其长度分别为1-1″等于A-1′，2-2″等于A-2′，…，11-11″等于A-11′，用曲线板圆滑连接A（12）、1″，2″，3″，…，12″各点，即得圆的渐开线第一圈
划阿基米德螺旋线		将已知圆分为若干等分（图中为8等分），各分点与中心点O连成直线；把线段O8分成与圆相同的等分，即1′，2′，3′，4′，5′，6′，7′，8′。以O为圆心，分别以O8上的各分点为半径划同心圆，相交于相应的圆周等分线上，得交点A、B、C、D、E、F、G、H，用曲线板圆滑连接各交点，即可划出阿基米德螺旋线

3.9　划线后冲眼的方法和要求

1. 冲眼的方法

先将样冲外倾，使其尖端对准划线的中心点，然后将样冲立直冲眼，如图3-20所示。对打歪的样冲眼，应先将样冲斜放向划线的交点方向轻轻敲打，当样冲的位置校正到已对准划好的线后，再把样冲竖直后重敲一下，如图3-21所示。对较薄的工件冲眼时，应放在金属平板上，如图3-22（a）所示，而不可放在不平的工作台上，否则冲眼时工件会弹跳而弯曲变形，如图3-22（b）所示。在工件的扁平面上冲眼时，需将工件夹持在台虎钳上再冲眼，如图3-23（a）所示，若将工件安放在两平行垫块上则因安放不稳，容易冲歪，如图3-23（b）所示。

2. 冲眼的要求

（1）在直线上样冲眼，宜打得稀些，冲眼距离应相等，并且都正好冲在线上，如图3-24（a）所示。

如果样冲眼分布不均匀，并且不完全冲在线上，如图3-24（b）所示，这样就不能准确地检查加工的精确度。

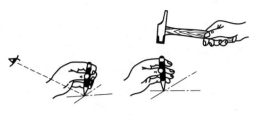

图 3-20　打样冲眼的方法

JB/T 3411. 29—1999
尖冲子　尺寸

JB/T 3411. 30—1999
圆冲子　尺寸

JB/T 3411. 31—1999
半圆头铆钉冲子　尺寸

JB/T 3411. 32—1999
装弹子油杯用冲子　尺寸

JB/T 3411. 33—1999
四方冲子　尺寸

JB/T 3411. 34—1999
六方冲子　尺寸

（a）　　　　　　　（b）

图 3-21　纠正打歪的样冲眼

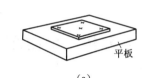

（a）　　　　　　　（b）

图 3-22　薄工件冲眼的方法

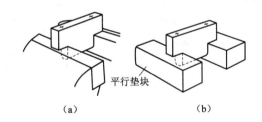

平行垫块

（a）　　　　　　　（b）

图 3-23　扁平工件冲眼的方法

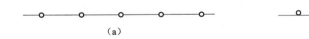

（a）　　　　　　　　　　　　　（b）

图 3-24　在直线上冲眼的要求

（2）在曲线上样冲眼，宜打得密一些，线条交叉点上也要打样冲眼，如图 3-25（a）所示。如果在曲线上打得太稀，如图 3-25（b）所示，则给加工后检查带来困难。

（3）在加工界线上样冲眼，宜打大些，使加工后检查时能看清所剩样冲眼的痕迹，如图 3-26 所示。在中心线、辅助线上样冲眼宜打得小些，以区别于加工界线。

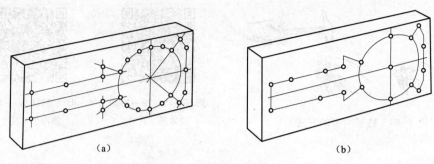

图 3-25　在曲线上冲眼的要求

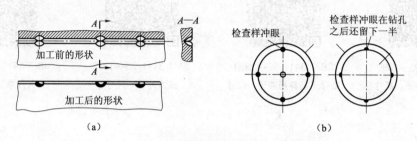

图 3-26　在加工界线上冲眼的要求

3.10　平面划线的基准选择

在划线时，选择工件上的某个点、线或面作为依据，用它来确定工件的各部分尺寸、几何形状及工件上各要素的相对位置，这个依据称为划线基准。

划线应从划线基准开始。选择划线基准的基本原则是：尽可能使划线基准和设计基准（设计图样上所采用的基准）重合。这样能直接量取划线尺寸，简化尺寸换算过程。

平面划线时的基准选择有以下 3 种类型：

（1）以两条直线作为基准，如图 3-27（a）所示，该零件上有两组相垂直方向的尺寸。每一方向的尺寸组都是依照它们的外缘直线确定的，则两条外缘线 A 即分别确定为这两个方向的划线基准。

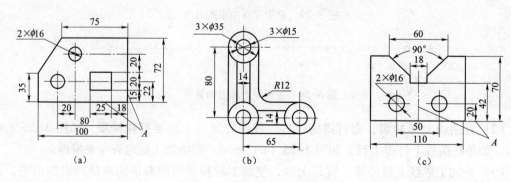

图 3-27　平面划线基准的选择

（2）以两条中心线作为基准，如图 3-27（b）所示，该零件的大部分尺寸都与两条中心线对称，并且其他尺寸也是以中心线为依据确定的，这两条中心线就可分别确定为划线基准。

（3）以一条直线和一条中心线作为基准，如图 3-27（c）所示，该零件高度方向的尺寸是以底线为依据而确定的，此底线即可作为高度方向的划线基准；而宽度方向的尺寸则对称于中心线，故中心线即可确定为宽度方向的划线基准。

划线基准的 3 种类型，如表 3-2 所示。

表 3-2　划线基准的 3 种类型

划线基准种类	图　例	划线方法
以两个互相垂直的平面（或直线）为基准	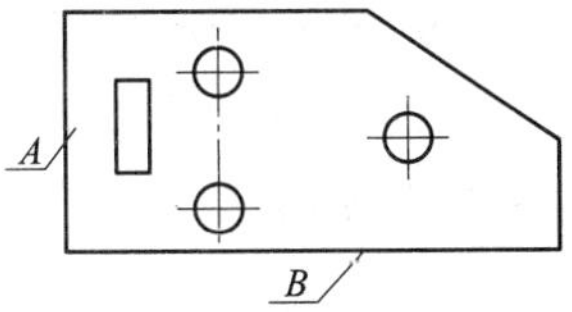 $A \perp B$	划线前先把工件加工成两个互相垂直的边或平面，划线时每一方向的尺寸都可以它们的边或面作基准，划其余各线
以两条互相垂直的中心线为基准	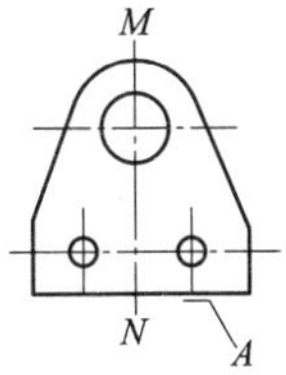 $A \perp MN$	划线前按工件已加工的边（或面）划出中心线作为基准，然后根据基准划其余各线
以互相垂直的一个平面和一条中心线为基准	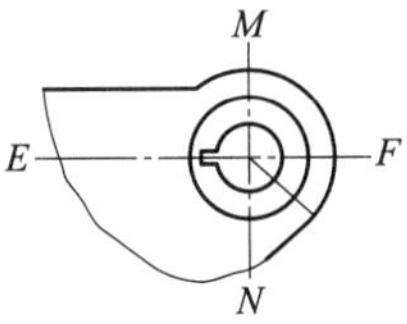	划线前先划出工件上两条互相垂直的中心线作为基准，然后再根据基准划其余各线

3.11　划线时的找正和借料

1．找正的概念

找正就是利用划线工具（如划线盘、角尺、单脚划规等）使工件上有关的毛坯表面处于合适的位置。对毛坯工件，划线前都要做好找正工作。找正的目的如下：

（1）当毛坯有不加工表面时，通过找正后再划线，可使加工表面和不加工表面之间保持尺寸均匀。

（2）当工件有两个以上的不加工表面时，应选择其中面积较大，较重要的或外观质量要求较高的表面为主要找正依据，并兼顾其他较次要的表面，使划线后的各主要不加工表面之间的尺寸（如壁厚、凸台的高低等）都尽量达到均匀和符合要求，而把难以弥补的误差反映到较次要或不显眼的部位上去。

（3）当毛坯没有不加工表面时，通过各加工表面自身位置找正后再划线，可使各加工表面的加工余量得到合理和均匀地分布。

2. 借料的概念

借料就是通过试划和调整，使各加工表面的加工余量合理分配，互相借用，从而保证各加工表面都有足够的加工余量而误差和缺陷可在加工后排除。

借料方法：如图3-28（a）所示的圆环，是个铸造毛坯。如果毛坯比较精确，就可按图样尺寸进行划线，工作较为简单，如图3-28（b）所示。但如果毛坯由于铸造误差使外圆和内孔产生了较大偏心，则划线就偏心，划线就不那么容易了。例如，不顾内孔去划外圆，再划内孔时加工余量就不够，如图3-29（a）所示；反之，如不顾及外圆去划内孔，则同样在划外圆时加工余量也要不够，如图3-29（b）所示；只有在内孔和外圆都兼顾的条件下，恰当地选好圆心位置，划出的线才能保证内孔和外圆都有足够的加工余量，如图3-29（c）所示。这就说明通过借料后，使有误差的毛坯仍然可以利用。但若误差太大，无法补救，只能报废。

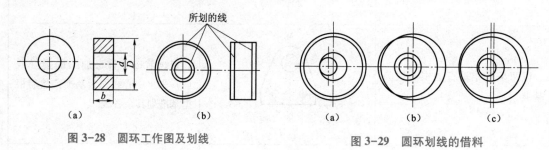

图3-28　圆环工作图及划线　　　　　图3-29　圆环划线的借料

3.12　平面划线实例

1. 划线步骤

（1）看清图样，详细了解工件上需要划线的部位，明确工件及其划线有关部分在产品上的作用和要求，了解有关后续加工的工艺。

（2）确定划线基准。

（3）初步检查毛坯的误差情况。

（4）涂划线涂料。

（5）正确安放工件和选用工具。

（6）划线。

（7）仔细检查划线的准确性，以及是否有线条漏划。

（8）在线条上冲眼。

2. 划线样板的划线

（1）分析划线样板图，确定划线基准。

样板图样如图3-30所示，按图中尺寸所示，要求在板料上把全部线条划出。划线前，选定以底边和右侧面这两条相互垂直的线为划线基准。

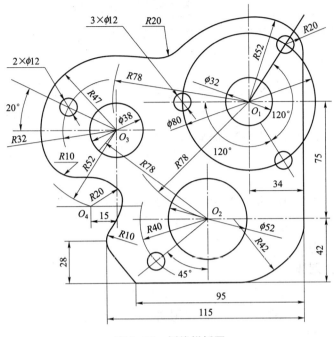

图 3-30　划线样板图

（2）划线准备。

① 划线工具和量具的准备：划线平台、划规、划针、样冲、钢直尺等。

② 划线辅助工具：涂料。

③ 备料：薄铁皮（300 mm×250 mm×0.5 mm），每人一件。

（3）划线操作要点及步骤。

根据上述分析，可按所示步骤进行划线操作，如表 3-3 所示。

表 3-3　划线操作要点及步骤

步骤	操 作 要 点
1	沿板料边缘划两条垂直基准线
2	划距底边尺寸为 42 mm 的水平线
3	划距底边尺寸为（42+75）mm 的水平线
4	划距右侧面尺寸为 34 mm 的垂直线
5	以 O_1 为圆心、R78 mm 为半径划弧，并截 42 mm 水平线得 O_2 点，通过 O_2 点作垂直线
6	分别以 O_1 点，O_2 点为圆心，R78 mm 为半径划弧相交得 O_3 点，通过 O_3 点作水平线和垂直线
7	通过 O_2 点作 45°线，并以 R40 mm 为半径截得小圆 ϕ 12 mm 的圆心
8	通过 O_3 点作与水平成 20°的线，并以 R32 mm 为半径截得另一小圆 ϕ 12 mm 的圆心
9	划垂直线与 O_3 垂直线的距离为 15 mm，并以 O_3 为圆心、R52mm 为半径划弧截得 O_4 点
10	划距底边尺寸为 28 mm 的水平线
11	按尺寸 95 mm 和 115 mm 划出左下方的斜线

续表

步骤	操 作 要 点
12	划出 ϕ 32 mm、ϕ 80 mm、ϕ 52 mm 和 ϕ 38 mm 的圆周线
13	把 ϕ 80 mm 的圆周线按图作三等分
14	划出 5 个 ϕ 12 mm 圆周线
15	以 O_1 为圆心、$R52$ mm 为半径划圆弧，并以 $R20$ mm 为半径作相切圆弧
16	以 O_3 为圆心、$R47$ mm 为半径划圆弧，并以 $R20$ mm 为半径作相切圆弧
17	以 O_4 为圆心、$R20$ mm 为半径划圆弧，并以 $R10$ mm 为半径作两处的相切圆弧
18	$R42$ mm 为半径作右下方的相切圆弧

在划线过程中，找出圆心后打样冲眼，以划规划圆弧。在划线交点以及划线上按一定间隔也要打样冲眼，以保证加工界限清楚可靠和质量检查。对于表面经过磨削加工过的精密工件，在划线后可不打样冲眼。

3. 模具连接孔划线

模具上模与下模的连接孔要求能互相吻合，如图 3-31 所示，这些连接孔的位置使用普通的划线方法往往掌握不准确。这时，若使用图 3-32 所示工具，不仅能保证质量，还提高了效率。在图 3-31 和图 3-32 所示的两个图中它的外圆"D"和直径"D_1"配合，内孔"d"与上模的夹持部分外径"d_1"配合。在工具上作有 4 个小孔，位置要和上模中的 4 个小孔一样，并且要和工具的内外圆平行。另外作一个外圆比较精确的样冲，如图 3-33 所示，尖端 60° 部分必须与外圆同心。在划上模的孔时，可将工具套在上模上，用一重物（如压板）将工具压紧，再把样冲放入每个孔中敲击一下，即可将 4 个连接孔的中心样冲眼冲出。在划下模的连接孔时，可将工具放进模具的窝座中去，压紧工具，用样冲轮流冲出 4 个连接孔的中心样冲眼。用这种方法划出的连接孔线，都能互相吻合。

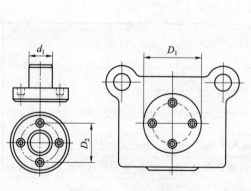

图 3-31　上模与下模

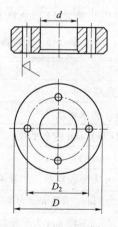

图 3-32　模具连接孔
划线工具

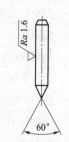

图 3-33　划连接孔样冲

该方法不但可以用在模具上、类似的管道法兰盘上的孔，也可以用这种方法来定孔的中心位置。此外，如果在该工具 4 个样冲孔的基础上将孔扩大，并装两个可换钻套（一个按螺孔底径，一个按螺杆外径），在大批制作这类模具连接孔时，可当作简单的钻模来使用。

思考与练习

1. 什么是划线？划线分哪两种？划线的主要作用有哪些？
2. 选择划线基准的基本原则是什么？
3. 划线基准的选择有哪3种基本类型？
4. 什么叫借料？在什么情况下，需要进行借料划线？
5. 简述分度头的分度原理。
6. 简述划线的基本步骤。
7. 利用本项目所学内容，在 $\phi 50$ mm，厚 3 mm 的钢板上划出一个五角星的轮廓线。
8. 凸模零件如图 3-34 所示，板厚 5 mm，请按图划线并简述划线过程。

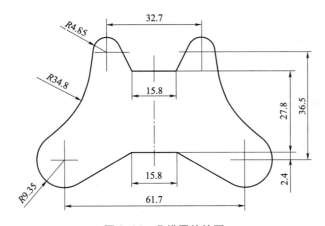

图 3-34 凸模零件简图

模具零件的錾削加工

>> 项目内容：

- 模具零件的錾削加工。

>> 学习目标：

- 能完成模具零件表面的錾削加工任务。

>> 主要知识点与技能：

- 錾削工具及其使用方法。
- 錾子的刃磨与热处理。
- 模具零件的錾削。
- 錾削加工的安全注意事项。

4.1 錾削工具及其使用方法

錾削是钳工基本技能中比较重要的基本操作。錾削加工主要用于不便于机械加工的场合，如去模具毛坯上的凸缘、毛刺，分割材料，錾削平面及沟槽等。钳工在使用鉴削工具制作机械零件的过程中，可以练习锤击的准确性，为机械部件、工装、模具的装配操作打下扎实的基础。

4.1.1 錾削的主要工具

1. 錾子

錾子是錾削加工中所使用的主要工具。

1）錾子的种类及用途

錾子的形状是根据工件不同的錾削要求而设计的。模具钳工常用的錾子有扁錾、尖錾和油槽錾 3 种类型，如表 4-1 所示。

表 4-1　錾子的种类及用途

名称	图　形	用　途
扁錾		切削部分扁平，刃口略带弧形。用来錾削凸缘、毛刺和分割材料，应用最广泛
尖錾		切削刃较短，切削刃两端侧面略带倒锥，防止在錾削沟槽时，錾子被槽卡住。主要用于錾削沟槽和分割曲形板料
油槽錾		切削刃很短并呈圆弧形。錾子斜面制成弯曲形，便于在曲面上錾削沟槽，主要用于錾削油槽

2）錾子的构造

錾子由头部、柄部及切削部分组成。头部一般制成锥形，以便锤击力能通过錾子轴心。长度一般为 150～200 mm，柄部一般制成六边形，以便操作者定向握持。錾子的头部有一定锥度，顶部略带球形突起，如图 4-1（a）所示。这种形状的优点是：面小凸起，受力集中，錾子不易偏斜，刃口不易损坏。为防止錾子在手中转动，錾身应稍成扁形。不正确的錾子头部，如图 4-1（b）所

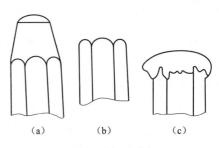

（a）　　　（b）　　　（c）

图 4-1　錾子头部

示，这样的头部不能保证锤击力落在錾刃的中心点上，易击偏。錾子头部没有淬过火，因此，锤击多次后会打出卷曲的毛刺来，如图 4-1（c）所示，出现毛刺后，应在砂轮上磨去，以免发生危险。

3）錾子的切削原理

錾子切削金属，必须具备两个基本条件：一是錾子切削部分材料的硬度，应该比被加工材料的硬度大；二是錾子切削部分要有合理的几何角度，主要是楔角。錾子在錾削时的几何角度，如图 4-2（a）所示。

① 前角 γ_0。前角是前刀面与基面间的夹角。前角大时，被切金属的切屑变形小，切削省力。前角越大越省力，如图 4-2（a）所示。

② 楔角 β_0。楔角是前刀面与后刀面之间的夹角。楔角越小，錾子刃口越锋利，錾削越

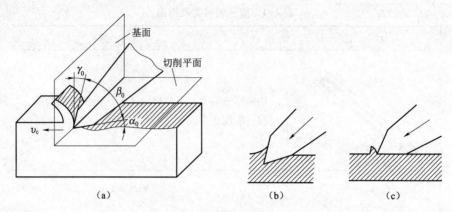

图 4-2 鉴削时的角度

省力。但楔角过小，会造成刃口薄弱，錾子强度差，刃口易崩裂；而楔角过大时，刀具强度虽好，但錾削很困难，錾削表面也不易平整。所以，錾子的楔角应在其强度允许的情况下，选择尽量小的数值。錾子錾削不同硬度材料，对錾子强度的要求不同。因此，錾子楔角主要应该根据工件材料的硬度来选择，如表 4-2 所示。

表 4-2　錾子材料与楔角选用范围

材　　料	楔角范围/（°）
中碳钢、硬铸铁等硬材料	60～70
一般碳素结构钢、合金结构钢等中等硬度材料	50～60
低碳钢、铜、铝等软材料	30～50

③ 后角 α_0。α_0 是錾子在錾削时后刀面与切削平面之间的夹角，它的大小取决于錾子被握持的方向。錾削时一般取后角 5°～8°，后角太大会使錾子切入材料太深，錾不动，甚至损坏錾子刃口，如图 4-2 （b）所示；若后角太小，錾子容易从材料表面滑出，不能切入，即使能錾削，由于切入很浅，效率也不高，如图 4-2 （c）所示。在錾削过程中应握稳錾子使后角 α_0 不变，否则，将使工件表面錾得高低不平。

由于基面垂直于切削平面，存在 $\alpha_0 + \beta_0 + \gamma_0 = 90°$ 的关系。当后角 α_0 一定时，前角 γ_0 由楔角 β_0 的大小来决定。

2. 手锤

手锤又称锤子、榔头。在錾削时是借手锤的锤击力而使錾子切入金属的，手锤是錾削工作中不可缺少的工具，而且还是钳工装、拆零件时的重要工具。手锤一般分为硬手锤和软手锤两种。软手锤有铜锤、铝锤、木锤、硬橡皮锤等。软手锤一般用在装配、拆卸零件的过程中。硬手锤由碳钢淬硬制成，钳工所用的硬手锤有圆头和方头两种，如图 4-3 所示。圆头手锤一般在錾削和装、拆零件时使用，方头手锤一般在打样冲眼时使用。

各种手锤均由锤头和锤柄两部分组成。手锤的规格是根据锤头的重量来确定的，钳工所用的硬手锤，有 0.25 kg、0.5 kg、0.75 kg、1 kg 等（在英制中有 0.5 磅、1 磅、1.5 磅、2

磅等几种）。锤柄的材料选用坚硬的木材，如胡桃木、檀木等，其长度应根据不同规格的锤头选用，如 0.5 kg 的手锤，柄长一般为 350 mm。

无论哪一种形式的手锤，锤头上装锤柄的孔都要做成椭圆形的，而且孔的两端比中间大，成凹鼓形，以便于装紧。当手柄装入锤头时柄中心线与锤头中心线要垂直，且柄的最大椭圆直径方向要与锤头中心线一致。为了紧固不松动，避免锤头脱落，必须用金属楔子（上面刻有反向棱槽）或用木楔打入锤柄内加以紧固。金属楔子上的反向棱槽能防止楔子脱落，如图 4-4 所示。

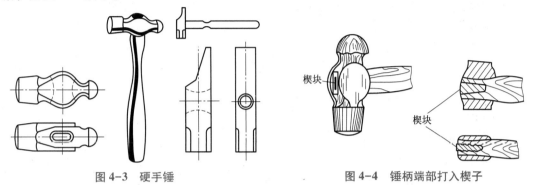

图 4-3　硬手锤　　　　　　　　　　图 4-4　锤柄端部打入楔子

4.1.2　錾削姿势

1. 錾子和锤子的握法

1）錾子的握法

錾切就是使用锤子敲击錾子的顶部，通过錾子下部的刀刃将毛坯上多余的金属去除。由于錾切方式和工件的加工部位不同，手握錾子和挥锤的方法也有区别。

图 4-5 所示为錾切时 3 种不同的握錾方法。正握法，如图 4-5（a）所示，錾切较大平面和在台虎钳上錾切工件时常采用这种握法；反握法，如图 4-5（b）所示，錾切工件的侧面和进行较小加工余量錾切时，常采用这种握法；立握法，如图 4-5（c）所示，由上向下錾切板料和小平面时，多使用这种握法。

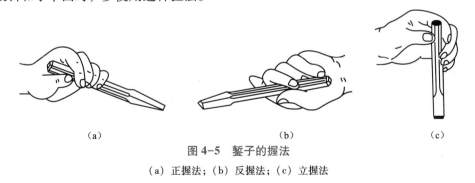

（a）　　　　　　　　　　（b）　　　　　　　　　　（c）

图 4-5　錾子的握法

（a）正握法；（b）反握法；（c）立握法

2）锤子的握法

锤子的握法分紧握锤和松握锤两种。紧握法，如图 4-6（a）所示，用右手食指、中指、无名指和小指紧握锤柄，锤柄伸出 15～30 mm，大拇指压在食指上。松握法，如

图 4-6（b）所示，只有大拇指和食指始终握紧锤柄，锤击过程中，当锤子打向錾子时，中指、无名指、小指一个接一个依次握紧锤柄，挥锤时以相反的次序放松，此法使用熟练时可增加锤击力。

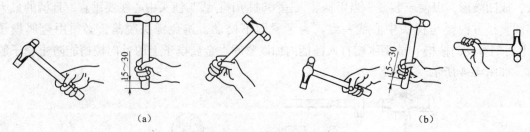

（a）　　　　　　　　　　　　　　　（b）

图 4-6　锤子的握法

（a）紧握法；（b）松握法

2. 挥锤的方法

挥锤的方法有手挥、肘挥和臂挥 3 种。手挥只有手腕的运动，锤击力小，一般用于錾削的开始和结尾。錾削油槽，由于切削量不大也常用手挥。肘挥是用腕和肘一起挥锤，如图 4-7（a）所示，其锤击力较大，应用最广泛。臂挥是用手腕、肘和全臂一起挥锤，如图 4-7（b）所示，臂挥锤击力最大，用于需要大力錾削的场合。

（a）　　　　　　　　　　　（b）

图 4-7　挥锤方法示意图

（a）肘挥；（b）臂挥

3. 錾削的姿势

錾削时，两脚互成一定角度，左脚跨前半步，右脚稍微朝后，如图 4-8（a）所示，身体自然站立，重心偏于右脚。右脚要站稳，右腿伸直，左腿膝关节应稍微自然弯曲。眼睛注视錾削处，以便观察錾削的情况，而不应注视锤击处。左手捏錾使其在工件上保持正确的角度，右手挥锤，使锤头沿弧线运动，进行敲击，如图 4-8（b）所示。

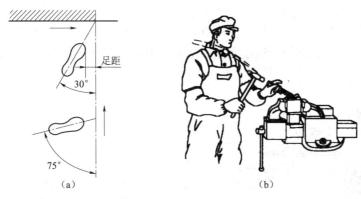

图 4-8　錾削姿势示意图

（a）錾削时双脚的位置；（b）錾削姿势

4.2　錾子的热处理和刃磨

1. 錾子的热处理

錾子多用碳素工具钢（T8 或 T10）锻造而成，并经热处理淬硬和回火处理，使錾刃具有一定的硬度和韧度。淬火时，先将錾刃处长约 20 mm 部分加热呈暗橘红色（750 ℃ ～780 ℃），然后将錾子垂直地浸入水中冷却，如图 4-9 所示，浸入深度约为 5～6 mm，并将錾子沿水面缓缓移动几次，待錾子露出水面的部分冷却成棕黑色（520 ℃ ～580 ℃），将錾子从水中取出；接着观察錾子刃部的颜色变化情况，錾子刃部刚出水时呈白色，当由白色变黄，

图 4-9　錾子的热处理

又变成蓝色时，就把錾子全部浸入刚才淬火的水中，搅动几下后取出，紧接着再全部浸入水中冷却。

经过热处理后的錾子刃部一般可达到 55 HRC 左右，錾身约能达到 30～40 HRC。

从开始淬火到回火处理完成，只有十几秒钟的时间，尤其在錾子变色过程中，要认真仔细地观察，掌握好火候。如果在錾子刚出水，由白色变成黄色时就把錾子全部浸入水中，这样经热处理的錾子虽然硬度稍为高些，但它的韧度却要差些，使用中容易崩刃。

2. 錾子的刃磨

錾子的楔角大小应与工件的硬度相适应，新锻制的或用钝了的錾刃，要用砂轮磨锐。錾子在磨削时，其被磨部位必须高于砂轮中心，以防錾子被高速旋转的砂轮带入砂轮架下而引起事故。手握錾子的方法，如图 4-10 所示。錾子的刃磨部位主要是前刀面、后刀面及侧面。刃磨时，錾子在砂轮的全宽上作左右平行移动，这样既可以保证磨出的表面平整，又能使砂轮磨损均匀。要控制握錾子的方向、位置，保证磨出所需的楔角。刃口两面要交

GB 4674—2009
磨削机械安全规程

替刃磨，保证一样宽，刃面宽为2～3 mm，如图4-11所示，两刃面要对称，刃口要平直。刃磨时，应在砂轮运转平稳后进行。人的身体不准正面对着砂轮，以免发生事故。按錾子压力不能太大，不能使刃磨部分因温度太高而退火。为此，必须在磨錾子时经常将錾子浸入水中冷却。

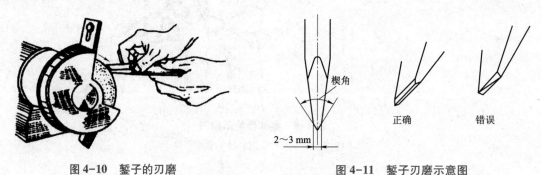

图4-10　錾子的刃磨　　　　　　　　图4-11　錾子刃磨示意图

4.3　模具零件的錾削

1. 錾削平面的方法

1）起錾方法

錾削平面主要使用扁錾，起錾时，一般都应从工件的边缘尖角处着手，称为斜角起錾，如图4-12（a）所示。从尖角处起錾时，由于切削刃与工件的接触面小，故阻力小，只需轻敲，錾子即能切入材料。当需要从工件的中间部位起錾时，錾子的切削刃要抵紧起錾部位，錾子头部向下倾斜，使錾子与工件起錾端面基本垂直，如图4-12（b）所示，然后再轻敲錾子，这样能够比较容易地完成起錾工作，这种起錾方法叫做正面起錾。

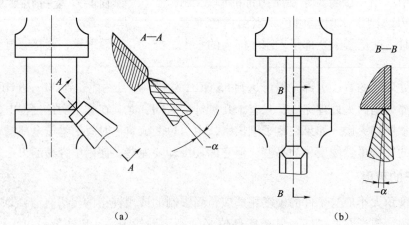

(a)　　　　　　　　　　　　　　　(b)

图4-12　起錾示意图

（a）斜角起錾；（b）正面起錾

如图4-13所示，起錾时应将錾子握平或使錾头稍向下倾，以便錾刃切入工件。

2）终錾方法

当錾削快到尽头时，必须调头錾削余下的部分，否则极易使工件的边缘崩裂，如图 4-14、图 4-15 所示。

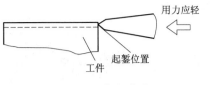

图 4-13　起錾方法

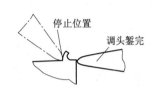

图 4-14　錾削到工件尽头时的錾削

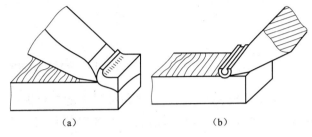

（a）　　　　　　　　　　　（b）

图 4-15　终錾示意图

（a）错误；（b）正确

3）平面錾削方法

当錾削大平面时，一般应先用狭錾间隔开槽，再用扁契錾去剩余部分，如图 4-16 所示。錾削小平面时，一般采用扁錾，使切削刃与錾削方向倾斜一定角度，如图 4-17 所示，目的是錾子容易稳定住，防止錾子左右晃动而使錾出的表面不平。

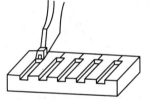

图 4-16　錾削大平面示意图

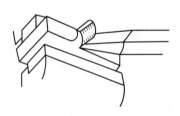

图 4-17　錾削小平面示意图

4）保持錾平的方法

錾削时，錾子与工件夹角如图 4-18 所示。粗錾时，錾刃表面与工件夹角 $\alpha = 3° \sim 5°$；细錾时，α 角略大些。

2. 錾削板料的方法

在没有剪切设备的情况下，可用錾削的方法分割薄板料或薄板工件，常见的有以下几种情况。

（1）将薄板料牢固地夹持在台虎钳上，錾

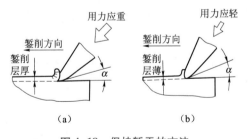

（a）　　　　　　　（b）

图 4-18　保持錾平的方法

（a）粗錾（α 角应小，以免啃入工件）；

（b）细錾（α 角应大些，以免錾子滑出）

切线与钳口平齐，然后用扁錾沿着钳口并斜对着薄板料（约成 45°）自右向左錾切，如图 4-19 所示。錾切时，錾子的刃口不能平对着薄板料錾切，否则錾切时不仅费力，而且由于薄板料的弹动和变形，造成切断处产生不平整或撕裂，形成废品。图 4-20 所示为錾切薄板料的错误操作。

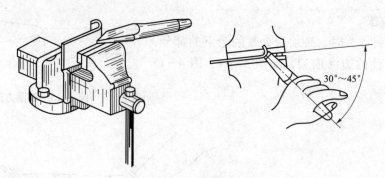

图 4-19　薄板料錾切示意图

（2）錾切较大薄板料时，当薄板料不能在台虎钳上进行錾切时，可用软钳铁垫在铁板或平板上，然后从一面沿錾切线（必要时距錾切线 2 mm 左右作加工余量）进行錾切，如图 4-21 所示。

（3）錾切形状较为复杂的薄板工件时，当工件轮廓线较复杂的时候，为了减少工件变形，一般先按轮廓线钻出密集的排孔，然后利用扁錾、尖錾逐步錾切，如图 4-22 所示。

图 4-20　錾切薄板料的错误操作　　图 4-21　錾切较大薄板料示意图　　图 4-22　錾切曲线形板料示意图

3. 堑削油槽的方法

錾削前，首先根据图样上油槽的断面形状、尺寸刃磨好油槽錾的切削部分，同时在工件需錾削油槽部位划线。錾削时，如图 4-23 所示，錾子的倾斜度需随着曲面而变动，保持錾削时后角不变，这样錾出的油槽光滑且深浅一致。錾削结束后，修光槽边的毛刺。

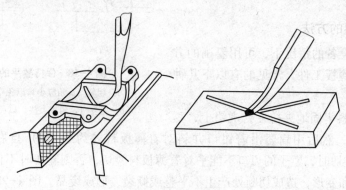

图 4-23　堑削油槽

4. 模具零件上窄平面的錾削加工实训

1）錾削准备

零件图如图 4-24 所示。

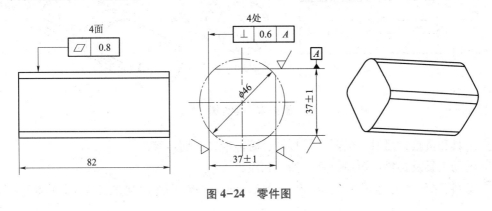

图 4-24　零件图

錾削准备为：

① 工具和量具：游标卡尺、钢直尺、直角尺、塞尺、扁錾、锤子、划针、划线盘、划线平台等。

② 辅助工具：软钳口衬垫、涂料等。

③ 备料：45 钢毛坯尺寸为 $\phi 46$ mm×82 mm（毛坯经车削加工切断获得），每人一件。

④ 下道工序：锉削加工。

2）錾削及操作要点

① 錾削第一面。以圆柱母线为基准划出 41 mm 高度的平面加工线，然后按线錾削，达到平面度要求。

② 以第一面为基准，划出相距为 37 mm 对面的平面加工线，按线錾削，达到平面度和尺寸公差要求。

③ 分别以第一面及一端面为基准，用直角尺划出距顶面母线为 5 mm 并与第一面相垂直的平面加工线，按线錾削，达到平面度及垂直度要求。

④ 以第三面为基准，划出相距 37 mm 对面的平面加工线，按线錾削，达到平面度、垂直度及尺寸公差要求。

⑤ 全面检查精度，并作必要的修整錾削工作。

3）注意事项

① 掌握正确的姿势、合适的锤击速度、一定的锤击力。

② 为掌握锤击力，粗錾时每次的錾削量应在 1.5 mm 左右。

③ 对工件进行錾削时，时常出现锤击速度过快，左手握錾不稳，锤击无力等情况，要注意及时克服。

5. 模具零件上直槽的錾削加工实训

1）錾削准备

零件图如图 4-25 所示。

錾削准备为：

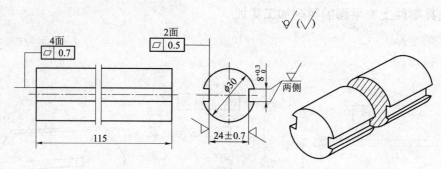

图4-25 零件图

① 工具和量具：扁錾、尖錾、钢板尺、游标卡尺、划针等。

② 辅助工具及材料：钳口衬铁、油石和涂料等。

③ 备料：45钢毛坯尺寸为φ30 mm×115 mm（毛坯经车削加工切断获得），每人一件。

2）操作要点

① 钢件是韧性材料，錾削时楔角一般可取50°～60°。

② 錾削时可适当抹擦机油，以减少摩擦，并可对錾子进行冷却。

③ 錾子刃口易啃入工件，要特别注意切削角度和切削用量的选择。

④ 钢件粗錾时是卷屑，要注意安全，防止刺伤手。

⑤ 狭錾刃口小于槽宽0.2 mm，使其有一定的锉削修整量。

⑥ 开槽时，可先用扁錾在直槽宽度以内把圆弧面錾平，以便于尖錾錾槽。

3）操作步骤

① 对錾子进行刃磨和热处理。

② 按图样划线。

③ 用扁錾将圆弧面錾平至接近槽宽。

④ 用尖錾加工直槽并达到要求。

⑤ 检查錾削质量。

4.4 錾削加工的安全注意事项

为了保证錾削工作的安全，操作时应注意以下几个方面。

（1）錾子经常刃磨，保持刃口锋利，过钝的錾子不但工作费力，錾出的表面不平整，而且容易产生打滑现象引起手部划伤的事故。

（2）錾子头部有明显的毛翘时，要及时磨掉，避免碎裂伤手。

（3）发现手锤木柄有松动或损坏时，要立即装牢或更换，以免锤头脱落飞出伤人。

（4）錾削时，最好周围设置安全网，以免碎裂金属片飞出伤人。操作者必要时可戴上防护眼镜。

（5）錾子头部、手锤头部和手锤木柄都不应沾油，以防滑出。

（6）錾削疲劳时要适当休息，手臂过度疲劳时，容易击偏伤手。

（7）錾削两三次后，可将錾子退回一些。刃口不要总是顶住工件，这样，随时可观察錾削的平整情况，同时可放松手臂肌肉。

思考与练习

1. 钳工常用的錾子的种类有哪几种？各适用于什么场合？

2. 錾子的切削角度有哪些？如何确定錾子合理的切削角度？

3. 简述錾子的刃磨。

4. 简述錾子热处理的工艺过程。

5. 錾削时，挥锤的方式有几种？各有何特点？

6. 錾削一般平面时，起錾和终錾各应注意什么？

7. 薄板料錾切的方法有哪几种？

8. 简述錾削的安全注意事项。

9. 錾子由_____、_____及_____组成。

10. 錾子楔角主要应该根据_____来选择。

11. 锤子的握法分_____和_____两种。

12. 挥锤的方法有_____、_____和_____三种。

13. 錾削平面主要使用_____，每次錾削余量约_____ mm。

14. 将 Q235 钢毛坯 ϕ 50 mm×60 mm 棒料，錾削为 30 mm×30 mm×60 mm 四方零件，自行下料，允许偏差为 ±1 mm。

项目五

模具零件的锯削加工

> **项目内容：**

- 模具零件的锯削加工。

> **学习目标：**

- 能进行模具零件的锯削加工。

> **主要知识点与技能：**

- 锯削工具及其使用方法。
- 零件毛坯的锯削。
- 锯条断裂、锯齿崩裂、锯条过早磨损的原因。
- 锯缝歪斜的原因。
- 锯削加工的安全注意事项。

5.1　锯削工具及其使用方法

锯削是指用手锯或机械锯把金属材料分割开，或在工件上锯出沟槽的操作。模具钳工主要用手锯进行锯削。

1. 手锯的组成

手锯是由锯弓和锯条两部分组成的。

1）锯弓

锯弓是用来装夹并张紧锯条的工具，有固定式和可调式两种，如图5-1所示。

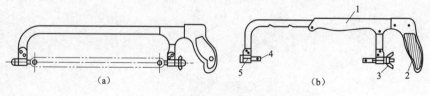

图5-1　锯弓

（a）固定式锯弓；（b）可调式锯弓

1—锯弓；2—手柄；3—蝶形螺母；4—夹头；5—方形导管

QB 1108—2015
钢锯架

固定式锯弓是只使用一种规格的锯弓。可调式锯弓，因弓架是由两段组成的，可使用几种不同规格的锯弓。因此，可调式锯弓使用较为方便。

可调式锯弓有手柄、方形导管、夹头等，夹头上安有挂锯条的销钉。活动夹头上装有拉紧螺钉，并配有蝶形螺母，以便拉紧锯条。

2）锯条

手用锯条，一般是 300 mm 长的单向齿锯条。锯削时，锯入工件越深，锯缝的两边对锯条的摩擦阻力就越大，严重时将把锯条夹住。为了避免锯条在锯缝中被夹住，锯齿均有规律地向左右扳斜，使锯齿形成波浪形或交错形的排列，一般称之为锯路，如图 5-2 所示。

GB/T 14764—2008
手用钢锯条

各个齿的作用相当于一排同样形状的錾子，每个齿都起到切削的作用，如图 5-3 所示。一般前角 γ_0 是 0°，后角 α_0 是 40°，楔角 β_0 是 50°。

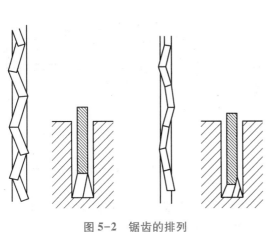

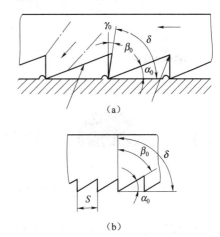

图 5-2　锯齿的排列　　　　图 5-3　锯齿的切削角度

为了减少锯条的内应力，充分利用锯条材料，目前已出现双面有齿的锯条。锯条两边的锯齿淬硬，中间保持较好韧性，不宜折断，可延长使用寿命。

锯齿的粗细规格是以锯条每 25 mm 长度内的齿数来表示的，一般分粗、中、细 3 种，如表 5-1 所示。

表 5-1　锯齿的粗细规格及应用

锯齿粗细	锯齿齿数/25 mm	应　用
粗	14～18	锯削软钢、黄铜、铝、铸铁、紫铜、人造胶质材料
中	22～24	锯削中等硬度钢、厚壁铜管、铜管
细	32	薄片金属、薄壁管材
细变中	20～32	易于起锯

通常粗齿锯条齿距大，容屑空隙大，适用于锯削软材料或较大切面。这种情况每锯一次的切屑较多，只有大容屑槽才不至于堵塞而影响锯削效率。

锯削较硬材料或切面较小的工件应该用细齿锯条。硬材料不易锯入，每锯一次切屑较少，不易堵塞容屑槽。细齿锯同时参加切削的齿数增多，可使每齿担负的锯削量小，锯削阻力小，材料易于切除，推锯省力，锯齿也不易磨损。

锯削管子和薄板时，必须用细齿锯条，否则，会因齿距大于板厚，使锯齿被钩住而崩断。在锯削工件时，截面上至少要有两个以上的锯齿同时参加锯削，才能避免被钩住而崩断的现象。

2. 锯条的安装

锯削前选用合适的锯条，使锯条齿尖朝前，如图5-4所示，装入夹头的销钉上。锯条的松紧程度，用翼形螺母调整。调整时，不可过紧或过松。太紧，失去了应有的弹性，锯条容易崩断：太松，会使锯条扭曲，锯缝歪斜，锯条也容易折断。

3. 锯削姿势

手锯的握法右手满握锯弓手柄，大拇指压在食指上。左手控制锯弓方向，大拇指在弓背上，食指、中指、无名指扶在锯弓前端，如图5-5所示。

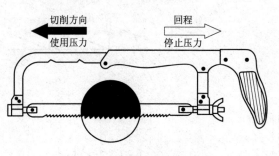

图5-4　锯条的安装示意图

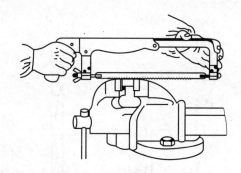

图5-5　手锯的握法示意图

锯削时，站立的位置与錾削相似。夹持工件的台虎钳高度要适合锯削时的用力需要，即从操作者的下颚到钳口的距离以一拳一肘的高度为宜，如图5-6所示。

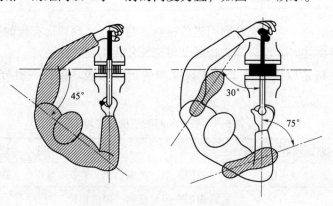

图5-6　锯削站立和步位示意图

锯削时右腿伸直，左腿弯曲，身体向前倾斜，重心落在左脚上，两脚站稳不动，靠左膝的屈伸使身体作往复摆动。即在起锯时，身体稍向前倾，与竖直方向约成10°左右，此时右肘尽量向后收，如图5-7（a）所示，随着推锯的行程增大，身体逐渐向前倾斜，身体倾斜约15°左右，如图5-7（b）所示。行程达2/3时，身体倾斜约18°左右，左、右臂均向前伸出，如图5-7（c）所示。当锯削最后1/3行程时，用手腕推进锯弓，身体随着锯的反作用力退回到15°位置，如图5-7（d）所示。锯削行程结束后，取消压力将手和身体都退回到最初位置。

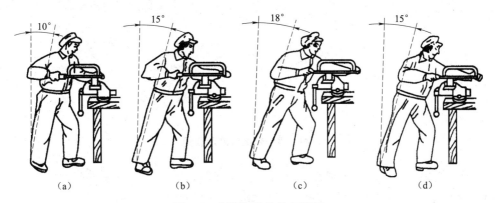

图5-7 锯削操作姿势示意图

锯削时的锯弓运动形式有两种：一种是直线运动，适用于锯薄形工件和直槽；另一种是摆动，即在前进时，右手下压而左手上提，操作自然省力。锯断材料时，一般采用摆动式运动。锯弓前进时，一般要加不大的压力，而后拉时不加压力。

4. 锯削的方法

1）锯削的基本方法

锯削的基本方法包括锯削时锯弓的运动方式和起锯方法。

① 锯弓的运动方式。锯弓的运动方式有两种，一是直线往复运动，此方法适用于锯缝底面要求平直的槽和薄型工件；另一种是摆动式，锯削时锯弓两端可自然上下摆动，这样可减少切削阻力，提高工作效率。

② 起锯。起锯是锯削工作的开始，起锯质量的好坏直接影响锯削质量。起锯有远起锯和近起锯两种，如图5-8所示，在实际操作中较多采用远起锯。无论采用哪一种起锯方法，起锯角度 θ 都要小些，一般不大于15°，如图5-9（a）所示。如果起锯角太大，锯齿易被工件的棱边卡住，如图5-9（b）所示。但起锯角 θ 太小，会由于同时与工件接触的齿数多而

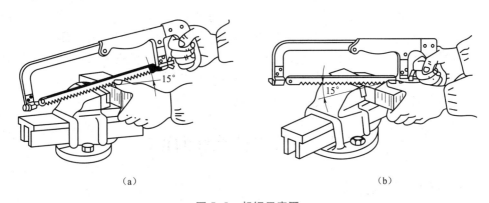

图5-8 起锯示意图

（a）远起锯；（b）近起锯

不易切入材料，锯条还可能打滑，使锯缝发生偏离，工件表面被拉出多道锯痕而影响表面质量，如图 5-9（c）所示。起锯时压力要轻，为了使起锯平稳，位置准确，可用左手大拇指确定锯条位置，如图 5-9（d）所示。起锯时要压力小，行程短。

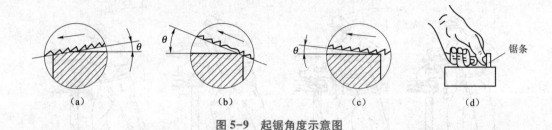

图 5-9　起锯角度示意图

③ 锯齿崩裂后的处理。发现锯齿崩裂，应立即停止锯削，取下锯条在砂轮上把崩齿的地方小心磨光，并把崩齿后面几齿磨低些，如图 5-10 所示。

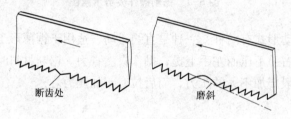

图 5-10　锯齿崩裂的处理示意图

2）锯削操作要点

① 工件的夹持应当稳当牢固，不可有弹动。工件伸出部分要短，并将工件夹在台虎钳的左面。

② 锯削时，两手作用在手锯上的压力和锯条在工件上的往复速度，都将影响到锯削效率。确定锯削时的压力和速度，必须按照工件材料的性质来决定。

锯削硬材料时，因不易切入，压力应该大些，锯削软材料时，压力应小些。但不管何种材料，当向前推锯时，对手锯要加压力，向后拉时，不但不要加压力，还应把手锯微微抬起，以减少锯齿的磨损。每当锯削快结束时，压力应减小。钢锯的锯削速度以每分钟往复 20～40 次为宜。锯削软材料速度可快些，锯削硬材料速度应慢些。速度过快锯齿易磨损，过慢效率不高，必要时可用切削液对锯条冷却润滑。锯削时，应使锯条全部长度都参加锯削，但不要碰撞到锯弓架的两端，这样锯条在锯削中的消耗平均分配于全部锯齿，从而延长锯条使用寿命，相反如只使用锯条中间一部分，将造成锯齿磨损不匀，锯条使用寿命缩短。锯削时一般往复长度不应小于锯条长度的三分之二。

5.2　模具零件毛坯的锯削

1. 常用材料的锯削方法

锯削工件或材料时，应根据材料或工件的不同结构、形状采用不同的锯削方法进行锯削加工。常用材料的锯削方法，如表 5-2 所示。

表5-2 常用材料的锯削方法

锯削的典型零件	图　示	方　法
棒料		锯削前，工件夹持平稳，尽量保持水平位置，使锯条与它保持垂直，以防止锯缝歪斜 如果要求锯削的断面比较平整，应从开始连续锯到结束。若锯出的断面要求不高，锯时可改变几次方向，使棒料转过一定角度再锯，这样，由于锯削面变小而容易锯入，可提高工作效率 锯毛坯材料时，断面质量要求不高，为了节省锯削时间，可分几个方向锯削。每个方向都不锯到中心，然后将毛坯折断
管料	（a）　　　（b）	锯削管子的时候首先要将管子正确夹持。对于薄壁管子和精加工过的管件，应夹在有V形槽的木垫之间，以防夹扁和夹坏表面 锯削时不要只在一个方向上锯，要多转几个方向，每个方向只锯到管子的内壁处，直至锯断为止
薄板料	薄板　木块 （a） （b）	锯削薄板料时，尽可能从宽的面上锯下去，这样，锯齿不易产生钩住现象。当一定要在板料的窄面锯下去时，应该把它夹在两块木块之间，连木块一起锯下。这样才可避免锯齿钩住，同时也增加了板料的刚度，锯削时不会颤动，使锯缝处于水平位置，手锯作横向斜推锯

锯削的典型零件	图 示	方 法
深缝	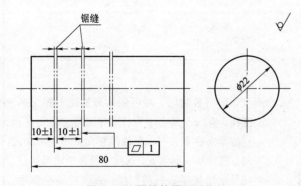 （a） （b） （c）	当锯缝的深度超过锯弓的高度时，可把锯条转过90°安装后再锯，装夹时，锯削部位应处于钳口附近，以免因工件颤动而影响锯削质量和损坏锯条

2. 锯削零件的圆形毛坯

锯削图5-11所示模具零件的圆形毛坯。

图 5-11 零件的圆形毛坯

1）锯削准备

① 工具和量具：锯条（若干）、锯弓、钢直尺、划针等。

② 辅助工具：软钳口衬垫、V形槽木垫、润滑油等。

③ 备料：45圆钢 ϕ22 mm×80 mm。

2）操作要点

① 工件伸出台虎钳口不宜过长，工件夹在台虎钳左侧较方便。

② 检查锯条的松紧程度，有结实感又不过硬为宜。

③ 适当加润滑油，以减少锯条过热磨损。

④ 要求锯缝在规定的加工线内。

3）操作步骤

① 根据图样在毛坯上划线。

② 将工件夹持稳固。

③ 按划线进行锯削，锯削速度适中，工件将要锯断时，用左手扶持住工件。

④ 锯割完成后，除去毛刺和飞边，检查尺寸和加工质量，达到规定要求。

3. 锯削零件的管件毛坯

管件毛坯零件图如图 5-12 所示。

1）锯削准备

① 工具和量具：细齿锯条（若干）、锯弓、钢直尺、划针等。

② 辅助工具：软钳口衬垫、V 形槽木垫、润滑油、涂料等。

③ 备料：3/4″钢管，长度为 80 mm。

2）操作要点

① 使用带 V 形槽的木垫夹持管件，夹紧力适中，以防管件被夹变形或表面出现凹痕。

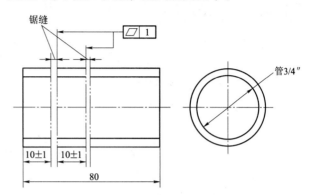

图 5-12　管件毛坯零件图

② 锯削时，当锯条锯到管件内壁时，应将管件转换一个角度，不断转换角度，直到锯断为止。切忌一个方向将管件锯断，否则锯齿容易在管壁上勾住而崩断。

③ 锯削时，适当加注润滑油进行润滑，以减少锯条因过热而磨损。

3）操作步骤

① 在管件上按要求划线。

② 用 V 形木垫夹紧工件。

③ 按划线锯削。

④ 去除毛刺和飞边，检查尺寸。

5.3　锯条断裂、锯齿崩裂、锯条过早磨损的原因

1. 锯条断裂的原因

锯削中，要尽量防止锯条突然折断而使碎片崩出伤人。锯条折断的原因有：

（1）工件未夹紧，锯削时工件松动。

（3）锯条装得过松或过紧。

（3）锯削用力太大或锯削方向突然偏离锯缝方向。

（4）强行纠正歪斜的锯缝或调换新锯条后仍在原锯缝中过猛地锯削。

（5）锯削时，锯条中段局部磨损，当拉长锯削时锯条被卡住引起折断。

（6）中途停止使用时，锯条未从工件中取出而碰断。

2. 锯齿崩裂的原因

工件快锯断时，锯削压力要小，以避免工件突然断开或手突然前冲造成事故。一般在长工件将锯断时，应用左手扶住工件断开部分，避免工件掉下砸脚。锯齿崩裂后，从工件锯缝中清除断齿后可继续锯削。

锯齿崩裂的原因有：

（1）锯薄壁管子和薄板料时锯齿选择不当，没有选择细齿锯条。

（2）起锯角选得太大造成锯齿被卡住或起锯时用力过大。

（3）锯削速度快，摆角又大，造成锯齿崩裂。

3. 锯条过早磨损的原因

锯条过早磨损的原因有：

（1）锯割速度太快，锯条发热过度。

（2）锯割较硬的材料时没有采取冷却或润滑措施。

（3）锯割硬度太高的材料。

5.4　锯缝歪斜的原因

锯缝产生歪斜的原因有：

（1）安装工件时，锯缝线未能与铅垂线方向保持一致。

（2）锯条安装太松或相对锯弓平面扭曲。

（3）在锯削过程中，单面锯齿严重磨损。

（4）锯削的压力太大而使锯条左右偏摆。

（5）锯弓未扶正或用力方向歪斜。

5.5　锯削的安全注意事项

锯削时，须遵守操作规范、安全注意事项：

（1）锯削练习前，必须检查工件的安装夹持及锯条的安装是否正确，并要注意起锯方法和起锯角度的正确，以免一开始锯削就造成废品或锯条损坏。

（2）初学锯削，对锯削速度不易掌握，往往推出速度过快，容易使锯条很快磨钝，故应特别注意。

（3）锯削时会产生摆动姿势不自然，摆动幅度过大，以及摆动推出时以左手向下摆等的错误姿势，应及时纠正。

（4）要经常注意锯缝平直情况，及时找正，以免歪斜过多再作纠正时，就不能保证锯削的质量。

（5）在锯削钢件时，因是韧性材料须加些机油，可以减少锯条与锯缝断面的摩擦。

（6）锯削完毕，应将锯条张紧螺母作适当放松，但不要拆下锯条，防止锯弓上零件遗失，并妥善安放好。

（7）锯条要安装得松紧适当，锯割时不要突然用力过猛，防止工作中锯条折断从锯弓上崩出伤人。

（8）当锯条局部几个齿崩裂后，应及时在砂轮机上进行修整，即将相邻的2~3齿磨低成凹圆弧状，如图5-13所示，并把已断的

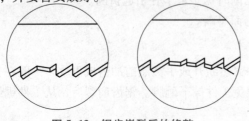

图 5-13　锯齿崩裂后的修整

齿部磨光。如不及时处理，会使崩裂齿的后面各齿相继崩裂。

（9）工件将锯断时，压力要小，避免压力过大使工件突然断开，手向前冲造成事故。一般工件将锯断时，要用左手扶住工件断开部分，避免掉下砸伤脚。

思考与练习

1. 锯削的应用场合有哪些？

2. 锯削时，如何合理地选用不同规格的锯条？

3. 常用锯条锯齿的切削角度有何特点？

4. 锯条安装时，应注意哪些问题？

5. 锯削时，起锯的方法有哪两种？起锯时应注意什么问题？

6. 锯削薄壁管子时，其装夹和锯削方法如何？

7. 手锯是由_____和_____两部分组成。

8. 锯削起锯角要小，一般 α 不超过_____度为宜。

9. 锯削时一般往复长度不应小于锯条长度的_____。

10. 钢锯的锯削速度以每分钟往复_____次为宜。

项目六

模具零件的锉削加工

<blockquote>

项目内容：

- 模具零件的锉削加工。

学习目标：

- 能完成模具零件的锉削加工任务。

主要知识点与技能：

- 锉削工具及其使用方法。
- 常用锉削方法。
- 模具零件的锉削加工。
- 锉削加工的安全及注意事项。

</blockquote>

6.1 锉削工具及其使用方法

锉削是用锉刀对工件表面进行切削加工，使工件达到所要求的尺寸、形状和表面粗糙度的方法。锉削是钳工中重要的工作之一，尽管它的效率不高，但在现代工业生产中用途仍很广泛。例如：对装配过程中的个别零件作最后修整；在维修工作中或在单件小批量生产条件下，对一些形状较复杂的零件进行加工；制作工具或模具；手工去毛刺、倒角、倒圆等。总之，一些不宜用机械加工方法来完成的表面，采用锉削方法更简便、经济，且能达到较小的表面粗糙度值（尺寸精度可达 0.01 mm，表面粗糙度 Ra 可达 1.6 μm）。

锉削的加工范围包括内外平面、内外曲面、内外角、沟槽及各种复杂形状的表面。

锉削的主要工具是锉刀。锉刀是用高碳工具钢 T12、T12A、T13A 等制成，经热处理淬硬，硬度可达 62 HRC 以上。由于锉削工作较广泛，目前使用的锉刀规格已标准化。

1. 锉刀的组成

锉刀主要由锉齿、锉刀面、锉刀尾、锉刀把等组成，如图 6-1 所示。

① 锉刀面，指锉刀主要工作面，它的长度就是锉刀的规格（圆锉的规格参考直径的大小而定，方锉的规格参考方头尺寸而定）。锉刀面在纵长方向上呈凸弧形，前端较薄，中间较厚。

② 锉刀边，指锉刀上的窄边，有的边有齿，有的边没齿。没齿的边，就叫安全边或光边。

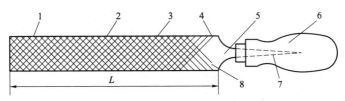

图 6-1　锉刀的组成

1—锉齿；2—锉刀面；3—锉刀边；4—底齿；5—锉刀尾；
6—锉刀把；7—锉刀舌；8—面齿；L—锉刀长度

QB/T 3842—1999
锉刀的名词、术语

QB/T 3843—1999
锉刀型式尺寸

③ 锉刀尾，指锉刀上没齿的一端，它跟锉刀舌连着。

④ 锉刀舌，指锉刀尾部，像一把锥子一样插入手柄中。

⑤ 锉刀把，装在锉刀舌上，便于用力。它的一端装有铁箍，以防锉刀把劈裂。

2. 锉齿和锉纹

锉刀有无数个锉齿，锉削时每个锉齿都相当于一把梳子在对材料进行切削。锉纹是锉齿有规则排列的图案。锉刀的齿纹有单齿纹和双齿纹两种，如图 6-2 所示。

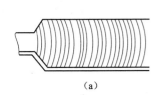

（a）　　　　　　　　（b）

图 6-2　锉刀的齿纹

（a）单齿纹；（b）双齿纹

QB/T 3842—1999
锉刀的名词、术语

单齿纹指锉刀上只有一个方向的齿纹，锉削时全齿宽同时参加切削，切削力大，因此常用来锉削软材料，如图 6-2（a）所示。

双齿纹指锉刀上有两个方向排列的齿纹，齿纹浅的叫底齿纹，齿纹深的叫面齿纹，如图 6-2（b）所示。底齿纹和面齿纹的方向和角度不一样，锉削时能使每一个齿的锉痕交错而不重叠，使锉削表面粗糙度值小。

采用双齿纹锉刀锉削时，锉屑是碎断的，切削力小，再加上锉齿强度高，所以适用于硬材料的锉削。

3. 锉刀的种类、形状和用途

锉刀的种类、形状和用途如表 6-1 所示。

表 6-1　锉刀的种类、形状和用途

名　　称	锉刀的种类和断面形状图	用　　途
钳工锉 （普通锉）	扁锉　方锉 半圆锉　圆锉　三角锉	用于加工金属零件的各种表面，加工范围广
异形锉 （特种锉）		主要用于锉削工件上特殊的表面
整形锉 （什锦锉）		主要用于机械、模具、电器和仪表等零件进行整形加工，通常一套分 5 把、6 把、9 把或 12 把等几种

QB/T 2569. 1—2002
钢锉　钳工锉

QB/T 2569. 2—2002
钢锉　锯锉

QB/T 2569. 3—2002
钢锉　整形锉

QB/T 2569. 4—2002
钢锉　异形锉

QB/T 2569. 5—2002
钢锉　钟表锉

QB/T 2569. 6—2002
钢锉　木锉

JB/T 11430—2013 超硬
磨料制品　电镀什锦锉

YS/T 552—2009 硬质
合金旋转锉毛坯

4. 锉刀的规格及选用

锉刀的规格分尺寸规格和齿纹粗细规格两种。方锉刀的尺寸规格以方形尺寸表示，圆锉刀的规格用直径表示，其他锉刀则以锉身长度表示。钳工常用的锉刀，锉身长度有 100 mm、150 mm、200 mm、250 mm、300 mm、350 mm、400 mm 等多种。

齿纹粗细规格，以锉刀每 10 mm 轴向长度内主锉纹的条数表示。主锉纹指锉刀上起主切削作用的齿纹；而另一个方向上起分屑作用的齿纹，称为辅助齿纹。锉刀齿纹规格及适用场合如表 6-2 所示。

表 6-2　锉刀齿纹规格及适用场合

锉刀齿纹规格	适 用 场 合		
	锉削余量/mm	尺寸精度/mm	表面粗糙度 Ra/μm
1 号（粗齿锉刀）	0.5～1.0	0.20～0.50	100～25
2 号（中齿锉刀）	0.2～0.5	0.05～0.20	25.0～6.3
3 号（细齿锉刀）	0.1～0.3	0.02～0.05	12.5～3.2
4 号（双细齿锉刀）	0.1～0.2	0.01～0.02	6.3～1.6
5 号（油光锉刀）	0.1 以下	0.1 以下	1.6～0.8

每种锉刀都有其主要的用途，应根据工件表面形状和尺寸大小来选用，其具体选择如表 6-3 所示。

表 6-3　锉刀形状的选用

类别	图 示	用 途
扁锉		锉平面、外圆、凸弧面
半圆锉		锉凹弧面、平面
三角锉		锉内角、三角孔、平面
方锉		锉方孔、长方孔

续表

类 别	图 示	用 途
圆锉		锉圆孔、半径较小的凹弧面、内椭圆面
菱形锉		锉菱形孔、锐角槽
刀口锉		锉内角、窄槽、楔形槽、锉方孔、三角孔、长方孔的平面

5. 锉刀的保养

为了延长锉刀的使用寿命，必须遵守下列规则：

（1）不准用新锉刀锉硬金属。

（2）不准用锉刀锉淬火材料。

（3）对有硬皮或粘砂的锻件和铸件，须将其去掉后，才可用半锋利的锉刀锉削。

（4）新锉刀先使用一面，当该面磨钝后，再用另一面。

（5）锉削时，要经常用钢丝刷清除锉齿上的切屑。

（6）使用锉力时不宜速度过快，否则容易过早磨损。

（7）细锉刀不允许锉软金属。

（8）使用整形锉，用力不宜过大，以免折断。

（9）锉刀要避免沾水、油和其他脏物。

（10）锉刀也不可重叠或者和其他工具堆放在一起。

6. 手提式锉削机

手提式锉削机外形，如图 6-3 所示。手提式锉削机结构，如图 6-4 所示。将锉刀插在接头的槽内，用螺钉将其紧固。锥齿轮 1 上有个偏心孔，孔内的销子与连杆连接，锥齿轮 1 与装在电动机轴上的锥齿轮 2 啮合。当插销插上电源，电动机启动后，由锥齿轮 1 通过销子作曲拐转动，从而带动连杆和接头进行直线移动，这时，锉刀即作往复运动，进行锉削。

7. 锉刀的握法

1）较大锉刀

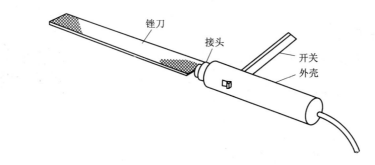

图 6-3　手提式锉削机外形图

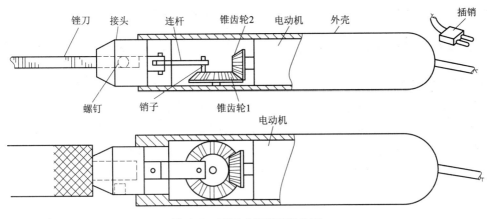

图 6-4　手提式锉削机结构图

较大锉刀一般指锉刀长度大于 250 mm 的锉刀。较大锉刀握法，如图 6-5 所示，右手握着锉刀柄，将柄外端顶在拇指根部的手掌上，大拇指放在手柄上，其余手指由下而上握手柄。左手在锉刀上的握法有 3 种，左手掌斜放在锉梢上方，拇指根部肌肉轻压在锉刀刀头上，中指和无名指抵住梢部右下方；左手掌斜放在锉梢部，大拇指自然伸出，其余各指自然蜷曲，小拇指、无名指、中指抵住锉刀前下方；左手掌斜放在锉梢上，各指自然平放。

2）中型锉刀

右手与较大锉刀握法相同，左手的大拇指和食指轻轻扶持锉刀，如图 6-6 所示。

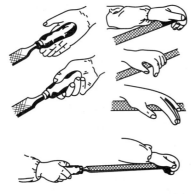

图 6-5　较大锉刀握法示意图

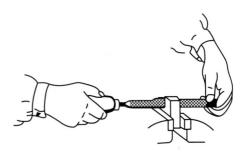

图 6-6　中型锉刀握法示意图

3）小型锉刀

右手的食指平直扶在手柄外侧面，左手手指压在锉刀的中部，以防锉刀弯曲，如图6-7所示。

4）整形锉

单手握持手柄，食指放在锉身上方，如图6-8所示。

QB/T 2569.3—2002 钢锉 整形锉

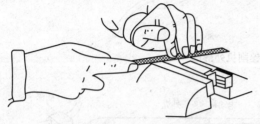

图6-7 小型锉刀握法示意图

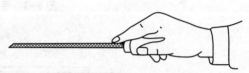

图6-8 整形锉握法示意图

8. 锉削的姿势

锉削时的站立步位和姿势，如图6-9所示。锉削动作，如图6-10所示，两手握住锉刀放在工件上，左臂弯曲；锉削时，身体先于锉刀并与之一起向前，右脚伸直并向前倾，重心在左脚，左膝呈弯曲状态；当锉刀锉至约3/4行程时，身体停止前进，两臂则继续将锉刀向前锉到头，同时，左脚伸直重心后移，恢复原位，并将锉刀收回。然后进行第二次锉削。

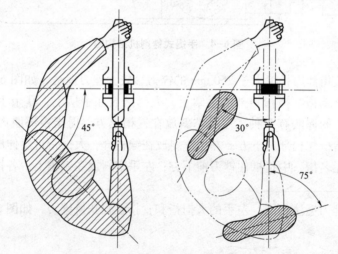

图6-9 锉削时的站立步位和姿势示意图

图6-10 锉削动作示意图

6.2　锉　削　方　法

1. 工件的装夹

锉削加工时，对工件的装夹有以下要求：

① 工件尽量夹持在台虎钳钳口宽度方向中间。

② 装夹要稳固，用力适当，以防工件变形。

③ 锉削面靠近钳口，以防锉削时产生振动。

④ 工件形状不规则、已加工表面或精密工件，要加适宜的衬垫（铜皮或铝皮）后夹紧。

2. 平面的锉削

平面的锉削方法有顺向锉、交叉锉和推锉法 3 种，如表 6-4 所示。

表 6-4　平面的锉削方法

锉削方法	图　　示	操　作　方　法
顺向锉法		锉刀运动方向与工件夹持方向始终一致。在锉宽平面时，每次退回锉刀时应在横向作适当的移动。顺向锉法的锉纹整齐一致，比较美观，这是最基本的一种锉削方法，不大的平面和最后锉光都用这种方法
交叉锉法		锉刀运动方向与工件夹持方向成 30°～40°，且锉纹交叉。由于锉刀与工件的接触面大，锉刀容易掌握平稳，同时从刀痕上可以判断出锉削面的高低情况，表面容易锉平，一般适于粗锉。精锉时为了使刀痕变为正直，当平面即将锉削完成前应改用顺向锉法
推锉法		用两手对称横握锉刀，用大拇指推动锉刀顺着工件长度方向进行锉削，此法一般用来锉削狭长平面

3. 曲面的锉削

常见的曲面是单一的外圆弧面和内圆弧面，其锉法分为两种，如表6-5所示。

表6-5　曲面的锉削方法

锉削方法	图　　示	操　作　方　法
外圆弧面锉法	（a）　　　　　（b）	当余量不大或对外圆弧面作修整时，一般采用锉刀顺着圆弧锉削，如图（a）所示，在锉刀作前进运动时，还应绕工件圆弧的中心作摆动 当锉削余量较大时，可采用横着圆弧锉的方法，如图（b）所示，按圆弧要求锉成多棱形，然后再顺着圆弧锉削，精锉成圆弧
内圆弧面锉法		锉刀要同时完成3个运动：前进运动、向左或向右的移动和绕锉刀中心线转动（按顺时针或逆时针方向转动约90°）。3种运动须同时进行，才能锉好内圆弧面，如不同时完成上述3种运动，就不能锉出合格的内圆弧面
球面锉法		推锉时，锉刀对球面中心线摆动，同时又作弧形运动

4. 曲面锉削质量的检测

质量的检测对于锉削加工后的内、外圆弧面，可采用曲面样板检查曲面的轮廓度，曲面样板通常包括凸面样板和凹面样板两类，如图6-11所示。其中曲面样板左端的凸面板本身为标准内圆弧面，曲面样板的右端凹面样板用于测量外弧面，测量时，要在整个弧面上测量，综合进行评定，如图6-12所示。

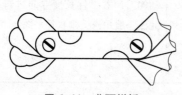

图6-11　曲面样板

图6-12　用曲面样板检查曲面的轮廓度

6.3　模具零件的锉削加工

1. 锉削长方体

1）锉削准备

长方体零件图如图 6-13 所示。

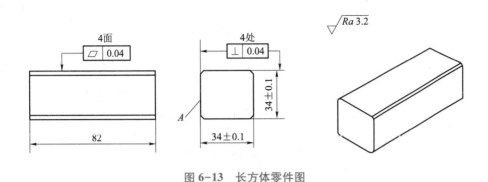

图 6-13　长方体零件图

锉削准备：

① 工具和量具：游标卡尺、千分尺、高度游标尺、直角尺、刀口直角尺、塞尺、整形锉、钳工锉、划针等。

② 辅助工具：软钳口衬垫、锉刀刷、涂料等。

③ 备料：45 钢毛坯尺寸为 37 mm±1 mm（錾削），每人一件。

2）操作要点

① 粗、精锉基面 A。粗锉用 300 mm 粗齿扁锉，精锉用 250 mm 细齿扁锉。达到平面度 0.04 mm、表面粗糙度 $Ra \leqslant 3.2$ μm 的要求。

② 粗、精锉基准面 A 的对面。用高度游标尺划出相距 34 mm 尺寸的平面加工线，先粗锉，留 0.15 mm 左右的精锉余量，再精锉达到图样要求。

③ 粗、精锉基准面 A 的任一邻面。用直角尺和划针划出平面加工线，然后锉削达到图样要求（垂直度用直角尺检查）。

④ 粗、精锉基准面 A 的另一邻面。先以相距对面 34 mm 的尺寸划平面加工线，然后粗锉，留 0.15 mm 左右的精锉余量，再精锉达到图样要求。

⑤ 全部复检，并作必要的修整锉削。最后将两端锐边均匀倒角 C1。

3）注意事项

① 加工件夹紧时，要在台虎钳上垫好软金属衬垫，避免工件表面夹伤。

② 在锉削时要正确掌握好加工余量，仔细检查尺寸等情况，避免精度超差；要采取顺向锉法，并使锉刀在有效全长进行加工。

③ 基准面是作为加工控制其余各面时的尺寸、位置精度的测量基准，故必须使它达到规定的平面要求后，才能加工其他面。

④ 为保证取得正确的垂直度，各面的横向尺寸差值必须首先尽可能获得较高的精度；

在测量时锐边必须去毛刺倒棱，保证测量的准确性。

2. 锉削六方

1）零件的技术要求与锉削准备

六方体零件图如图6-14所示。

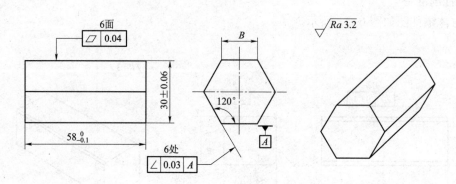

图6-14　六方体零件图

六方体零件的技术要求为：

① 30 mm尺寸处，其最大与最小尺寸的差值不得大于0.06 mm。

② 六方边长 B 应均等，允差为0.1 mm。

③ 各锐边均匀倒棱。

锉削准备：

① 工具和量具：钳工锉、游标卡尺、钢直尺、刀口直角尺、塞尺、直角尺、角度样板、万能角度尺、常用划线工具等。

② 辅助工具：软钳口衬垫、锉刀刷、涂料等。

③ 备料：45钢毛坯尺寸为 $\phi 36$ mm×60 mm，每人一件。

2）操作要点

① 用游标卡尺检查来料直径 d。

② 粗、精锉第一面（基准面），如图6-15（a）所示，平面度达到0.04 mm，$Ra \leqslant$ 3.2 μm，同时保证与圆柱母线的距离 $M\left(M=d-\dfrac{d-30}{2}=\dfrac{d+30}{2} \text{mm}\right)$，如图6-16所示。

③ 粗、精锉相对面，如图6-15（b）所示，以第一面为基准划出相距尺寸30 mm的平面加工线，然后锉削。在保证自身平面度和表面粗糙度的同时，重点检查其相对于基准的尺寸（30 mm±0.06 mm）和平行度要求。

④ 粗、精锉削第三面，如图6-15（c）所示，达到技术要求，同时保证尺寸 M，并用万能角度尺或角度样板检查控制其与第一面的夹角120°。

⑤ 粗、精锉削第三面的相对面，如图6-15（d）所示，达到技术要求。

⑥ 用同样方法粗、精锉削第五面和第六面，如图6-15（e）、6-15（f）所示，达到技术要求。

⑦ 全面复检，并做必要的修整，最后将各锐边倒棱后送检。

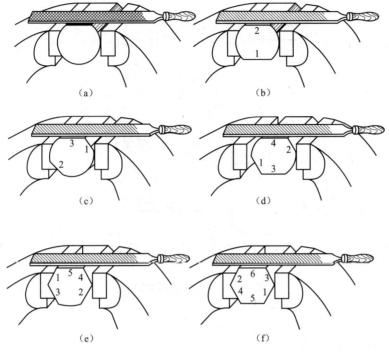

图 6-15　六方体加工步骤示意图

（a）粗、精锉削六角体第一面；（b）粗、精锉第一面的相对面；（c）粗、精锉第三面
（d）粗、精锉第三面的相对面；（e）粗、精锉第五面；（f）锉削第五面的相对面

3）注意事项

① 确保锉削姿势正确。

② 为保证表面粗糙度，需经常用锉刷清理残留在锉齿间的铁屑，并在齿面上涂上粉笔灰。

③ 加工时要防止片面性，要综合分析出现的误差及其产生原因，要兼顾全面精度要求。

④ 测量时要把工件的锐边去毛刺倒棱，保证测量的准确性。

⑤ 使用万能角度尺时，要准确测得角度，必须拧紧止动螺母。使用时要轻拿轻放，避免测量角发生变动，并经常校对测量角的准确性。

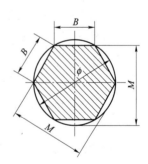

图 6-16　以外圆为定位基准控制六方边长

3. 锉削去角方铁

1）去角方铁零件图及锉削准备

去角方铁零件图如图 6-17 所示。

锉削准备：

① 工具和量具：游标卡尺、钢直尺、直角尺、刀口直角尺、塞尺、样冲、锤子、钳工锉、划规、划针、划线盘、粉笔、砂纸等。

② 辅助工具：软钳口衬垫、锉刀刷、涂料等。

③ 备料：45 钢毛坯尺寸为 54 mm×74 mm×20 mm，每人一件。

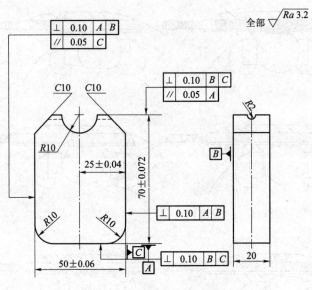

图6-17 去角方铁零件图

2）操作要点

① 锉削左右两侧平行面

a）锉削基准 C 面，使之达到与 B 面垂直度为 0.1 mm 和 Ra3.2 μm 的要求。

b）锉削 C 面的对面，使之达到 50 mm±0.06 mm，与 C 面平行度为 0.05 mm，与 A 面、B 面的垂直度为 0.1 mm 和 Ra3.2 μm 的要求。

c）锉削过程中，要按零件图的要求边锉边检。

② 锉削上、下两侧平行平面

a）锉削 A 面使之达到与 B 面、C 面垂直度为 0.1 mm 和 Ra3.2 μm 的要求。

b）锉削 A 面的对面使之达到 70 mm±0.072 mm、与 A 面平行度为 0.05 mm，与 B 面、C 面垂直度为 0.1 mm 和 Ra3.2 μm 的要求。

c）锉削过程中，要按零件图的要求边锉边检。

③ 锉削两个斜面

a）锉削左侧斜面，使之达到 C10 和 Ra3.2 μm 的要求。

b）锉削右侧斜面，使之达到 C10 和 Ra3.2 μm 的要求。

④ 锉削两个 R10 的凸圆弧

a）锉削左侧凸圆弧，使之达到 R10 和 Ra3.2 μm 的要求。

b）锉削右侧凸圆弧，使之达到 R10 和 Ra3.2 μm 的要求。

c）锉削过程中，要按零件图的要求边锉边检。

⑤ 锉削 R10 的凹圆弧

a）锉削凹圆弧，使之达到 R10、25 mm±0.04 mm 和 Ra3.2 μm 的要求。

b）锉削过程中，要按零件图的要求边锉边检。

4. 锉削带曲面的模具零件

1）带曲面的模具零件图及锉削准备

零件图如图 6-18 所示。

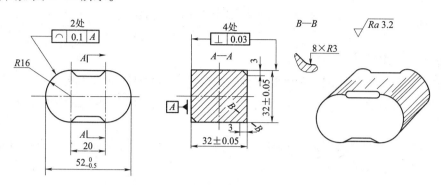

技术要求：各锐边均匀倒棱

图 6-18　带曲面的模具零件图

锉削准备：

① 工具和量具：游标卡尺、千分尺、直角尺、刀口直角尺、塞尺、异形锉、钳工锉、划规等。

② 辅助工具：软钳口衬垫、锉刀刷、涂料等。

③ 备料：45 钢毛坯，每人各一件。

2）操作要点

① 用铁皮每人做一件 R16 mm 及 R3 mm 样板。

② 按图样要求锉削对边尺寸为（32 mm±0.05 mm）的四方体。

③ 锉两端面，使之达到尺寸 52 mm，并按图样尺寸划 R16 mm 尺寸线、4 处 3 mm 倒角线及 R3 mm 圆弧位置的加工线。

④ 用异形锉粗锉 8×R3 mm 内圆弧面，然后用钳工锉作粗、细锉倒角至加工线，再细锉 R3 mm 圆弧并与倒角平面光滑连接，最后用 150 mm 异形锉作推锉，达到锉纹全部成为直向；表面粗糙度 Ra3.2 μm 的要求。

⑤ 用 300 mm 钳工锉采用横着圆弧锉法，粗锉两端圆弧面至接近 R16 mm 加工线，然后顺着圆弧锉正圆弧面，并留适当余量，再用 250 mm 细钳工锉修整，达到各项技术要求。

⑥ 全部精度复检，并作必要的修整锉削，最后将各锐边均匀倒角。

3）注意事项

① 划线线条要清晰。

② 在锉两端的 R16 mm 圆弧面时，可先用倒角方法倒至近划线线条，再继续锉削。

③ 在锉 R16 mm 外圆弧面时，不要只注意锉圆而忽略了与基准面 A 的垂直度，以及横向的直线度。

④ 在顺着圆弧锉削时，锉刀上翘下摆的摆动幅度要大，才易于锉圆。

⑤ 在锉 R3 mm 内圆弧面时，横向锉削一定要把形体锉正，以便推锉圆弧面时容易锉光。推锉圆弧时，锉刀要做些转动，防止端部坍角。

⑥ 圆弧锉削中常出现以下几种缺陷：圆弧不圆，呈多角形；圆弧半径过大或过小；圆弧横向直线度和与基准面的垂直度误差大；不按划线加工造成位置尺寸不正确；表面粗糙度大、纹理不整齐等。

6.4　锉削的注意事项

锉削加工时，应注意以下事项：

（1）表面夹出痕迹的原因，装夹时，台虎钳口没有垫软性金属和木块。

（2）空心工件被夹扁的原因：装夹时，台虎钳口没有垫衬 V 形块或弧形木块，或者夹紧力过大。

（3）平面中凸，塌边或塌角的原因：操作技术不熟练或锉刀选择不当，或锉刀面中凹。

（4）工件尺寸锉小的原因：

① 划线不准确。

② 锉削时没有及时测量。

③ 测量有误差。

思考与练习

1. 锉削加工的应用场合有哪些？加工特点如何？

2. 锉刀的种类有哪几类？各适用于什么场合？

3. 锉削加工时如何合理地选用锉刀？

4. 简述锉削加工的规范姿势。

5. 平面锉削时，如何掌握锉刀在推拉过程中的平衡？

6. 平面锉削的方法有几种？各适用于什么场合？

7. 简述外圆柱面的锉削方法。

8. 简述内圆柱面的锉削方法。

9. 锉削球面时，应使锉刀同时做哪些方向的动作？

10. 圆弧面的锉削精度如何检测？

11. 锉刀的齿纹有几种？

模具零件的钻削加工

≫ 项目内容：

- 模具零件的钻削加工。

≫ 学习目标：

- 能完成模具零件的钻孔、扩孔、铰孔、锪孔加工任务。

≫ 主要知识点与技能：

- 钻床及其基本操作。
- 麻花钻的组成、麻花钻的切削角度。
- 钻头磨损的原因及修磨。
- 常用钻削加工工具及其使用。
- 常用钻削加工方法。
- 模具零件的钻削加工。

7.1 钻削加工基础

用钻头在实体材料上加工出孔称为钻孔。钻孔在模具钳工生产中是一项重要的工作。用扩孔钻、锪钻、铰刀等进行扩孔是对已有的孔进行再加工，主要加工精度要求不高的孔或作为孔的粗加工。

1. 钻床及其基本操作

1）钻床的类型

模具钳工使用的钻床主要是台式钻床、立式钻床、摇臂钻床。

① 台式钻床。台式钻床简称台钻，如图 7-1 所示，是一种小型机床，安放在钳工台上使用，其钻孔直径一般在 12 mm 以下。台钻主要用于加工小型工件上的各种孔，钳工使用得最多。

② 立式钻床。立式钻床简称立钻，如图 7-2 所示，一般用来钻中型工件上的孔，其规格用最大钻孔直径表示，常用的有 25 mm、35 mm、40 mm、50 mm 等几种。

③ 摇臂钻床。摇臂钻床有一个能绕立柱旋转的摇臂，如图 7-3 所示。主轴箱可在摇臂上作横向移动，并可随摇臂沿立柱上下作调整运动，因此主轴箱能方便地调整到需钻削孔的

中心，而工件不需移动。摇臂钻床加工范围大，可用来钻削大型工件的各种螺钉孔、螺纹底孔和油孔等。

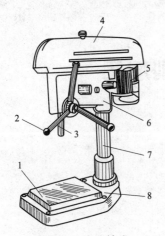

图7-1　台式钻床

1—工作台；2—进给手柄；3—主轴；4—带罩；
5—电动机；6—主轴架；7—立柱；8—机座

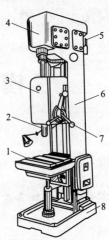

图7-2　立式钻床

1—工作台；2—主轴；3—进给箱；4—主轴变速箱；
5—电动机；6—立柱；7—进给手柄；8—机座

JB/T 5245.3—2011
台式钻床 第3部分：
轻型 精度检验

JB/T 8647—1997
轻型台式钻床
精度检验

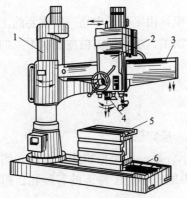

图7-3　摇臂钻床

1—立柱；4—主轴；2—主轴箱；
5—工作台；3—摇臂；6—机座

JB/T 6335.2—2006
摇臂钻床
第2部分：技术条件

JB/T 6335.3—2006
摇臂钻床
第3部分：参数

2）钻床的基本操作

① 台式钻床的基本操作。台式钻床一般通过改变带罩内塔轮上 V 带的位置来改变主轴转速，使主轴转速符合或接近切削用量要求的转速，如图 7-4 所示。主轴进给由手动完成。当主轴离工作台上的工件太近或太远时，可松开主轴架上的锁紧螺钉予以调整，如图 7-5 所示。

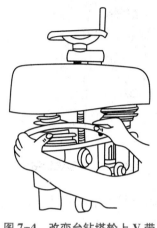

图 7-4　改变台钻塔轮上 V 带
位置来改变主轴转速

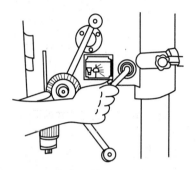

图 7-5　松开台钻主轴架上的锁紧
螺钉以调整其上下位置

② 立式钻床的操作。对照主轴转速标牌选取所需转速，扳动主轴左侧的两个变速手柄改变立式钻床的切削速度，如图 7-6 所示。扳动左侧的两个进给变速手柄，对照进给量标牌选取所需的进给量，如图 7-7 所示。

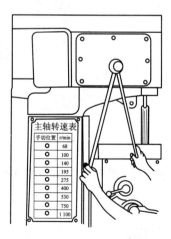

主轴转速表	
手切位置	r/min
○	68
○	100
○	140
○	195
○	275
○	400
○	530
○	750
○	1 100

图 7-6　改变立钻主轴转速

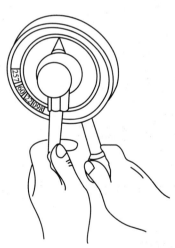

图 7-7　改变进给量的操作

立式钻床进给方式有机动进给和手动进给。机动进给时，需将进给手柄座处的端盖向外拉出，如图 7-8 所示。手动进给时，端盖在原位不拉出。

③ 钻头的装夹。钻头的装夹方法按其柄部的形状不同而异。锥柄钻头可以直接装入钻床主轴孔内，较小的钻头可用过渡套筒安装，如图 7-9 所示。直柄钻头一般用钻夹头安装，

如图 7-10 所示。

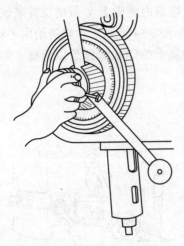

图 7-8　改变进给方式的操作

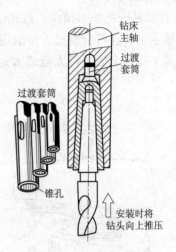

图 7-9　安装锥柄钻头

　　钻夹头或过渡套筒的拆卸方法：将楔铁带圆弧的边向上插入钻床主轴侧边的锥形孔内，左手握紧并托住钻夹头，右手用锤子敲击楔铁卸下钻夹头，如图 7-11 所示。

　　2. 麻花钻的组成

　　钻孔时，钻头装夹在钻床主轴上，依靠钻头与工件之间的相对运动来完成钻削加工头的切削运动，切削运动分为主运动和进给运动，如图 7-12 所示。

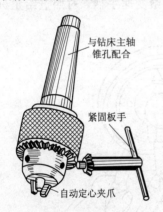

图 7-10　钻夹头

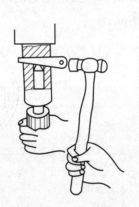

图 7-11　拆卸钻夹头

图 7-12　钻孔时钻头的运动

GB/T 6087—2003
扳手三爪钻夹头

GB/T 6090—2003
钻夹头圆锥

JB/T 3411.73—1999
钻夹头接杆　尺寸

JB/T 3411.122—1999
快换钻夹头接杆　尺寸

JB/T 4371.1—2002
无扳手三爪钻夹头
第1部分：参数和精度检验

JB/T 4371.2—2002
无扳手三爪钻夹头
第2部分：技术条件

JB/T 3411.120—1999
铣床用钻夹头
接杆　尺寸

JB/T 10149—2011
钻夹头用烧结钢螺母和
齿圈　技术条件

钻头绕轴心所作的旋转，也就是切下切屑的运动称为主运动。钻头对着工件所作的直线前进运动称为进给运动。由于两种运动是同时连续进行的，所以钻头是按照螺旋运动的规律来钻孔的。钻头的种类较多，常见的有麻花钻、扁钻、深孔钻、中心钻等，麻花钻是最常用的一种钻头，下面介绍麻花钻的组成及切削角度。

麻花钻主要由柄部、颈部和工作部分组成，其结构如图7-13所示。

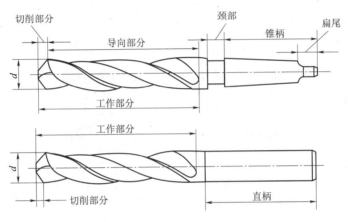

图7-13　麻花钻结构示意图

JB/T 10002—1999
长直柄麻花钻

JB/T 10003—1999 1∶50
锥孔锥柄麻花钻

JB/T 10231.2—2001
刀具产品检测方法
第1部分：麻花钻

GB/T 17984—2010
麻花钻　技术条件

GB/T 25666—2010
硬质合金直柄麻花钻

GB/T 25667.1—2010
整体硬质合金直柄麻花钻
第1部分：直柄
麻花钻型式与尺寸

GB/T 25667.2—2010
整体硬质合金直柄麻花钻
第2部分：2°斜削平直柄
麻花钻型式与尺寸

GB/T 25667.3—2010
整体硬质合金直柄麻花钻
第3部分：技术条件

JB/T 50189—1999
麻花钻 寿命试验方法

▲GB/T 20954—2007
金属切削刀具
麻花钻术语

GB/T 10947—2006
硬质合金锥柄麻花钻

GB/T 6139—2007
阶梯麻花钻 技术条件

QJ 327—1978 麻花钻
整体硬质合金麻花钻
（d=0.5～1.1）

QJ 328—1978 麻花钻
直柄硬质合金麻花钻
（d=5～12）

JB/T 10643—2006
成套麻花钻

GB/T 6138.1—2007
攻丝前钻孔用阶梯麻花钻
第1部分：直柄阶梯
麻花钻的型式和尺寸

GB/T 6138.2—2007
攻丝前钻孔用阶梯麻花钻
第2部分：莫氏锥柄阶梯
麻花钻的型式和尺寸

GB/T 6135.1—2008
直柄麻花钻 第1部分：
粗直柄小麻花钻的型式和尺寸

GB/T 6135.2—2008
直柄麻花钻 第2部分：
直柄短麻花钻和直柄
麻花钻的型式和尺寸

GB/T 6135.3—2008
直柄麻花钻 第3部分：
直柄长麻花钻的型式和尺寸

GB/T 6135.4—2008
直柄麻花钻 第4部分：
直柄超长麻花钻的型式和尺寸

GB/T 1438.1—2008
锥柄麻花钻 第1部分：
莫氏锥柄麻花钻的型式和尺寸

GB/T 1438.2—2008
锥柄麻花钻 第2部分：
莫氏锥柄长麻花钻的型式和尺寸

GB/T 1438.3—2008
锥柄麻花钻 第3部分：
莫氏锥柄加长麻花钻的型式和尺寸

GB/T 1438.4—2008
锥柄麻花钻 第4部分：
莫氏锥柄超长麻花钻的型式和尺寸

（1）柄部。钻头的柄部是与钻孔机械的连接部分，钻孔时用来传递所需的转矩和轴向力。柄部分圆柱形和圆锥形（莫氏圆锥）两种形式，钻头直径小于 13 mm 的采用圆柱形，钻头直径大于 13 mm 的一般都是圆锥形。锥柄的扁尾能避免钻头在主轴孔或钻套中打滑，并便于用楔铁把钻头从主轴锥孔中打出。

（2）颈部。钻头的颈部为磨制钻头时供砂轮退刀用，一般也用来打印商标和规格。

（3）工作部分。工作部分由切削部分和导向部分组成。切削部分由两条主切削刃、两条副切削刃、一条横刃、两个前刀面和两个后刀面组成，如图 7-14 所示，其作用主要是切削工件。导向部分有两条螺旋槽和两条窄的螺旋形棱边与螺旋槽表面相交成两条棱刃（副切削刃）。导向部分在切削过程中，使钻头保持正直的钻削方向并起修光孔壁的作用，通过螺旋槽排屑和输送切削液，导向部分还是切削部分的后备部分。

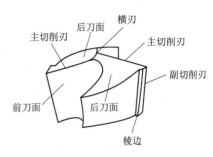

图 7-14　麻花钻切削部分的构成示意图

3. 麻花钻的几何角度

掌握麻花钻的几何角度，首先要确定表示切削角度的辅助平面的位置，即基面、切削平面、主截面和柱截面的位置。

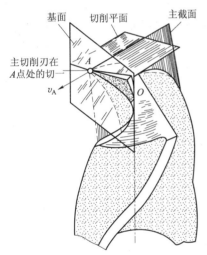

图 7-15　麻花钻的辅助平面

（1）麻花钻的辅助平面。辅助平面为麻花钻主切削刃上任意一点的基面、切削平面和主截面的相互位置，三者互相垂直，如图 7-15 所示。

① 基面。切削刃上任意一点的基面是通过该点，并且与该点切削速度方向垂直的平面，实际上是通过该点与钻心连线的径向平面。由于麻花钻两主切削刃不通过钻心，而是平行并错开一个钻心厚度的距离，因此，钻头主切削刃上各点的基面是不同的。

② 切削平面。切削刃上任意一点的切削平面是由该点的切削速度方向和这点上切削刃的切线所构成的平面。钻头主切削刃上任意一点的切削速度方向是以该点到钻心的距离为半径、以钻心为圆心所作圆周的切线方向，也就是该点与钻心连线的垂线方向。标准麻花钻钻刃上任意一点的切线就是钻刃本身。

③ 主截面。通过主切削刃上任意一点并垂直于切削平面和基面的平面。

④ 柱截面。通过主切削刃上任意一点作与钻头轴线平行的直线，该直线绕钻头轴线旋转所形成的圆柱面的切面。

（2）标准麻花钻的几何角度。标准麻花钻的切削部分顶角为 $118° \pm 2°$，横刃斜角为 $40° \sim 60°$，后角为 $8° \sim 20°$。

① 前角 γ_0。主切削刃上任意一点的前角是指在主截面内，前刀面与基面间的夹角，如图 7-16 所示。如在 N_1-N_1 中的 γ_{01}，N_2-N_2 中的 γ_{02}。

主切削刃各点的前角不等，外缘处的前角最大，可达 30°左右，自外缘向中心处前角逐

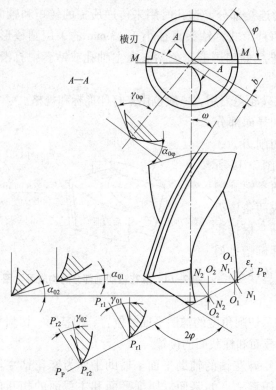

图 7-16　标准麻花钻的几何角度

渐减小。在钻心 $D/3$ 范围内为负值，横刃处前角为 $-54°\sim-60°$，接近横刃处前角为 $-30°$。

前角大小决定切除材料的难易程度和切屑在前刀面上的摩擦阻力大小。前角愈大，切削愈省力。

② 后角 α_0。在柱截面内，后刀面与切削平面之间的夹角称为后角。主切削刃上各点的后角不等。刃磨时，应使外缘处后角较小，愈接近钻心后角愈大。外缘处 $\alpha_0=8°\sim14°$，钻心处 $\alpha_0=20°\sim26°$，横刃处 $\alpha_0=30°\sim36°$。

后角的大小影响后刀面与工件切削表面之间的摩擦程度。后角愈小，摩擦愈严重，但切削刃强度愈高。因此钻硬材料时，后角可适当小些，以保证刀刃强度。钻软材料，后角可稍大些，以使钻削省力。但钻有色金属材料时，后角不宜太大，以免产生自动扎刀现象。不同直径的麻花钻，直径愈小后角愈大。

下面是在一般情况下，不同直径的麻花钻外缘处的后角大小：

当 $D<15$ mm 时，$\alpha_0=10°\sim14°$。

当 15 mm $\leqslant D\leqslant30$ mm 时，$\alpha_0=9°\sim12°$。

当 $D>30$ mm 时，$\alpha_0=8°\sim11°$。

③ 顶角 2φ。顶角又称锋角或钻尖角，它是两主切削刃在其平行平面 M-M 上的投影之间的夹角，如图 7-16 所示。

顶角的大小可根据加工条件由钻头刃磨时决定。标准麻花钻的顶角 $2\varphi=118°\pm2°$，这时主切削刃呈直线形。当 $2\varphi>118°$ 时，主切削刃呈内凹形；当 $2\varphi<118°$ 时，主切削刃呈外凸形。

顶角的大小影响主切削刃上轴向力的大小。顶角愈小，则轴向力愈小，外缘处刀尖角 ε 愈大，有利于散热和提高钻头耐用度；但顶角减小后，在相同条件下，钻头所受的转矩增大，切屑变形加剧，排屑困难，会妨碍冷却液的进入。

④ 横刃斜角 ψ。它是横刃与主切削刃在钻头端面内的投影之间的夹角，是在刃磨钻头时自然形成的，其大小与后角和顶角的大小有关。后角刃磨正确的标准麻花钻，其横刃斜角为 $\psi=50°\sim55°$。当后角磨得偏大时，横刃斜角就会减小，而横刃的长度会增大；反过来，横刃斜角刃磨准确，则近钻心处后角也准确。

⑤ 螺旋角 ω。麻花钻的螺旋角如图 7-17 所示。螺旋角是指主切削刃上最外缘处螺旋线的切线与钻头轴心线之间的夹角。

在钻头的同半径处，螺旋角的大小是不等的。钻头外缘的螺旋角最大，愈靠近钻心，螺旋角越小。相同直径的钻头，螺旋角越大，强度越低。

⑥ 横刃长度。横刃的长度既不能太长，也不能太短。太长会增大钻削的轴向阻力，对钻削工作不利；太短会降低钻头的强度。标准麻花钻的横刃长度 $b = 0.18D$。

⑦ 钻心厚度 d。两螺旋形刀瓣中间的实心部分称为钻心，钻心厚度是指钻

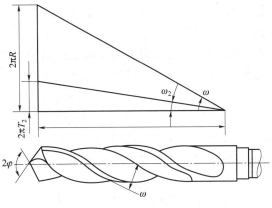

图 7-17 麻花钻的螺旋角

头的中心厚度。钻心厚度过大时，会自然增大横刃长度，而厚度太小又削弱了钻头的刚度。为此，钻头的钻心做成锥形，它的直径向柄部逐渐增大，以增强钻头的强度和刚性。

标准麻花钻的钻心厚度约为：切削部分 $d = 0.125D$，柄部 $d = 0.2D$。

⑧ 副后角。副切削刃上副后刀面的切线与孔壁切线之间的夹角称为副后角。标准麻花钻的副后角为 0°，即副后面与孔壁是贴合的。

4. 钻头磨损的原因及修磨

1）钻头磨损的原因

当看到钻头的切削刃和横刃严重磨钝，刃带拉毛以至整个切削部分呈暗蓝色时，这是钻头烧损（严重磨损）的现象。造成钻头磨损主要原因如下：

（1）钻孔是一种半封闭式切削，切屑不易排出，切屑、钻头与工件间摩擦很大，易产生高温。一般高速钢钻头只能在 560℃ 左右保持原有硬度，钻孔中如果转速过高，切割速度过快，当钻削温度超过这个温度，钻头硬度就会下降，失去切削性能，这时如钻头继续与工件摩擦，就会导致钻头烧损。

（2）在钻头主切削刃上，越接近外径，切削速度越大，温度越高，钻孔时切削液就难以直接浇注到切削区，若切削液过少或冷却的位置不对时，也能引起钻头烧损。

（3）钻头的副后角为 0°，靠近切削部分的棱边与孔壁的摩擦比较严重，容易发热和磨损。

（4）主切削刃外缘处的刀尖角 ε 较小，前角很大，刀齿薄弱，而此处的切削速度却最高，产生的切削热最多，磨损极为严重。

（5）被加工材料硬度过高，切削刃很快被磨钝，失去切削性能，相互摩擦以至烧损。

（6）钻头钻心横刃过长，轴向力增加，切削刃后角修磨得太低，使钻头后刀面与被加工材料的接触面相互挤压，也容易使钻头烧损。

标准麻花钻头在使用过程中，为了满足使用要求或钻头磨损后，通常对其切削部分进行修磨，以改善切削性能。

钻头磨损后就需要进行刃磨。刃磨钻头就是使用砂轮机将钻头上的烧损处磨掉，恢复钻头原有的锋利和正确角度。钻头刃磨后的角度是否正确，直接影响到钻孔质量和效率。若锋角和切削刃刃磨得不对称（即锋角偏了），钻削时，钻头两切削刃所承受的切削力也就不相

等，会出现偏摆甚至是单刃切削，使钻出的孔变大或钻成台阶孔，并且锋角偏得越多，这种现象越严重。

图 7-18 所示为钻头刃磨得正确与否对钻孔的影响情况，图（a）为刃磨正确，所以钻出的孔也规范；图（b）为两个锋角磨得不对称，一个大一个小；图（c）为两个主切削刃长度刃磨的不一致；图（d）为两个锋角不对称，并且主切削刃长度也不一致。钻头刃磨得不正确，会影响钻孔质量。若后角磨得太小甚至成为负后角，磨出的钻头就不能使用。刃磨钻头时，使用的砂轮粒度一般为 46～80#，硬度最好采用中软级的氧化铝砂轮，且砂轮圆柱面和侧面都要平整，砂轮在旋转中不得跳动。

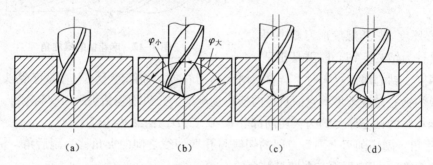

图 7-18 钻头刃磨后对加工影响示意图
(a) 正确；(b) 不正确；(c) 不正确；(d) 不正确

2）钻头的刃磨

刃磨麻花钻时，主要刃磨两个主切削刃及其后角。刃磨后的两主切削刃应对称，锋角和后角的大小应根据加工材料的性质选择。横刃斜角是在磨主切削刃和后角时自然形成的，它与后角的大小有关。

麻花钻的刃磨方法如下：

（1）操作者站在砂轮机左边，右手握住钻头的头部，左手握住柄部，摆平钻头的主切削刃，与砂轮圆柱面母线所成夹角等于锋角（2φ）的一半，如图 7-19 所示。

（2）刃磨时，主切削刃接触砂轮，右手靠在砂轮的搁架上作定位支点，左手握钻尾作上下摆动。左手在下压钻尾的同时，右手应使钻头作顺时针方向转动（约 40°），下压角度为 8°～30°，即等于钻头外缘处后角（α_0），刃磨时压力变化如图 7-20 所示。

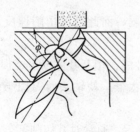

图 7-19 刃磨麻花钻动作之一

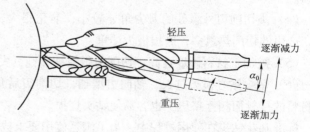

图 7-20 刃磨麻花钻动作之二

（3）翻转 180°，磨出另一边的主切削刃。

（4）刃磨时两手动作应协调自然，由刃口向刃背方向刃磨，并将两主后面反复轮换进行刃磨，达到锋角 2φ 为 $118°\pm2°$，外圆处的后角 α_0 为 $14°\sim80°$，横刃斜角 ψ 为 $50°\sim55°$，两主切削刃对称且长度相等，如图 7-21 所示。

（5）如有样板，可用样板检查钻头的锋角、楔角和横刃斜角，不合格时再进行修磨，直至各角度达到规定的要求，如图 7-22 所示。

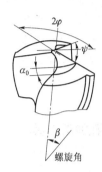

图 7-21　麻花钻的几个角度

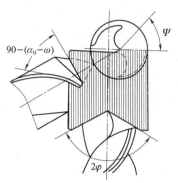

图 7-22　用样板检查钻头

3）麻花钻的修磨

上面叙述的是标准麻花钻的刃磨方法。但是，由于标准麻花钻本身就存在着缺点，严重影响其切削性能和使用寿命。长期以来，工人在生产实践中摸索出了一些改进钻头的刃磨方法，只需对钻头切削部分的几何角度和形状作适当的改进，就能大大提高钻头的切削性能。

修磨麻花钻主要是修磨横刃和前面，其步骤如下：

（1）将钻头中心线在水平面内与砂轮侧面左倾约 15° 夹角，在垂直平面内与刃磨点的砂轮半径方向约成 55° 的下摆角，如图 7-23 所示。

（2）将钻头刃背接触砂轮圆角处，转动钻头，由外向内沿刃背线逐渐磨至钻心，把横刃磨短，并使横刃的副前角为正前角，如图 7-24 所示。

（3）将钻头主切削刃对着砂轮圆角，修磨钻头外圆处的前面，减少靠外圆处的前角，防止扎刀，如图 7-25 所示。

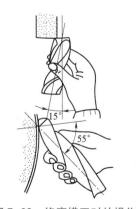

图 7-23　修磨横刃时的操作

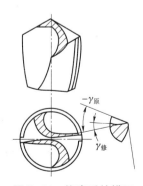

图 7-24　修磨后的横刃

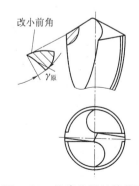

图 7-25　修磨外圆处的前面

（4）采用以上两种方法修磨时，压力应均匀，修磨到钻心时压力要轻，以防刃口退火和钻心过薄。

（5）把钻头转过180°，再按（2）（3）步骤修磨出另一边的横刃和前面。

7.2 钻削加工工具

在机械制造业中，从制造每一个零件到最后组装成机器，几乎都离不开钻孔。任何一种机器，没有孔是不能装配在一起的。如在零件的相互连接中，需要有穿过铆钉、螺钉和销钉的孔；在风压机、液压机上，需有流过液体的孔；在传动机械上需要有安装传动零件的孔；各类轴承需要有安装孔；各类机械设备上的注油孔、减重孔、防裂孔以及其他各种工艺孔。模具零件之间的连接、定位，均需要钻孔、扩孔、铰孔等加工。由此可见钻孔在机械加工中的重要性。

1. 钻孔加工工具

1）钻头种类

钻头种类很多，主要有以下几种：

（1）麻花钻。麻花钻是钻孔加工中应用最广的刀具，如图7-13所示。

（2）中心钻。中心钻有普通和带护锥的两种，如图7-26所示。

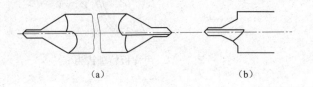

　　　（a）　　　　　　　　　　（b）

图7-26 中心钻

（a）普通；（b）带护锥

GB/T 6078.1—1998

中心钻　第1部分：

不带护锥的中心钻-A型　型式和尺寸

GB/T 6078.2—1998

中心钻　第2部分：

带护锥的中心钻-B型　型式和尺寸

GB/T 6078.3—1998

中心钻　第3部分：

弧形中心钻-R型　型式和尺寸

GB/T 6078.4—1998

中心钻　第4部分：

技术条件

JB/T 10231.27—2006

刀具产品检测方法

第27部分：中心钻

（3）扁钻。如图7-27所示，扁钻一般是根据需要自制的。图7-27（a）用来加工硬锻件，图7-27（b）用来加工阶梯孔。

（4）炮钻。如图7-28所示，炮钻的工作部分是半圆形杆，其前端是平面，垂直于钻头轴线的切削刃在杆的端部。

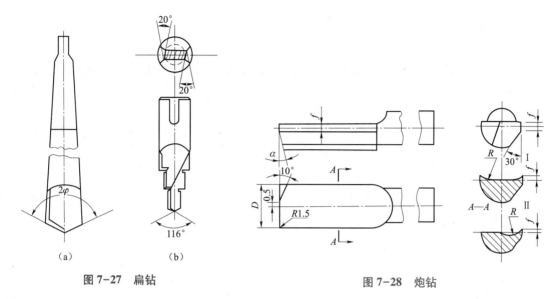

图 7-27　扁钻

图 7-28　炮钻

2）莫氏锥柄麻花钻头的钻柄号及划分

莫氏锥柄钻头的钻柄为 1 到 6 号，锥柄直径以大端直径为标准尺寸，由小到大，锥柄号依次由小到大。锥柄直径号数及应用范围如表 7-1 所示。

表 7-1　锥柄直径号数及应用范围表

锥柄号	锥柄大端直径 D_1/mm	钻头工作部分直径 D/mm
1	12. 240	6～15. 5
2	17. 980	15. 6～23. 5
3	24. 051	23. 6～32. 5
4	31. 542	32. 6～49. 5
5	44. 731	49. 6～65
6	63. 760	大于 65

3）钻孔时的切削用量及其选择

① 钻孔时的切削用量。钻削用量包括切削速度、进给量和切削深度三个要素。

a. 钻孔时的切削速度（v）。钻孔时的切削速度是指钻孔时钻头直径上一点的线速度，可由下式计算：

$$v=\rho Dn/1000 \quad （r/min）$$

式中　D——钻头直径，mm；

　　　n——钻床主轴转速，r/min。

b. 钻削时的进给量（f）。钻削时的进给量是指主轴每转一转钻头对工件沿主轴轴线的相对移动量，单位是 mm/r，如图 7-29 所示。

c. 切削深度（a_p）。切削深度是指已加工表面与待加工表面之间的垂直距离，也可以理解为是一次走刀所能切下的金属层厚

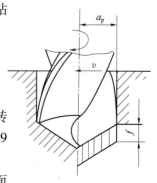

图 7-29　钻孔的切削用量

133

度。对钻削而言，$a_p = D/2$（mm）。

② 钻削用量的选择。

a. 选择钻孔用量的原则。选择切削用量的目的是在保证加工精度和表面粗糙度及保证刀具合理寿命的前提下，使生产率最高，同时不允许超过机床的功率和机床、刀具、工件等的强度和刚度的承受范围。

钻孔时，由于切削深度已由钻头直径所定，所以只需选择切削速度和进给量。对钻孔生产率的影响，切削速度 v 和进给量 f 是相同的；对钻头寿命的影响，切削速度比进给量 f 大；对孔的粗糙度的影响，进给量 f 比切削速度 v 大。

综合以上的影响因素，钻孔时选择切削用量的基本原则是：在允许范围内，尽量先选较大的进给量 f，当进给量 f 受到表面粗糙度和钻头刚度的限制时，再考虑较大的切削速度 v。

b. 钻削用量的选择方法。

切削深度的选择。直径小于 30 mm 的孔一次钻出；直径为 30～80 mm 的孔可分为两次钻削，先用 $(0.5～0.7)D$（D 为要求的孔径）的钻头钻底孔，然后用直径为 D 的钻头将孔扩大。这样可以减小切削深度及轴向力，保护机床，同时提高钻孔质量。

进给量的选择。高速钢标准麻花钻的进给量可参考表 7-2 选取。

表 7-2　高速钢标准麻花钻的进给量

钻头直径 D/mm	<3	3～6	>6～12	>12～25	>25
进给量 f/(mm·r^{-1})	0.025～0.05	>0.05～0.10	>0.10～0.18	>0.18～0.38	>0.38～0.62

孔的精度要求较高和表面粗糙度值要求较小时，应取较小的进给量；钻孔较深、钻头较长、刚度和强度较差时，也应取较小的进给量。

钻削速度的选择。当钻头的直径和进给量确定后，钻孔速度应按钻头的寿命选取合理的数值，一般根据经验选取，可参考表 7-3 选取。孔深较大时，应取较小的切削速度。

表 7-3　高速钢标准麻花钻的切削速度

加工材料	硬度 HB	切削速度 v/(m·min^{-1})	加工材料	硬度 HB	切削速度 v/(m·min^{-1})
低碳钢	100～125	27	可锻铸铁	110～160	42
	>125～175	24		>160～200	25
	175～225	21		>200～240	20
				>240～280	12
中、高碳钢	125～175	22	球墨铸铁	140～190	30
	>175～225	20		>190～225	21
	>225～275	15		>225～260	17
	>275～325	12		>260～300	12

续表

加工材料	硬度 HB	切削速度 v/ ($m \cdot min^{-1}$)	加工材料	硬度 HB	切削速度 v/ ($m \cdot min^{-1}$)
合金钢	175～225 >225～275 >275～325 >325～375	18 15 12 10	铸钢　低碳 中碳 高碳		24 18～24 15
灰铸铁	100～140 >140～190 >190～220 >220～260 >260～320	33 27 21 15 9	铝合金、镁合金		75～90
			铜合金		20～48
			高速钢	200～250	13

4）标准麻花钻主要缺点

标准麻花钻主要有以下缺点：

① 钻头主切削刃上各点前角变化很大，外径处前角太大，到里面前角又小，近中心处为负的前角，切削条件很差。

② 横刃太长，横刃上有很大的负前角。实际上不是在切削，而是在挤压和刮削。据实验，钻削时 50% 的轴向力和 50% 的转矩是由横刃产生的。此外横刃长了，定心也不好。

③ 主切削刃全宽参加切削，各点切屑流出的速度相差很大，切屑卷成很宽的螺旋卷，所占体积大，排屑不顺利，切削液也不易浇到切削刃上。

④ 棱刃上没有后角，棱边与孔壁发生摩擦。因为棱边有倒锥，所以主切削刃与棱边交点处摩擦最剧烈。

⑤ 此外，切削速度最高，产生热量多而且尖角处抗磨性差，所以此处磨损较快。

5）钻孔时的冷却和润滑

钻孔时，由于加工材料和加工要求不一，所用切削液的种类和作用也不一样。钻孔一般属于粗加工，又是半封闭状态加工，摩擦严重，散热困难，加切削液的目的应以冷却为主。

在高强度材料上钻孔时，因钻头前刀面要承受较大的压力，要求润滑膜有足够的强度，以减少摩擦和钻削阻力。因此，可在切削液中增加与硫或二硫化钼等的成分，如硫化切削油。

在塑性、韧性较大的材料上钻孔，要求加强润滑作用，在切削液中可加入适当的动物油和矿物油。

当孔的精度要求较高和表面粗糙度值要求很小时，应选用主要起润滑作用的切削液，如菜油、猪油等。

钻不同材料上的孔所选用的切削液，可参考表 7-4 选用。

表7-4　钻孔用切削液

工 件 材 料	切 削 液
各类结构钢	3%～5%乳化液，7%硫化乳化液
不锈钢、耐热钢	3%肥皂加2%亚麻油水溶液，硫化切削油
紫铜、黄铜、青铜	5%～8%乳化液（也可不用）
铸铁	5%～8%乳化液，煤油（也可不用）
铝合金	5%～8%乳化液，煤油，煤油与茶油的混合油（也可不用）
有机玻璃	5%～8%乳化液，煤油

6）钻孔时钻头可能出现损坏的情况及其产生的原因

钻孔时，钻头可能出现损坏的情况有两种：一是钻头折断；二是切削刃迅速磨损或碎裂。

钻头折断产生的原因有：

① 钻头磨钝，但仍继续钻孔。

② 钻头螺旋槽被切屑堵住，没有及时将切屑排出。

③ 孔快钻透时没有减小进给量或变为手动进给。

④ 钻黄铜一类软金属时，钻头后角太大，前角又没修磨，致使钻头自动旋进。

⑤ 钻刃修磨过于锋利，产生崩刃现象，而没能迅速退刀。

切削刃迅速磨损和碎裂的原因有：

① 切削速度太高，切削液选择不当或切削液供应不足。

② 没有按工件材料来刃磨钻头的切削角度。

③ 工件内部硬度不均匀或有砂眼。

④ 钻刃过于锋利，进给量过大。

⑤ 怕钻头安装不牢，用钻刃往工件上顶。

7）钻孔时可能出现的质量问题及其产生原因

钻孔时可能出现的质量问题及其产生原因，如表7-5所示。

表7-5　钻孔时可能出现的质量问题及其产生原因

出现问题	产 生 原 因
孔大于规定尺寸	1. 钻头中心偏，角度不对称 2. 机床主轴跳动，钻头弯曲
孔壁粗糙	1. 钻头不锋利，角度不对称 2. 后角太大 3. 进给量太大 4. 切削液选择不当或切削液供给不足
孔偏移	1. 工件划线不正确 2. 工件安装不当或夹紧不牢固 3. 钻头横刃太长，找正不准，定心不良 4. 开始钻孔时，孔钻偏，但没有校正

续表

出现问题	产　生　原　因
孔歪斜	1. 钻头与工件表面不垂直，钻床主轴与台面不垂直 2. 横刃太长，轴向力过大造成钻头变形 3. 钻头弯曲 4. 进给量过大，致使小直径钻头弯曲 5. 工件内部组织不均有砂眼（气孔）
孔呈多棱状	1. 钻头细而且长 2. 刃磨不对称 3. 切削刃过于锋利 4. 后角太大 5. 工件太薄

2. 扩孔加工工具

扩孔是对已有的孔进行扩大或提高加工质量的过程。扩孔使用的工具就是扩孔钻。

1）扩孔钻

① 扩孔钻的组成。扩孔钻由切削部分、导向部分或校准部分、颈部及柄部组成，如图 7 - 30 所示。

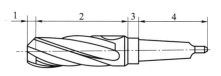

图 7-30　扩孔钻

1—切削部分；2—导向部分或校准部分；
3—颈部；4—柄部

GB/T 4257—2004
扩孔钻　技术条件

GB/T 4256—2004 直柄和
莫氏锥柄扩孔钻

JB/T 10231.11—2002 刀具
产品检测方法　第11部分：扩孔钻

JB/T 54870—1999
扩孔钻　产品质量分等

GB/T 1142—2004
套式扩孔钻

HB 3482—1985
孔加工工序间用的扩孔钻

HB 3483—1985 不通孔
用直柄扩孔钻 d=5～9.5mm

HB 3484—1985 加工
铝合金不通孔用直柄扩孔钻 d=5～9.5mm

HB 3485—1985 通孔用
锥柄扩孔钻 d=10～32mm

HB 3486—1985 不通孔
用锥柄扩孔钻 d＝10～32mm

HB 3487—1985 加工
铝合金通孔用锥柄
扩孔钻 d＝10～32mm

HB 3488—1985 加工
铝合金不通孔用锥柄
扩孔钻 d＝10～32mm

HB 3489—1985 通孔用
套式扩孔钻 d＝25～80mm

HB 3490—1985 不通孔用
套式扩孔钻 d＝25～80mm

HB 3491—1985 不通孔用二齿
平刃直柄扩孔钻 d＝5～10mm

HB 3492—1985 不通孔用四齿
平刃锥柄扩孔钻 d＝10～32mm

HB 3493—1985
扩孔钻技术条件

HB 4196—1989 硬质
合金机用扩孔钻技术条件

② 扩孔钻的类型、使用及其精度。扩孔钻有整体式和套装式两种。直径在 10～32 mm 的扩孔钻多做成整体结构，直径在 25～80 mm 的扩孔钻则制成套装结构。

当作终加工使用时，其直径等于扩孔后孔的基本尺寸。当作为半精加工使用时，其直径等于孔的基本尺寸减去精加工工序余量。扩孔的公差等级为 IT9～IT11，加工表面粗糙度为 $Ra6.3～3.2\ \mu m$。

③ 扩孔钻的结构和切削情况与麻花钻的不同：

扩孔的背吃刀量比钻孔小，因此扩孔钻没有横刃，其切削刃具有较小的尺寸且位于外缘上。

由于背吃刀量小，切屑窄，易排出，不易擦伤已加工表面。

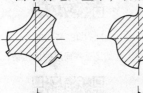

由于排屑容易，所以可将容屑槽做得较小、较浅，从而增大了钻心直径，所以大大提高了扩孔钻的刚度。

由于扩孔钻刚度增强，所以扩孔时的切削用量和加工质量也随之改善。

扩孔钻的刀齿较多，所以切削平稳轻快，加工质量和生产效率都高于麻花钻。

④ 扩孔钻的排屑槽的几种形式及排屑槽槽形的种类。扩孔钻的排屑槽有直的、斜的和螺旋形的 3 种形式。排屑槽的槽形有 4 种，如图 7-31 所示。

图 7-31　扩孔钻排屑槽的形状

2）扩孔时切削深度的计算公式

扩孔时切削深度 a_p 按下式计算：

$$a_p = D - d/2 \quad (\text{mm})$$

式中　D——扩孔后直径，mm；

　　　d——预加工孔直径，mm。

由此可见，扩孔加工有以下特点：

① 切削深度 a_p 较在钻孔时大大减小，切削阻力变小，切削条件得到改善。

② 避免了横刃切削所引起的不良影响。

③ 产生的切削体积小，排屑容易。

3. 铰孔加工工具

铰孔是用铰刀从工件的孔壁上切除微量金属层，以提高其尺寸精度和表面质量的方法。由于铰刀的刀齿数量多，切削余量小，故切削阻力小，导向性好，故加工精度高，一般可达 IT9～IT7 级，表面粗糙度可达 $Ra1.6\ \mu m$。

1）铰刀的种类

铰刀按使用方法分为手用铰刀（图7-32）和机用铰刀（图7-33）。

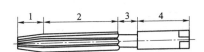

图 7-32　手用铰刀

1—切削部分；2—倒锥校准部分；

3—颈部；4—柄部

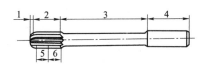

图 7-33　机用铰刀

1—倒角；2—工作部分；3—颈部；4—柄部；

5—圆柱校准部分；6—圆锥校准部分

GB/T 21018—2007

金属切削刀具铰刀术语

GB/T 25673—2010

可调节手用铰刀

JB/T 3869—1999

可调节手用铰刀

JB/T 54875—1999

手用铰刀 产品质量分等

JB/T 3411.45—1999

套式手铰刀刀杆 尺寸

GB/T 4251—2008

硬质合金机用铰刀

JB/T 54877—1999

硬质合金铰刀 产品质量分等

JB/T 54876—1999

机用铰刀 产品质量分等

GB/T 1134—2008

带刃倾角机用铰刀

JB/T 7426—2006

硬质合金可调节浮动铰刀

JB/T 10721—2007

焊接聚晶金刚石或立方氮化硼铰刀

铰刀按加工孔的形状分为圆柱形铰刀（图7-32、图7-33）、圆锥形铰刀（图7-34）、圆锥阶梯形铰刀（图7-35）。

图7-34　圆锥形铰刀

1—工作部分；2—颈部；3—颈部

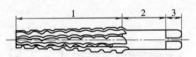

图7-35　圆锥阶梯形铰刀

1—工作部分；2—颈部；3—颈部

JB/T 54878—1999

圆锥铰刀 产品质量分等

JB/T 54879—1999

锥度销子铰刀 产品质量分等

GB/T 20774—2006

手用1：50锥度销子铰刀

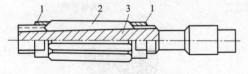

图7-36　可调节式铰刀

1—调节螺母；2—刀片；3—刀体

铰刀按构成形式分为整体式铰刀（多用于中小直径孔）和组合式铰刀（多用于较大直径孔）。

按直径的调整方法分为可调节式铰刀（图7-36）和不可调节式铰刀。

按刀具材料分为碳素工具钢铰刀、高速钢铰刀、合金钢铰刀、硬质合金铰刀。

按铰削刃分为有刃铰刀和无刃铰刀。

按铰刀的齿形分为直齿铰刀和螺旋齿铰刀。

2）普通手用铰刀的特点及适用范围

① 普通手用铰刀的特点。如图7-32所示，手用铰刀的特点是：

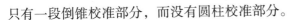

只有一段倒锥校准部分，而没有圆柱校准部分。

手用铰刀切削部分一般较长。

锋角小，一般 $\phi = 30' \sim 1°30'$，这样定心作用好，轴向力小，工作省力。

手用铰刀的齿数在圆周上分布不均匀。

② 普通手用铰刀适用范围：

铰孔的直径较小，公差等级和表面粗糙度要求不高。

工件材料硬度不高，批量很少。

工件较大，受设备条件限制，不能在机床上进行铰孔。

③ 手工铰孔工作的要点：

将工件装夹牢固。

选用适当的切削液，铰孔前先涂一些在孔内表面及铰刀上。

铰孔时两手用力要均匀，只准顺时针方向转动。

铰孔时施于铰刀上的压力不能太大，要使进给量适当、均匀。

铰完孔后，仍按顺时针方向退出铰刀。

铰圆锥孔时，对于锥度小，直径小而且较浅的圆锥孔，可先按锥孔小端直径钻孔，然后用锥铰刀铰削。对于锥度大，径大而且较深的孔应先钻出阶梯孔，再用锥铰刀铰削。

3）普通整体式机用铰刀的特点及适用范围

① 整体式机用铰刀的特点：

工作部分最前端倒角较大，一般为 45°，目的是容易放入孔中，保护切削刃。

切削刃紧接倒角。

机用铰刀分圆柱校准和倒锥校准两段。

机用铰刀切削部分一般较短。

② 机用铰刀适用于以下情况：

铰孔的直径较大。

要铰的孔同基准面或其他孔的垂直度、平行度或角度等技术条件要求较高。

铰孔的批量较大。

工件材料硬度较高。

③ 机动铰孔的工作要点：

选用的钻床主轴锥孔中心线和径向圆主轴中心线对工作台平面的垂直度均不得超差。

装夹工件时，应保证欲铰孔的中心线垂直于钻床工作台平面，其误差在 100 mm 长度内不大于 0.002 mm。中心与工件预钻孔中心重合，误差不大于 0.02 mm。

开始铰削时，为了引导铰刀进给，可采用手动进给量。

采用浮动夹头夹持铰刀时，在未吃刀前，最好用手撞击。

在铰削过程中，特别是铰不通孔时，可分几次不停车退出铰刀，以清除铰刀上的粘屑和孔内切屑，防止切屑刮伤孔壁，同时也便于输入切削液。

在铰削过程中，输入切削液要充分，其成分根据工件的材料进行选择。

铰刀在使用中，要保护两端的中心孔，以备刃磨时使用。

铰孔完毕，应不停车退出铰刀，否则会在孔壁上留下刀痕。

4）铰削用量

铰削用量包括铰削余量（$2a_p$）、切削速度（v）和进给量（f）。

① 铰削余量（$2a_p$）。铰削余量是指上道工序（钻孔或扩孔）完成后留下的直径方向的加工余量。铰削余量不宜过大，因为铰削余量过大，会使刀齿切削负荷增大，变形增大，切削热增加，被加工表面呈撕裂状态，致使尺寸精度降低，表面粗糙度值增大，同时加剧铰刀磨损。

铰削余量也不宜太小，否则，上道工序的残留变形难以纠正，原有刀痕不能去除，铰削质量达不到要求。

选择铰削余量时，应考虑到孔径大小、材料软硬、尺寸精度、表面粗糙度要求及铰刀类型等诸因素的综合影响。用普通标准高速钢铰刀铰孔时，铰削余量可参考表7-6选取。

表7-6 铰削余量 （单位：mm）

铰孔直径	<5	5~20	21~32	33~50	51~70
铰削余量	0.1~0.2	0.2~0.3	0.3	0.5	0.8

此外铰削余量的确定与上道工序的加工质量有直接关系，对铰削前预加工孔出现的弯曲、锥度、椭圆和不光洁等缺陷应有一定限制。铰削精度较高的孔，必须经过扩孔或粗铰，才能保证最后的铰孔质量。所以确定铰削余量时，还要考虑铰孔的工艺过程。如用标准铰刀铰削 $D<40$ mm、IT8 级精度、表面粗糙度 $Ra1.25\ \mu m$ 的孔，其工艺过程是：钻孔→扩孔→粗铰→精铰。

精铰时的铰削余量一般为 0.1~0.2 mm。例如用标准铰刀铰削 IT9 级精度（H9）、表面粗糙度 $Ra2.5\ \mu m$ 的孔，其工艺过程是：钻孔→扩孔→铰孔。

② 机铰切削速度（v）。为了得到较小的表面粗糙度值，必须避免产生刀瘤，减少切削热及变形，因而应采取较小的切削速度。用高速钢铰刀铰钢件时，$v=4\sim8$ m/min；铰铸铁件时，$v=6\sim8$ m/min；铰铜件时，$v=8\sim12$ m/min。

③ 机铰进给量（f）。进给量要适当，过大铰刀易磨损，也影响加工质量；过小则很难切下金属材料，形成对材料的挤压，使其产生塑性变形和表面硬化，最后形成刀刃撕去大片切屑，使表面粗糙度增大，并加快铰刀磨损。机铰钢件及铸铁件时 $f=0.5\sim1$ mm/r；机铰铜和铝件时 $f=1\sim1.2$ mm/r。

5）铰刀的选择

一般根据加工对象选择铰刀：

① 铰削锥孔时，应按孔的锥度，选择相应的锥铰刀。标准锥铰刀有 1：50 锥度销子铰刀和莫氏锥度铰刀两种类型，每一种类型里面又有手用铰刀和机用铰刀两种。

② 铰削带槽的孔，应选择螺旋齿铰刀，以免使刀齿卡在槽内。

③ 铰孔的位置如在工件其他部分的端面，应用长铰刀或接长套筒。

④ 工件材质过硬或经过淬火的工件，需选用相应的硬质合金铰刀。

⑤ 若铰孔的工件批量较大，应选用机用铰刀或适应孔型（如台阶孔）的特殊铰刀以及组合铰刀等。

⑥ 若加工少量的孔，包括机修中的非标准孔、配铰孔、锥销孔等，工件形状复杂，不宜在孔轴线垂直方向安装时，应采用手铰刀或可调铰刀。

6）铰孔时表面粗糙度达不到要求的原因

① 铰刀的切削部分及校准部分表面质量不高，铰刀刀齿不锋利，刀口磨损超过允许值，口上有崩裂、缺口或毛刺等，从而影响了表面质量。

② 铰刀刀齿校准部分后端有尖角，铰刀切削刃与校准部分过渡处未经研磨，在铰孔中将孔壁刮伤。

③ 铰刀后角过大，钻床精度低，当铰刀转速太快时，容易产生振动，影响孔壁的表面质量。

④ 铰刀切削刃有较大的偏摆，铰刀中心与工件预钻孔中心重合性差。这样使切削不均匀，余量多的一边切削变形大，余量少的一边不能消除预加工留下的刀痕，使孔壁的表面质量受到一定影响。

⑤ 铰刀容屑槽锈蚀或原有的粘屑没有清除干净。在铰削时，切屑容易在一些地方停滞、钻附，而不能及时排除，从而刮伤孔壁。

⑥ 加工余量太大，使切屑变形严重，切削热增高，因而降低了表面质量。

⑦ 加工塑性较大的材料时，铰刀前角过小，切削状态不良，使切屑变形严重，导致孔壁粗糙。

⑧ 切削液不充分或成分选择不当，使工件和切削刃得不到及时冷却和润滑，从而影响了孔壁的表面质量。

7）铰孔时的冷却润滑

铰削的切屑细碎且易附着在刀刃上，甚至挤在孔壁与铰刀之间，而刮伤表面，扩大孔径。铰削时必须用适当的切削液冲掉切屑，以减少摩擦，并降低工件和铰刀温度，防止产生刀瘤。切削液的选择见表 7-7。

表 7-7　铰孔切削液的选择

加工材料	切削液（体积分数）
钢	1. 10%～20%的乳化油水溶液 2. 铰孔要求高时，采用30%菜油加70%肥皂水 3. 铰孔的公差等级和表面粗糙度要求更高时可用茶油、柴油、猪油等
铸铁	1. 干切 2. 煤油，但会引起孔径收缩，最大收缩量可达 0.02～0.04 mm 3. 低浓度的乳化液
铝	煤油
铜	乳化油水溶液

8）手铰圆柱孔的步骤和方法

根据孔径和孔的精度要求，确定孔的加工方法和工序间的加工余量。图 7-37 所示为精度较高的 $\phi 30$ mm 孔的加工过程。

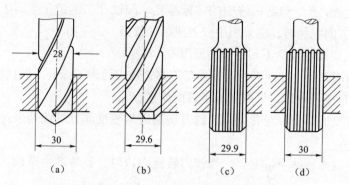

图 7-37　孔的加工方法及工序

（a）钻孔；（b）扩孔；（c）粗铰；（d）精铰

① 进行钻孔或扩孔，然后进行铰孔。

② 手铰时，两手用力均匀，按顺时针方向转动铰刀并略为用力向下压，任何时候都不能倒转，否则，切屑挤住铰刀，划伤孔壁，使铰刀刀刃崩裂，铰出的孔不光滑、不圆，也不准确。

③ 铰孔过程中，如果转不动，不要硬扳，应小心地抽出铰刀，检查铰刀是否被切屑卡住或遇到硬点，否则会折断铰刀或使刀刃崩裂。

④ 进给量的大小要适当、均匀，并不断地加冷却润滑液。

⑤ 铰孔完毕后，要顺时针方向旋转退出铰刀。

⑥ 在铰孔过程中，要经常注意清除粘在刀齿上的切屑，并用油石将刀刃修光，否则会拉毛孔壁。如铰刀齿略有磨损，可用油石仔细地修磨刀齿后面，以使刀刃锋利。

9）铰圆锥孔的方法

铰削直径小的锥销孔，可先按小头直径钻孔；对于直径大而深的锥销孔，可先钻出阶梯孔（如图 7-38 所示），再用锥铰刀铰削。

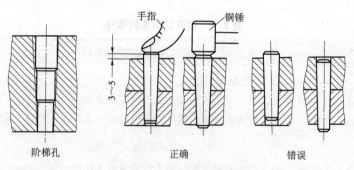

阶梯孔　　　　　　正确　　　　　　错误

图 7-38　铰圆锥孔及其检验

在铰削的最后阶段，要注意用锥销试配，以防将孔铰大。试配之前要将铰好的孔擦洗干净。锥销放进孔内用手按紧时，其头部应高于工件平面 3～5 mm 左右，然后用铜锤轻轻敲紧。装好的锥销其头部可以略高于工件平面；当工件平面与其他零件接触时，锥销头部则应低于工件平面。

10）铰孔加工时的注意事项

① 工件要夹正，夹紧力适当，防止工件变形，以免铰孔后零件变形部分的回弹，影响

孔的几何精度。

② 手铰时，两手用力要均衡，保持铰削的稳定性，避免由于铰刀的摇摆而造成孔口喇叭状和孔径扩大。

③ 随着铰刀的旋转，两手轻轻加压，使铰刀均匀进给，同时不断变换铰刀每次停歇位置，防止连续在同一位置停歇而造成振痕。

④ 铰削过程中或退出铰刀时，要始终保持铰刀正转，不允许反转，否则将拉毛孔壁，甚至使铰刀崩刃。

⑤ 铰定位锥销孔时，两结合零件应位置正确，铰削过程中要经常用相配的锥销来检查铰孔尺寸，以防将孔铰深。一般用手按紧锥销时，其头部应高于工件表面 3～5 mm，然后用铜锤敲紧。根据具体要求，锥销头部可略低或略高于工件平面。

⑥ 机铰时，要注意机床主轴、铰刀和工件孔三者同轴度是否符合要求。当上述同轴度不能满足铰孔精度要求时，铰刀应采用浮动装夹方式，调整铰刀与所铰孔的中心位置，

⑦ 机铰结束，铰刀应退出孔外后停机，否则孔壁有刀痕，退出时孔会被拉毛。

4. 锪孔加工工具

用锪钻刮平孔的端面或切出沉孔的方法，称为锪孔。常见的锪孔应用如图 7-39 所示。锪孔的目的是为保证孔端面与孔中心线的垂直度，以便与孔连接的零件位置正确，连接可靠。

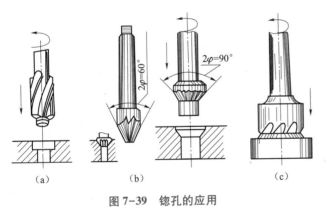

（a）锪圆柱埋头孔；（b）锪锥形埋头孔；（c）锪孔口和凸台平面

图 7-39　锪孔的应用

JB/T 10231. 10—2002
刀具产品检测方法
第 10 部分：锪钻

（1）锪钻的类型。锪钻分柱形锪钻、锥形锪钻和端面锪钻 3 种。

① 柱形锪钻。柱形锪钻起主要切削作用的是端面刀刃，螺旋槽的斜角就是它的前角（$\gamma_0 = \beta_0 = 15°$），后角 $\alpha_0 = 80°$，锪钻前端有导柱，导柱直径与工件已有孔应为紧密的间隙配合，以保证良好的定心和导向。一般导柱是可拆的，也可以把导柱和锪钻做成一体，如图 7-39（a）中的锪钻。

柱形锪钻的结构如图 7-40 所示。柱形锪钻具有主切削刃和副切削刃，端面切削刃 1 为主切削刃，起主要切削作用，外圆上切削刃 2 为副切削刃，起修光孔壁的作用。锪钻前端有导柱，导柱直径与工件原有的孔采用基本偏差为 f 的间隙配合，以保证锪孔时有良好的定心和导向作用。导柱分整体式和可拆的两种，可拆的导柱能按工件原有孔直径的大小进行调

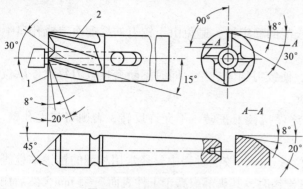

图 7-40　柱形锪钻的结构

换，使锪钻应用灵活。

柱形锪钻也可用麻花钻改制，如图 7-41 所示。带导柱的柱形锪钻如图 7-41（a）所示，导柱直径 d 与工件原有的孔采用基本偏差为 f 的间隙配合。端面切削刃须在锯片砂轮上磨出，后角 $\alpha_f = 8°$，导柱部分两条螺旋槽锋口须倒钝。麻花钻也可改制成不带导柱的平底锪钻，如图 7-41（b）所示，用来锪平底不通孔。

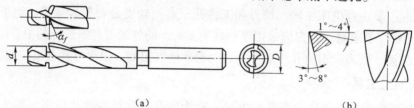

（a）

（b）

图 7-41　麻花钻改制的柱形锪钻

② 锥形锪钻。锪锥形埋头孔的锪钻称为锥形锪钻，其结构如图 7-42 所示。锥形锪钻的锥角（2φ）按工件锥形埋头孔的要求不同，有 60°、75°、90°、120° 四种，其中 90° 的用得最多。锥形锪钻直径 d 在 12~60 mm 之间，齿数为 4~12 个，前角 $\gamma_0 = 0°$，后角 $\alpha_0 = 6°~8°$，为了改善钻尖处的容屑条件，每隔一齿将刀刃切去一块，如图 7-42 所示。

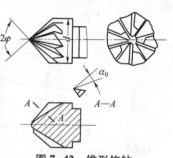

图 7-42　锥形锪钻

GB/T 4259—1984
锥面锪钻技术条件

JB/T 54872—1999 锥面锪钻
产品质量分等

GB/T 4265—1984
90°锥面锪钻技术条件

GB/T 1143—1984 60°，
90°，120°锥柄锥面锪钻

GB/T 4258—1984
60°、90°、120°直柄锥面锪钻

GB/T 4263—1984
带导柱直柄90°锥面锪钻

GB/T 4264—1984
带可换导柱锥柄90°锥面锪钻

③ 端面锪钻。专门用来锪平孔口端面的锪钻称为端面锪钻，如图 7-39 （c）、图 7-43 所示。其端面刀齿为切削刃，前端导柱用来导向定心，以保证孔端面与孔中心线的垂直度。端面锪钻有多齿形端面锪钻，如图 7-43 所示，其端面刀齿为切削刃，前端导柱用来定心、导向以保证加工后的端面与孔中心线垂直。简易的端面锪钻如图 7-43 所示。刀杆与工件孔配合端的直径采用基本偏差为 f 的间隙配合，保证良好的导向作用。刀杆上的方孔要尺寸准确，与刀片采用基本偏差为 h 的间隙配合，并且保证刀片装入后，切削刃与刀杆轴线垂直。前角由工件材料决定，锪铸铁时 $\gamma_0 = 5° \sim 10°$；锪钢件时 $\gamma_0 = 15° \sim 25°$。后角 $\alpha_0 = 6° \sim 8°$，$\alpha'_0 = 6° \sim 8°$。

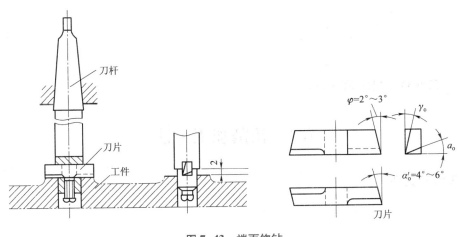

图 7-43　端面锪钻

JB/T 54871—1999
平底锪钻
产品质量分等

GB/T 4260—1984
带导柱直柄
平底锪钻

GB/T 4261—1984
带可换导柱
锥柄平底锪钻

GB/T 4262—1984
平底锪钻技术条件

GB/T 4266—1984
锪钻用可换导柱

HB 3552—1985
端面锪钻用刀杆 d=5.5～14mm

在锪削孔的下端面时，锪钻的安装位置如图 7-44 所示，但刀杆与钻轴或其他设备的连接要采用一定装置，防止锪削时脱落。

（2）锪孔工作要点。锪孔方法与钻孔方法基本相同，但锪孔时刀具容易振动，特别是使用麻花钻改制的锪钻，使所锪端面或锥面产生振痕，影响到锪削质量，故锪孔时应注意以下几点。

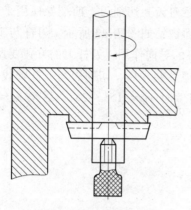

图 7-44　锪削孔的下端面

① 由于锪孔的切削面积小，锪钻的切割刃多，所以进给量为钻孔的 2～3 倍，切削速度为钻孔的 1/2～1/3。

② 用麻花钻改制锪钻时，后角和外缘处前角适当减小，以防止扎刀。两切削刃要对称，保持切削平稳。尽量选用较短钻头改制，减少振动。

③ 锪钻的刀杆和刀片装夹要牢固，工件夹持稳定。

④ 锪钢件时，要在导柱和切削表面加机油或牛油润滑。

7.3　钻削加工方法

1. 工件的夹持

钻孔中的事故大都是由于工件的夹持方法不对造成的，因此应注意工件的夹持。钻孔前一般都须将工件夹紧固定，以防钻孔时工件移动折断钻头或使钻孔位置偏移。工件夹紧的方法主要根据工件的大小、形状和工件要求而定。

① 在钻 8 mm 以下的小孔、工件又可以用手握牢时，可用手握住工件钻孔。此方法比较方便，但工件上锋利的边、角必须倒钝。有些长工件虽可用手握住，但还应在钻床台面上用螺钉靠住以防止转动，如图 7-45 所示。当孔将钻穿时减慢进给速度，以防发生事故。

② 用手虎钳夹持工件。小件和薄壁零件钻孔，要用手虎钳夹持工件，如图 7-46 所示。

图 7-45　用螺钉靠住长工件

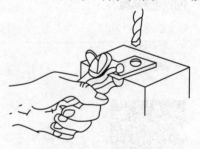

图 7-46　用手虎钳夹持工件

③ 用机用平口虎钳夹持工件。在平整工件上钻孔时，一般把工件夹持在机用平口虎钳上，如图 7-47 所示。钻孔直径较大时，可用螺钉将机用平口虎钳固定在钻床工作台上，以减少钻孔时的振动。

④ 用 V 形块配以压板夹持。在套筒或圆柱形工件上钻孔时，一般把工件放在 V 形块上并用压板压紧，以免工件在钻孔时转动。用 V 形块和压板夹持圆柱形工件的几种形式，如图 7-48 所示。

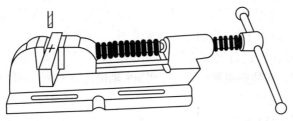

图 7-47　用机用平口虎钳夹持工件

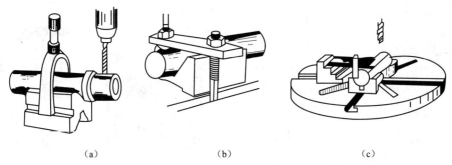

（a）　　　　　　　　　　（b）　　　　　　　　　　（c）

图 7-48　用 V 形块、压板夹持圆柱形工件

⑤ 用压板夹持工件钻大孔或不适宜用机用平口虎钳夹持的工件时，可直接用压板、螺栓把工件固定在钻床工作台上，如图 7-49 所示。

使用压板时要注意以下几点。

a. 螺栓应尽量靠近工件，使压紧力较大。

b. 垫铁应比工件的压紧表面稍高，这样即使压板略有变形，着力点也不会偏在工件边缘处，而且有较大的压紧面积。

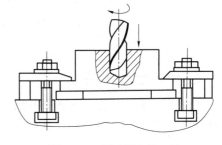

图 7-49　用压板夹持工件

c. 对已精加工过的压紧表面应垫上铜皮等软钳口衬垫，以免压出印痕。

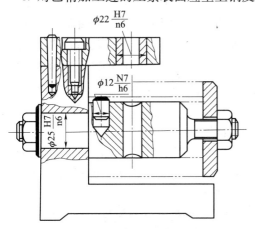

图 7-50　用钻夹具夹持工件

⑥ 用钻夹具夹持工件。钻夹具又称钻模。对钻孔要求较高，零件批量较大的工件，可根据工件的形状、尺寸、加工要求，采用专用的钻夹具来夹持工件，如图 7-50 所示。利用钻夹具夹特工件，可提高钻孔精度，尤其是孔与孔之间的位置精度，并节省划线等辅助时间，提高了劳动生产效率。

2. 钻头的装拆

钻头的柄部形状和直径大小不同，在钻床上装夹钻头时，常采用钻夹头、钻套进行装夹或直接装入钻床主轴锥孔内。

① 用钻夹头装夹。钻夹头又称钻帽，如图 7-51（a）所示，用于装夹直柄钻头。用钻夹头装夹钻头时，夹持长度不应小于 15 mm，如图 7-51（b）所示。

② 用钻套装夹或直接装夹。当锥柄钻头柄部的莫氏锥体与钻床主轴锥孔的尺寸及锥度一致时，可直接将钻头插入主轴锥孔内。当锥度不一致时，应加一个或几个钻套（数量少为好，这样连接刚性才好）进行过渡连接，如图 7-51（c）、（d）所示。

不管是否加钻头套，在装夹前都必须将锥柄和主轴锥孔擦干净，并使扁尾对准腰形孔，然后利用加速冲力一次装接，才能保证连接可靠。拆卸钻头或钻头套时，要用斜铁敲入腰形孔内，斜铁斜面向下，利用斜面的推力使其分离，即可拆下钻头或钻头套，如图 7-51（e）所示。

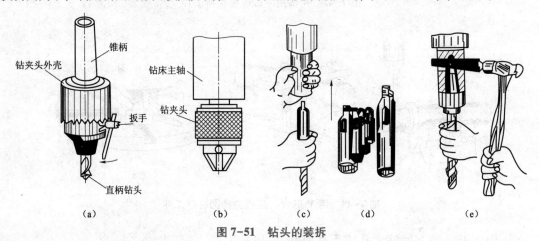

（a）　　　　　　　（b）　　　　　（c）　　　　（d）　　　　　（e）

图 7-51　钻头的装拆

（a）钻夹头装夹直柄钻头；（b）钻夹头安装在钻床主轴上；（c）用钻套装夹
（d）钻套；（e）用斜铁拆下钻头

3. 按划线钻孔的方法

钻孔前应在工件上划出该钻孔的十字中心线和直径。在孔的圆周上（90°位置）打四只样冲眼，作钻孔后的检查用。孔中心的样冲眼作为钻头定心用，应大而深，使钻头在钻孔时不偏离中心。

钻孔开始时，先调整钻头或工件的位置，使钻尖对准钻孔中心，然后试钻一浅坑，如果钻出的浅坑与所划的钻孔圆周线不同心，可移动工件或钻床主轴予以找正。若钻头较大，或浅坑偏得较多，用移动工件或钻头的方法很难取得效果，这时可在原中心孔上用样冲加深样冲眼深度或用油槽錾錾几条沟槽，如图 7-52 所示，以减少此处的切削阻力使钻头移偏过来，达到找正钻孔中心的目的。当试钻达到同心要求后继续钻孔，孔将要钻穿时，必须减小进给量，如采用自动进给的最好改为手动进给，以减少孔口的毛刺，并防止钻头折断或钻孔质量降低。

钻不通孔时，可按钻孔深度调整挡块，并通过测量实际尺寸来控制钻孔深度。

钻深孔时，一般钻进深度达到直径的 3 倍时，钻头要退出排屑，以后每钻进一定深度，钻头即退出排屑一次，以免切屑阻塞而扭断钻头。

钻直径超过 30 mm 的孔可分两次钻削。先用（0.5～0.7）D 的钻头钻孔，然后再用直径为 D 的钻头扩孔，这样可以减小转矩和轴向阻力，既保护了机床，同时又可提高钻孔质量。

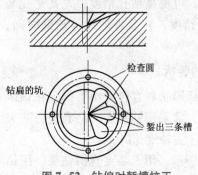

图 7-52　钻偏时錾槽校正

4. 零件特殊位置孔的钻孔方法

1）圆柱工件上钻孔

在轴类或套类等圆柱形工件上钻与轴心线垂直相交的孔，特别当孔的中心线和工件中心线对称度要求较高时，可采用定心工具，如图 7-53（a）所示。

钻孔前，利用百分表校正定心工具圆锥部分与钻床主轴保持较高的同轴度要求，使其振摆在 0.01～0.02 mm 之内。然后移动 V 形块使定心工具圆锥部分与 V 形块贴合，用压板把 V 形块位置固定。

在钻孔工件的端面划出所需的中心线，用 90°角尺找正端面中心线使其保持垂直，如图

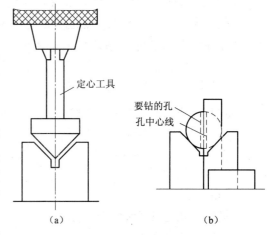

图 7-53　在圆形工件上钻孔

7-53（b）所示。换上钻头将钻尖对准钻孔中心后，再把工件压紧。然后试钻一个浅坑，检查中心位置是否正确，如有偏差，可调整工件后再试钻，直至位置正确后钻孔。

对称度要求不高时，不必用定心工具，而用钻头的顶尖来找正 V 形块的中心位置，然后用 90°角尺找正工件端面的中心线，并使钻尖对准钻孔中心，压紧工件，进行试钻和钻孔。

2）钻半圆孔

若所钻半圆孔在工件的边缘，可把两工件合起来夹持在机用平口虎钳内钻孔。若只需一件，可取一块相同材料与工件拼合夹持在机用平口虎钳内钻孔，如图 7-54（a）所示。在工件上钻半圆孔，则可先用同样材料嵌入工件内，与工件合钻一个圆孔，然后去掉嵌入材料，工件上即留下半圆孔，如图 7-54（b）所示。

3）斜面上钻孔

用普通钻头在斜面上钻孔，钻头单边受力会使钻头偏斜而钻不进工件，一般可采用以下几种方法：

① 先用中心钻钻一个较大的锥度窝，如图 7-55（a）所示，再钻孔。

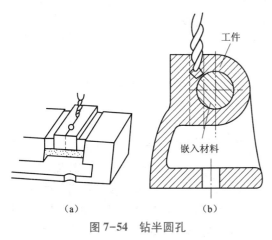

图 7-54　钻半圆孔

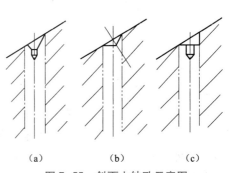

图 7-55　斜面上钻孔示意图
（a）用中心钻钻孔；（b）将工件放正镗再钻孔；
（c）铣出一平面后再钻孔

② 将钻孔斜面置于水平位置装夹，在孔中心锪一浅窝，然后把工件倾斜装夹，把浅窝钻深一些，最后将工件置于正常位置装夹再钻孔，如图 7-55（b）所示。

③ 在斜度较大的面上钻孔时，可用与孔径相同的立铣刀铣一个平面再钻孔，如图 7-55（c）所示。

4）钻骑缝孔

在钻壳体和衬套之间的骑缝螺纹底孔或销钉孔时，由于壳体、衬套的材料一般都不相同，此时样冲眼应打在略偏于硬材料一边，以抵消因阻力小而引起钻头向软材料方向偏移，如图 7-56 所示。同时要选用短钻头，以增强钻头刚度，钻头的横刃要磨短，增加钻头的定心作用，减少偏移。

5）钻二联孔

常见的二联孔有 3 种情况，如图 7-57 所示。由于两孔比较深或距离比较远，钻孔时钻头伸出很长，容易产生摆动，且不易定心，还容易弯曲使钻出的孔倾斜，同心度达不到要求，此时可采用以下方法钻孔。

钻图 7-57（a）所示的二联孔时，可先用较短的钻头钻小孔至大孔深度，再改用长的小钻头将小孔钻完，然后钻入孔，再锪平大孔底平面。

钻图 7-57（b）所示的二联孔时，先钻出上面的孔，再用一个外径与上面孔配合较严密的大样冲，插进上面的孔中，冲出下面孔的冲眼，然后用钻头对正冲眼慢速钻出一个浅坑，确认正确后，再正常钻孔。

钻图 7-57（c）所示的二联孔时，对于成批生产，可制一根接长钻杆，其外径与上面孔为动配合。先钻完上面大孔后，再换上装有小钻头的接长钻杆，以上面孔为引导，钻出下面的小孔。也可采用钻图 7-57（b）所示二联孔的方法钻孔。

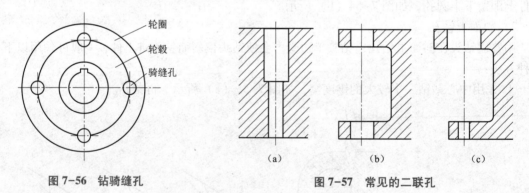

图 7-56　钻骑缝孔　　　　　　　　　图 7-57　常见的二联孔

6）配钻

在有装配关系的两个零件中，一个孔已加工好，按此孔需要，在另一件上钻出相应孔的钻削过程称为配钻。常见的配钻情况如图 7-58 所示，主要是要求两相应孔的同轴度。

配钻图 7-58（a）所示的轴上紧定螺钉锥孔（或圆柱孔）时，先把圆螺母拧紧到所要求位置，用外径略小于紧定螺钉内径的样冲插入螺孔内在轴上冲出样冲孔，卸下螺母后钻出锥坑或圆柱孔。也可以把圆螺母拧紧后配钻底孔，卸下后再在螺母上攻丝。

配钻图 7-58（b）所示工件 1 上的光孔时（工件 2 上的螺纹孔已加工好），可先做一个与工件螺纹孔相配合的专用钻套，如图 7-58（c）所示。从左面拧在工件 2 上，把 1、2 两

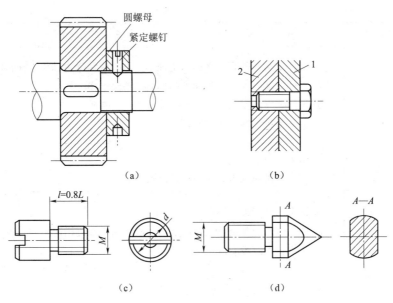

图 7-58 常见的配钻情况

个工件相互位置对正并夹紧在一起，用一个与钻套孔径 d 相配合的钻头通过钻套在工件 1 上钻一个小孔，再把两个工件分开，按小孔定心钻出光孔。若工件上的螺纹孔为盲孔时，则可加工一个与工件 1 螺纹孔相配合的专用样冲，如图 7-58（d）所示，螺纹部分的长度约为直径的 1.5 倍，锥尖处硬度为 56～60 HRC。使用时，将专用样冲拧进工件 2 的螺纹孔内，再把露在外的样冲顶尖的高度调整好，然后将工件 1、2 的相互位置对准并放在一起，用木锤击打工件 1 或 2，样冲便会在工件 1 上打出样冲孔，然后按样冲孔钻出光孔。

5. 钻孔中常见的问题及解决方案

钻削加工具有切削条件差、切削温度高、磨损严重、易振动等特点，同时对操作者的技术水平要求较高，因此钻削加工中容易出现加工缺陷，钻孔中常见问题及解决方案如表 7-8 所示。

表 7-8 钻孔中常见问题及解决方案

出现的现象	产　生　原　因
孔大于规定尺寸	① 钻头两切削刃长度不等 ② 钻床主轴径向偏摆或工作台未锁紧有松动 ③ 钻头本身弯曲或装夹不好，使钻头有过大的径向跳动
孔壁粗糙	① 钻头不锋利 ② 进给量太大 ③ 切削液选用不当或供应不足 ④ 钻头过短，排屑槽堵塞
孔位偏移	① 工件划线不正确 ② 钻头横刃太长，定心不准，起钻过偏而没有纠正

出现的现象	产 生 原 因
孔歪斜	① 工件上与孔垂直的平面与主轴不垂直，或钻床主轴与工作台面不垂直 ② 工件安装时安装接触面上的切屑未清除干净 ③ 工件装夹不牢，钻孔时产生歪斜或工件有砂眼 ④ 进给量过大使钻头产生弯曲变形
钻孔呈多角形	① 钻头后角太大 ② 钻头两主切削刃长短不一，角度不对称
钻头工作部分折断	① 钻头用钝仍继续钻孔 ② 钻孔时未经常清理接触面上的切屑在钻头螺旋槽内阻塞 ③ 孔将钻通时没有减小进给量 ④ 进给量过大 ⑤ 工件未夹紧，钻孔时产生松动 ⑥ 在钻黄铜等软金属时，钻头后角太大，前角又没有修磨小而造成扎刀现象
切削刃迅速磨损或崩裂	① 切削速度太高 ② 没有根据工件材料硬度来刃磨钻头角度 ③ 工件表面或内部硬度高或有砂眼 ④ 进给量过大 ⑤ 切削液不足

7.4　模具零件的钻削加工

1. 模板的钻孔加工

1）模板零件图及钻孔准备

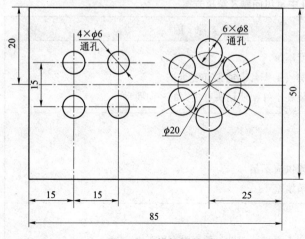

图 7-59　模板零件图

模板零件图如图 7-59 所示。

实训准备

① 工具和量具：钻头、划针、样冲、划线盘和钢直尺等。

② 辅助工具：压板、螺栓、冷却润滑液及涂料等。

③ 备料：45 钢长方形铁板，厚度为 60 mm。

2）操作要点

① 首先进行钻头刃磨练习，做到刃磨姿势、钻头几何形状和角度正确。

② 装夹钻头要用钻夹头钥匙，不

得用楔铁和手锤敲击，以免损坏钻夹头。

③ 钻头用钝后必须及时进行修磨。

④ 钻孔时，手动进给的压力应根据钻头的工作情况以目测和感觉进行控制。

⑤ 注意钻孔操作安全事项。

3）操作步骤

① 刃磨钻头，要求几何形状和角度正确。

② 按毛坯形状和尺寸检查，清理表面，涂色。

③ 按要求划钻孔加工线。

④ 调整钻床达到要求。

⑤ 完成钻孔。

⑥ 检查工件加工质量。

2. 模板的铰孔加工

1）模板零件图及钻孔准备

模板零件图如图 7-60 所示。

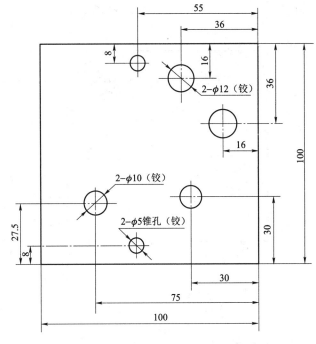

图 7-60 模板零件图

实训准备

① 工具和量具：钻头、铰刀、划针、样冲、划线盘、钢直尺等。

② 辅助工具：试配用的圆柱销和圆锥销、软钳口衬垫、油石和涂料等。

③ 备料：45 钢长方形铁板，厚度为 40 mm。

2）操作要点

① 注意保护好铰刀刃，刀刃上如有毛刺或切屑粘附，可用油石轻轻磨去。

② 铰孔时，右手垂直加压，左手转动，两手用力均匀，速度不可过快，保持稳定。

③ 适当控制进给量，锥铰刀自锁形，以防铰刀被卡住。

④ 从锥孔中取出铰刀时，顺时针旋转，不可倒转。

3）操作步骤

① 按图样划出孔位置加工线。

② 钻孔，留一定的铰孔余量，选定各铰孔前的钻头规格，对孔口进行 0.5 mm×45° 倒角。

③ 铰各圆柱孔，用圆柱销试配检验。

④ 铰锥销孔，用圆锥销试配检验，达到正确的配合尺寸要求。

3. 模板的钻孔、锪孔、铰孔加工

1）模板零件图及钻孔准备

模板零件图如图 7-61 所示。

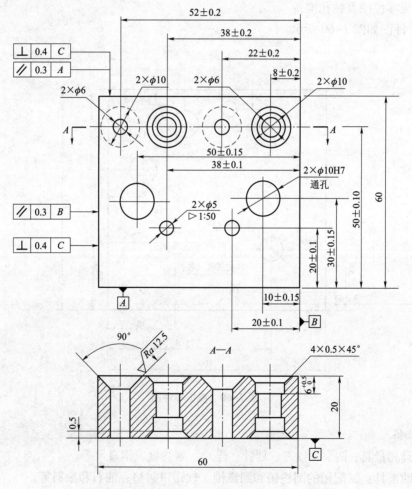

技术要求：
① A、B、C面相互垂直，且垂直度公差不大于0.05 mm。
② A、B、C的对应面平行于A、B、C面的平行度公差不大于0.05 mm。

图 7-61　模板零件图

实训准备

① 工具和量具：钻头、直铰刀、锥铰刀（1∶50）、锤子、划规、样冲、钢直尺、游标卡尺、直角尺和刀口直角尺等。

② 辅助工具：软钳口衬垫、毛刷等。

③ 备料：45 钢铁板，工件 60 mm×60 mm×20 mm，垂直度、平行度为 0.05 mm，每人各一件。

2）操作步骤

① 检查毛坯，作必要修整。

② 以 A、B 为基准面，划 2×ϕ5 mm 通孔中心线、2×ϕ10 mm 通孔中心线、4×ϕ6 mm 通孔中心线，用游标卡尺检查，使孔距准确。

③ 用样冲打中心样冲眼。

④ 用划规分别划 2×ϕ5 mm、6×ϕ10 mm、4×ϕ6 mm 通孔的圆，孔间距须达到图样要求。

⑤ 用柱形锪钻锪 2×ϕ10 mm 的孔，用 90°锥形锪钻锪 90°的孔。

⑥ 将零件翻转 180°，按上述方法锪另一面。

⑦ 用手铰刀铰 2×ϕ10H7 通孔和 1∶50 锥孔。

3）质量检查和成绩评定

模板零件钻孔、锪孔和铰孔质量检查的内容及评分如表 7-9 所示。

表 7-9　钻孔、锪孔和铰孔质量检查的内容及评分表

序号	考　核　要　求	配分	评分标准	检测结果	得分
1	铰 1∶50 锥孔	12	超差 1 处扣 0.5 分		
2	铰 2×ϕ10H7	8	超差全扣		
3	钻 4×ϕ6 mm	8	超差全扣		
4	锪 2×ϕ10 mm 两面（4 处）	8	超差全扣		
5	锪孔深 $6_0^{+0.05}$（4 处）	8	超差全扣		
6	锪锥孔深 90° Ra12.5 μm	11	超差 1 处扣 3 分		
7	4×C0.5	4	超差 1 处扣 1 分		
8	孔距 20 mm±0.1 mm（2 处）、30 mm± 0.15 mm	9	超差 1 处扣 3 分		
9	孔距 50 mm±0.1 mm、50 mm±0.15 mm、 10 mm±0.15 mm	9	超差 1 处扣 3 分		
10	孔距 8 mm±0.2 mm、22 mm±0.2 mm、 38 mm±0.1 mm	9	超差 1 处扣 3 分		
11	孔距 38 mm±0.2 mm、52 mm±0.2 mm	4	超差 1 处扣 2 分		
12	安全文明生产	10	违者酌情扣 1~10 分		
备注					
姓名		日期		指导教师		总分	

思考与练习

1. 标准麻花钻的切削角度主要有哪些？其前角、后角各有何特点？
2. 钻孔时，工件的常见装夹形式有哪些？
3. 采用划线方法钻孔时，如何进行纠偏？
4. 如何钻削斜面孔和骑缝孔？
5. 铰刀的种类有哪些？应如何选用？
6. 如何合理地选择铰削余量？

项目八

螺纹的加工

项目内容：

- 螺纹的加工。

学习目标：

- 能完成螺纹加工任务。

主要知识点与技能：

- 螺纹的种类。
- 螺纹的基本要素。
- 螺纹加工工具及其使用方法。
- 攻螺纹的方法。
- 套螺纹的方法。
- 板类模具零件上螺纹孔的加工。

8.1 螺纹加工基础

螺纹件通常用于紧固连接或用来传递运动和力。每副模具都有很多螺纹孔，大量的螺纹孔是连接用的，通常采用攻螺纹方法加工。

螺纹的许多基本概念是通过统一的国家标准术语及其定义建立的。用丝锥在工件孔中切削出内螺纹的加工方法称为攻螺纹（俗称攻丝）；用板牙在圆棒上切出外螺纹的加工方法称为套螺纹（俗称套扣）。单件小批生产中采用手动攻螺纹和套螺纹，大批量生产中则多采用机动（在车床或钻床上）攻螺纹和套螺纹。

1. 螺纹的种类

螺纹的分类方法和种类很多。螺纹按牙型可分为三角形、梯形、矩形、锯齿形和圆弧形螺纹；按螺纹旋向可分为左旋和右旋螺纹；按螺旋线条数可分为单线和多线；按螺纹母体螺纹形状可分为圆柱和圆锥螺纹等。

螺纹的一般分类如图 8-1 所示。

- 螺纹种类
  - 标准螺纹
    - 三角螺纹
      - 普通螺纹
        - 粗牙螺纹
        - 细牙螺纹
      - 英寸制螺纹
    - 管用螺纹
      - 用螺纹密封的管螺纹
      - 非螺纹密封的管螺纹
      - 60°圆锥螺纹
    - 梯形螺纹
      - 米制梯形螺纹
      - 英寸制梯形螺纹
    - 锯齿形螺纹
  - 特殊螺纹（螺纹牙型符合标准螺纹规定，而大径和螺距不符合标准）
  - 非标准螺纹（有矩形螺纹和平面螺纹等）

图 8-1 螺纹的分类

2. 螺纹的基本要素

螺纹的基本要素包括：牙型、公称直径、螺距和导程、头数（或线数）、公差带、旋向、旋合长度。

GB/T 192—2003

普通螺纹 基本牙型

1）牙型

牙型是通过螺纹轴线剖面上的螺纹轮廓形状，常见的有三角形、梯形、矩形、圆弧形和锯齿形等牙型，如图8-2所示。

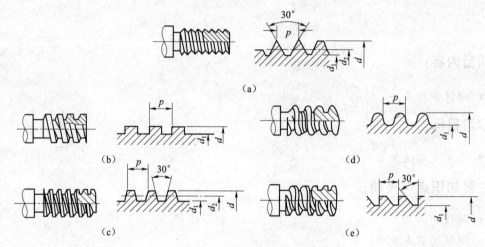

图 8-2 各种螺纹的剖面形状

（a）三角螺纹；（b）矩形螺纹；（c）梯形螺纹；（d）回牙螺纹；（e）锯齿形螺纹

2）公称直径

螺纹的直径包括大径、小径、顶径、底径、公称直径、中径等，如图8-3所示。

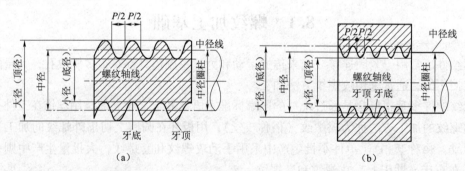

图 8-3 螺纹的直径

（a）外螺纹；（b）内螺纹

GB/T 193—2003

普通螺纹 直径与螺距系列

GB/T 196—2003

普通螺纹 基本尺寸

① 大径：与外螺纹牙顶或内螺纹牙底相切的假想圆柱面的直径称为大径。大径即是螺纹的最大直径（外螺纹的牙顶直径、内螺纹的牙底直径），即螺纹的公称直径。

② 小径：与外螺纹牙底或内螺纹牙顶相切的假想圆柱面的直径称为小径。小径是螺纹的最小直径（外螺纹的牙底直径，内螺纹的牙顶直径）。

③ 顶径：与内螺纹或外螺纹牙顶相切的假想圆柱面的直径，即外螺纹的大径或内螺纹的小径。

④ 底径：与内螺纹或外螺纹牙底相切的假想圆柱面的直径，即外螺纹的小径或内螺纹的大径。

⑤ 公称直径：代表螺纹尺寸的直径，指螺纹大径的基本尺寸，即外螺纹的牙顶直径 d，内螺纹的牙底直径 D。

⑥ 中径：一个假想圆柱的直径，该圆柱的母线通过牙型上沟槽和凸起宽度相等的地方。该假想圆柱称为中径圆柱。中径圆柱的母线称为中径线。螺纹的有效直径称为中径，在这个直径上牙宽与牙间相等，即牙宽（或牙间）等于螺距的一半。

3）头数（或线数）

一个双圆柱面上的螺旋线的数目称为头数，有单头（线）、双头（线）和多头（线）几种。双头螺纹，如图 8-4 所示。

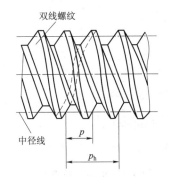

图 8-4 螺纹的螺距和导程（双头）

p—螺距；p_h—导程

GB/T 193—2003

普通螺纹 直径与螺距系列

4）螺距和导程

① 螺距：相邻两牙在中径线上对应两点间的轴向距离称为螺距。用字母 p 表示，如图 8-4 所示。

② 导程：同一条螺旋线上的相邻两牙在中径线上对应两点间的轴向距离称为导程。对于单头螺纹，螺距等于导程；对于多头螺纹，导程等于螺距乘头数，如图 8-4 所示。

导程与螺距的关系式为：

$$p_h = Z \times p \tag{8-1}$$

式中 p_h——螺纹导程（mm）；

Z——头数；

p——螺距（mm）。

5）旋向

指螺纹在圆柱面上的绕行方向，有右旋（正扣）和左旋（反扣）两种。顺时针旋转时

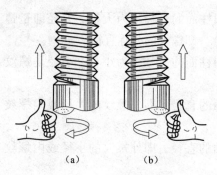

图 8-5　螺纹旋向判断

(a) 左旋螺纹；(b) 右旋螺纹

旋入的螺纹称为右旋螺纹，逆时针旋转时旋入的螺纹称为左旋螺纹；常用的是右旋螺纹。判断螺纹旋向比较简单的方法，如图 8-5 所示，用左手、右手各表示左螺纹、右螺纹的旋向。当螺纹从左向右升高为右旋螺纹；当螺纹从右向左升高为左旋螺纹。

6）螺纹旋合长度

两个相互配合的螺纹，沿螺纹轴线方向相互旋合部分的长度，称为螺纹旋合长度。螺纹的旋合长度分为三种，分别称为短、中、长旋合长度，相应的代号为 S、N、L。

8.2　螺纹加工工具及其使用方法

每副模具都有大量的螺纹孔，大部分的螺纹孔是连接用的，一般都采用攻螺纹方法加工。加工螺纹的工具，主要有丝锥、板牙。

1. 攻螺纹的工具

1）丝锥

丝锥是加工内螺纹的工具，分手用丝锥和机用丝锥两种，有粗牙和细牙之分。手用丝锥的材料一般用合金工具钢或轴承钢制造，机用丝锥都用高速钢制造。

① 丝锥的构造。丝锥由工作部分和柄部两部分组成，如图 8-6 所示。柄部有方榫，用来传递转矩，工作部分包括切削部分和校准部分。

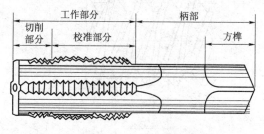

图 8-6　丝锥的构造

JB/T 8824. 1—1998
统一螺纹丝锥

JB/T 8824. 2—1998
统一螺纹丝锥　螺纹公差

JB/T 8824. 3—1998
统一螺纹丝锥　技术条件

GB/T 28256—2012
梯形螺纹丝锥

JB/T 8825. 1—1998
惠氏螺纹丝锥

GB 1578—1979
米制锥螺纹丝锥

GB/T 20333—2006
圆柱和圆锥管螺纹丝锥的
基本尺寸和标志

JB/T 8364.2—2010
60°圆锥管螺纹刀具
第2部分：60°圆锥管螺纹丝锥

JB/T 8364.3—2010
60°圆锥管螺纹刀具 第3部分：
60°圆锥管螺纹丝锥 技术条件

GB/T 28255—2012
内容属丝锥

GB/T 10878—2011
气瓶锥螺纹丝锥

JB/T 8364.2—2010
60°圆锥管螺纹刀具
第2部分：60°圆锥管螺纹丝锥

JB/T 8364.3—2010
60°圆锥管螺纹刀具 第3部分：
60°圆锥管螺纹丝锥 技术条件

切削部分担负主要切削工作。切削部分沿轴向方向开有几条容屑槽，形成切削刃和前角，同时能容纳切屑。在切削部分前端磨出锥角，使切削负荷分布在几个刀齿上，从而使切削省力，刀齿受力均匀，不易崩刃或折断，丝锥也容易正确切入。

校准部分有完整的齿形，用来校准已切出的螺纹，并保证丝锥沿轴向运动。校准部分有0.05～0.12 mm/100 mm 的倒锥，以减小与螺孔的摩擦。

② 丝锥前角。校准丝锥的前角 $\gamma_0 = 8°\sim10°$，为了适应不同的工件材料，前角可在必要时作适当增减，如表8-1所示。切削部分的锥面上磨有后角，手用丝锥 $\alpha_0 = 6°\sim8°$，机用丝锥 $\alpha_0 = 10°\sim12°$，齿侧没有后角。手用丝锥的校准部分没有后角，对 M12 以上的机用丝锥铲磨出很小的后角。

表8-1 丝锥前角的选择

被加工材料	铸青铜	铸铁	硬钢	黄铜	中碳钢	低碳钢	不锈钢	铝合金
前角 $\gamma_0/$（°）	0	5	5	10	10	15	15～20	20～30

③ 成套丝锥。手用丝锥为了减少攻螺纹时的切削力和提高丝锥的使用寿命，将攻螺纹时的整个切削量分配给几支丝锥来担负，故 M6～M24 的丝锥一套有 2 支，M6 以下及 M24 以上的丝锥一套有 3 支。因为丝锥越小越容易折断，所以备有 3 支；大的丝锥切削负荷很大，需分几次逐步切削，所以也备有 3 支一套。细牙丝锥不论大小均为 2 支一套。

在成套丝锥中，切削量的分配有两种形式，即锥形分配和柱形分配，如图8-7所示。

（a）

（b）

图 8-7 丝锥切削量分配示意图

（a）锥形分配；（b）柱形分配

锥形分配如图8-7（a）所示，每套中丝锥的大径、中径、小径都相等，只是切削部分的长度及锥角不同。头锥的切削部分长度为5～7个螺距，二锥切削部分长度为2.5～4个螺距，三锥切削部分长度为1.5～2个螺距。

柱形分配如图8-7（b）所示，柱形分配其头锥、二锥的大径、中径、小径都比三锥头小。头锥、二锥的中径一样，大径不一样，头锥的大径小，二锥的大径大。柱形分配的丝锥，其切削量分配比较合理，使每支丝锥磨损均匀，使用寿命长，攻丝时较省力。同时因末锥的两侧刃也参加切割，所以螺纹表面粗糙度较小。但在攻丝时丝锥顺序不能搞错。

大于或等于M12的手用丝锥采用柱形分配，小于M12的手用丝锥采用锥形分配。所以，攻M12或M12以上的通孔螺纹时，最后一定要用未攻过的丝锥才能得到正确的螺纹直径。

2）绞杠

绞杠是用来夹持丝锥柄部方榫，带动丝锥旋转切削的工具。绞杠有普通绞杠和丁字绞杠两类，各类绞杠又分为固定式和活络式两种，如图8-8所示。

固定绞杠的方孔尺寸与导板的长度应符合一定的规格，使丝锥受力不致过大，以防折断。固定铰杠一般在攻M5以下螺纹时使用。

活络绞杠的方孔尺寸可以调节，故应用广泛。活络绞杠的规格以其长度表示，使用时根据丝锥尺寸一般按表8-2所列范围选用。

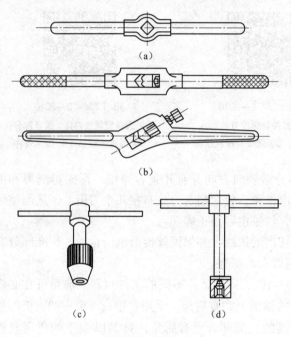

图8-8　绞杠

（a）固定绞杠；（b）活络绞杠；
（c）活动丁字绞杠；（d）丁字绞杠

表8-2　活络绞杠适用范围

活络绞杠规格/in	6	9	11	15	19	24
适用丝锥范围	M5～M8	M8～M12	M12～M14	M14～M16	M16～M22	M24以上

丁字形绞杠则在攻工件台阶旁边或攻机体内部的螺孔时使用，丁字形可调节的绞杠是通过一个四爪的弹簧夹头来夹持不同尺寸的丝锥，一般用于M6以下的丝锥，大尺寸的丝锥一般用固定式绞杠，通常是按需要制成专用的。

长度应根据丝锥尺寸大小选择，以便控制一定的攻螺纹扭矩，可参照表8-3选用。

表8-3　攻丝的绞杠长度选择　　　　　　　　（单位：mm）

丝锥直径	≤6	8～10	12～14	≥16
绞手长度	150～200	200～250	250～300	400～450

3）保险夹头

为了提高攻螺纹的生产效率，减轻工人的劳动强度，当螺纹数量很多时，可以在钻床上攻螺纹。在钻床上攻螺纹时，要用保险夹头来夹持丝锥，避免丝锥负荷过大或攻不通孔到达孔底时造成丝锥折断或损坏工件等现象。

常用的保险夹头是锥体摩擦式保险夹头，如图8-9所示。保险夹头本体1的锥柄装在钻床主轴孔中，在本体1的孔中装有轴6，在本体的中段开有四条槽，嵌入四块L形锡锌铝青铜摩擦块3，其外径带有的小锥度与螺套2的内锥孔相配合。螺母4的轴向位置靠螺钉5来固定，拧紧螺套2时，通过锥面作用把摩擦块3压紧在轴6上，本体1的动力便传给轴6。轴6在本体1的孔外部分和7、8、9组成一套快换装置。各种不同规格的丝锥可预先装好在可换夹头9的方孔中（可换夹头的方孔可制成多种不同尺寸），并用支头螺钉压紧丝锥的方榫，操作滑环8就可在不停车时调换丝锥。

螺套与摩擦块之间依靠小锥度相贴合，所以可传递较大的转矩，攻制M12以上螺纹时也能适用。攻螺纹时根据不同螺纹直径调节螺套2，使其在超过一定的转矩时打滑，起到保险作用。

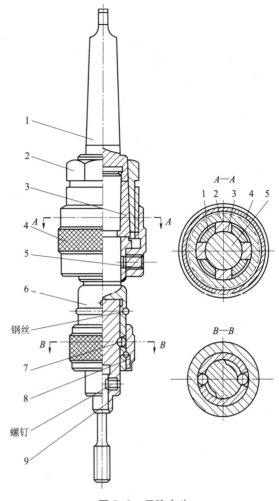

图8-9 保险夹头
1—本体；2—螺套；3—摩擦块；4—螺母；
5—螺钉；6—轴；7—钢珠；8—滑环；9—可换夹头

JB/T 9939.1—1999

丝锥夹头 型式和参数

JB/T 9939.2—1999

丝锥夹头 技术条件

2. 套螺纹的工具

用板牙在圆杆或管子上切削加工外螺纹的方法称为套螺纹（套丝）。

1）板牙

① 圆板牙。圆板牙是加工外螺纹的工具，由切削部分、校准部分和排屑孔组成，其外形像一个圆螺母，在它上面钻有几个排屑孔（一般3～8个孔，螺纹直径大则孔多）形成刀刃，如图8-10所示。

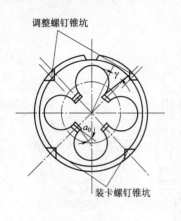
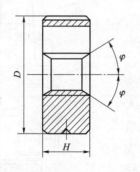

固定板牙

可调节圆板牙

JB/T 10001—1999

六方板牙

图8-10 圆板牙

JB/T 8824.5—1998

统一螺纹圆板牙

JB/T 8825.5—1998

惠氏螺纹圆板牙

JB/T 10231.8—2002

刀具产品检验方法

第8部分：板牙

GB/T 21020—2007

金属切削刀具

圆板牙术语

圆板牙两端的锥角部分是切削部分，切削部分不是圆锥面（圆锥面的刀齿后角 $\alpha_0 = 0°$），而是经过铲磨而成的阿基米德旋面，形成后角 $\alpha = 7°\sim9°$。

锥角的大小，一般是 $\varphi = 20°\sim25°$（$2\varphi = 20°\sim25°$）。

圆板牙的前刀面就是圆孔的部分曲线，故前角数值沿着切削刃而变化，如图8-11所示。在小径处前角 γ_d 最大，大径处前角 γ_{d0} 最小，一般 $\gamma_{d0} = 8°\sim12°$，粗牙 $\gamma_d = 30°\sim35°$，细牙 $\gamma_d = 25°\sim30°$。

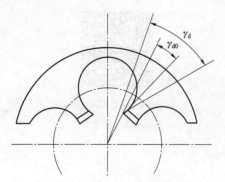

图8-11 圆板牙的前角

GB/T 970.1—2008

圆板牙 第1部分：

圆板牙和圆板牙架的型式和尺寸

GB/T 970.2—2008

圆板牙

第2部分：技术条件

板牙的中间一段是校准部分，也是套螺纹时的导向部分。

板牙的校准部分因磨损会使螺纹尺寸变大而超出公差范围。因此为延长板牙的使用寿命，M3.5以上的圆板牙，其外圆上面的V形槽，如图8-10所示，可用锯片砂轮切割出一条通槽，此时V形通槽称为调整槽。板牙上面有两个调整螺钉的偏心锥坑，使用时可通过绞杠的紧定螺钉挤紧时与锥坑单边接触，使板牙孔径尺寸缩小，其调节范围为0.1～0.25 mm。若在V形通槽开口处旋入螺钉，能使板牙孔径尺寸增大。板牙下部两个轴线通过板牙中心的装卡螺钉锥坑，是用紧定螺钉将圆板牙固定在绞杠中，用来传递转矩的。

板牙两端都有切削部分，待一端磨损后，可换另一端使用。

② 管螺纹板牙。管螺纹板牙分圆柱管螺纹板牙和圆锥管螺纹板牙。

圆柱管螺纹板牙的结构与圆板牙相仿。圆锥管螺纹板牙的基本结构也与圆板牙相仿，如图8-12所示，只是在单面制成切削锥，只能单面使用。圆锥管螺纹板牙所有刀刃均参加切削，所以切削时很费力。板牙的切削长度影响圆锥管螺纹牙形尺寸，因此套螺纹时要经常检查，不能使切削长度超过太多，只要相配件旋入后能满足要求就可以了。

JB/T 8364.1—2010
60°圆锥管螺纹刀具
第1部分：60°圆锥管
螺纹圆板牙

2）板牙绞杠

板牙绞杠是手工套螺纹时的辅助工具，如图8-13所示。板牙绞杠外圆旋有四只紧定螺钉和一只调松螺钉。使用时，紧定螺钉将板牙紧固在绞杠中，并传递套螺纹的转矩。当使用的圆板牙带有V形调整通槽时，通过调节上面两只紧定螺钉和一只调整螺钉，可使板牙在一定范围内变动。

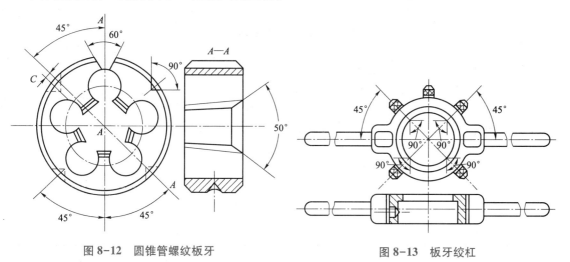

图8-12　圆锥管螺纹板牙　　　　　　　图8-13　板牙绞杠

8.3　螺纹加工方法

1. 攻螺纹的方法

攻螺纹前首先应确定螺纹底孔直径并掌握正确的操作方法。

1）螺纹底孔直径的确定

攻螺纹时，每个切削刃一方面在切削金属，另一方面也在挤压金属，因而会产生金属凸起并向牙尖流动的现象，被丝锥挤出的金属会卡住丝锥甚至将其折断，因此底孔直径应比螺纹小径略大，这样挤出的金属流向牙尖正好形成完整螺纹，又不易卡住丝锥，如图8-14所示。

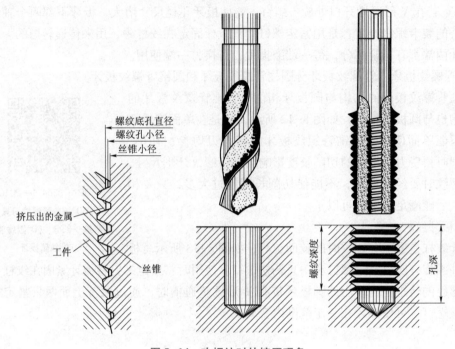

图8-14　攻螺纹时的挤压现象

确定底孔直径的大小要根据工件的材料和螺纹直径大小来考虑，其方法用表8-4和表8-5经验公式得出或可查表8-6、表8-7和表8-8。

表8-4　加工普通螺纹前钻底孔钻头直径的计算公式

被加工材料和扩张量	钻头直径计算方式
钢和其他塑性大的材料，扩张量中等	$d_0 = D - P$
铸铁和其他塑性小的材料，扩张量较小	$d_0 = D - (1.05 \sim 1.1)\ P$

表8-5　英制螺纹钻底孔钻头直径的计算公式　　　　　　　　　　mm

螺纹公称直径	钻铸铁与青铜时钻头直径	钻钢和黄铜时钻头直径
$\dfrac{3''}{16} \sim \dfrac{5''}{8}$	$D_{钻} = 25\left(D - \dfrac{1}{n}\right)$	$D_{钻} = 25\left(D - \dfrac{1}{n}\right) + 0.1$
$\dfrac{3''}{4} \sim 1\dfrac{1''}{2}$	$D_{钻} = 25\left(D - \dfrac{1}{n}\right)$	$D_{钻} = 25\left(D - \dfrac{1}{n}\right) + 0.2$

表 8-6 攻普通螺纹钻底孔的钻头直径
mm

螺纹直径 D	螺距 P	钻头直径 $D_钻$		螺纹直径 D	螺距 P	钻头直径 $D_钻$	
		铸铁、青铜、黄铜	钢、可锻铸铁、紫铜、层压板			铸铁、青铜、黄铜	钢、可锻铸铁、紫铜、层压板
2	0.4	1.6	1.6	14	2	11.8	12
	0.25	1.75	1.75		1.5	12.4	12.5
2.5	0.45	2.05	2.05		1	12.9	13
	0.35	2.15	2.15	16	2	13.8	14
3	0.5	2.5	2.5		1.5	14.4	14.5
	0.35	2.65	2.65		1	14.9	15
4	0.7	3.3	3.3	18	2.5	15.3	15.5
	0.5	3.5	3.5		2	15.8	16
5	0.8	4.1	4.2		1.5	16.4	16.5
	0.5	4.5	4.5		1	16.9	17
6	1	4.9	5	20	2.5	17.3	17.5
	0.75	5.2	5.2		2	13.7	18
8	1.25	6.6	6.7		1.5	18.4	18.5
	1	6.9	7		1	18.9	19
	0.75	7.1	7.2	22	2.5	19.3	19.5
10	1.5	8.4	8.5		2	19.8	20
	1.25	8.6	8.7		1.5	20.4	20.5
	1	8.9	9		1	20.9	21
	0.75	9.1	9.2	24	3	20.7	21
12	1.75	10.1	10.2		2	21.8	22
	1.5	10.4	10.5		1.5	22.4	22.5
	1.25	10.6	10.7		1	22.9	23
	1	10.9	11				

表 8-7 英制螺纹、圆柱管螺纹攻螺纹前钻底孔的钻头直径

英制螺纹				圆柱管螺纹		
螺纹直径 /in	每 in 牙数	钻头直径/mm		螺纹直径 /in	每 in 牙数	钻头直径 /mm
		铸铁、青铜、黄铜	钢、可锻铸钢			
3/16	24	3.8	3.9	1/8	28	8.8
1/4	20	5.1	5.2	1/4	19	11.7
5/16	18	6.6	6.7	3/8	19	15.2

英制螺纹				圆柱管螺纹		
螺纹直径/in	每 in 牙数	钻头直径/mm		螺纹直径/in	每 in 牙数	钻头直径/mm
		铸铁、青铜、黄铜	钢、可锻铸钢			
3/8	16	8	8.1	1/2	14	18.6
1/2	12	10.6	10.7	3/4	14	24.4
5/8	11	13.6	13.8	1	11	30.6
3/4	10	16.6	16.8	$1\frac{1}{4}$	11	39.2
7/8	9	19.6	19.7	$1\frac{3}{8}$	11	41.6
1	8	22.3	22.5	$1\frac{1}{2}$	11	45.1
$1\frac{1}{8}$	7	25	25.2			
$1\frac{1}{4}$	7	28.2	28.4			
$1\frac{1}{2}$	6	34	34.2			
$1\frac{3}{4}$	5	39.5	39.7			
2	$4\frac{1}{2}$	45.3	45.6			

表 8-8　圆锥管螺纹攻螺纹前钻底孔的钻头直径

55°圆锥管螺纹			60°圆锥管螺纹		
公称直径/in	每 in 牙数	钻头直径/mm	公称直径/in	每 in 牙数	钻头直径/mm
1/8	28	8.4	1/8	27	8.6
1/4	19	11.2	1/4	18	11.1
3/8	19	14.7	3/8	18	14.5
1/2	14	18.3	1/2	14	17.9
3/4	14	23.6	3/4	14	23.2
1	11	29.7	1	$11\frac{1}{2}$	29.2
$1\frac{1}{4}$	11	38.3	$1\frac{1}{4}$	$11\frac{1}{2}$	37.9
$1\frac{1}{2}$	11	44.1	$1\frac{1}{2}$	$11\frac{1}{2}$	43.9
2	11	55.8	2	$11\frac{1}{2}$	56

2）攻螺纹的要点及注意事项

①钻底孔。确定底孔直径，可查表 8-6、表 8-7 和表 8-8，也可用公式计算确定底孔直径，选用钻头。

② 孔口倒角。钻孔后孔口倒角（攻通孔时两面孔口都应倒角），90°锪钻倒角，如图 8-15 所示，使倒角的最大直径和螺纹的公称直径相等，便于起锥，最后一道螺纹不至于在丝锥穿出来的时候崩裂。

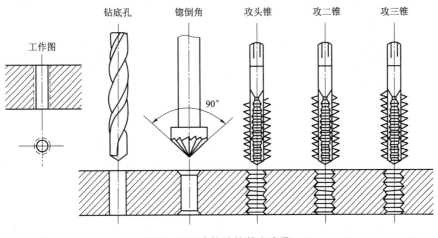

图 8-15　攻螺纹的基本步骤

③ 装夹工件。通常工件夹持在虎钳上攻螺纹，但较小的工件可以放平，左手握紧工件，右手使用绞杠攻螺纹。

④ 选绞杠。按照丝锥柄部的方头尺寸来选用绞杠。

⑤ 攻头锥。攻螺纹时丝锥必须尽量放正，与工件表面垂直，如图 8-16 所示。攻螺纹开始时，用手掌按住丝锥中心，适当施加压力并转动绞杠。开始起削时，两手要加适当压力，并按顺时针方向（右旋螺纹）将丝锥旋入孔内。当起削刃切进后，两手不要再加压力，只用平稳的旋转力将螺纹攻出，如图 8-17 所示。在攻螺纹中，两手用力要均衡，旋转要平稳，每旋转 1/2～1 周时，将丝锥反转 1/4 周，以割断和排除切屑，防止切屑堵塞屑槽，造成丝锥的损坏和折断。

⑥ 攻二锥、三锥。头攻攻过后，再用攻二锥、三锥扩大及修光螺纹。攻二锥、三锥必须先用手将丝锥旋进头攻已攻过的螺纹中，使其得到良好的引导后，再用绞杠。按照上述方法，前后旋转直到攻螺纹完成为止。

⑦ 攻不通孔。攻不通孔时，要经常退出丝锥，排出孔中切屑。当要攻到孔底时，更应及时排出孔底积屑，以免攻到孔底丝锥被轧住。

⑧ 攻通孔螺蚊。丝锥校准部不应全部攻出头，否则会扩大或损坏孔口最后几道螺纹。

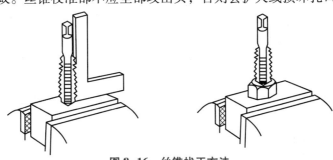

图 8-16　丝锥找正方法

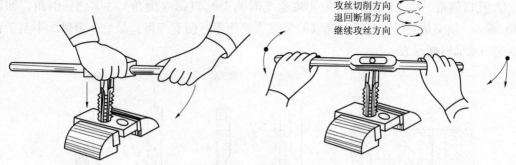

图 8-17　攻螺纹方法

⑨ 丝锥退出。退出丝锥时，应选用绞杠带动螺纹平稳地反向转动。当能用手直接旋动丝锥时，应停止使用绞杠，以防绞杠带动丝锥退出时，产生摇摆和振动，破坏螺纹表面粗糙度。

⑩ 换用丝锥。在攻螺纹过程中，换用另一支丝锥时，应先用手握住另一支丝锥并旋入已攻出的螺纹中，直到用手旋不动时，再用绞杠进行攻螺纹。

⑪ 攻塑性材料的螺孔。攻螺孔时，要加切削液，以减少切削阻力和提高螺孔的表面质量，延长丝锥的使用寿命。一般用机油或浓度较大的乳化液，要求高的螺孔也可用菜油或二硫化钼等。

3）丝锥的修磨

当丝锥的切削部分磨损时，可以修磨其后刀面，如图 8-18 所示。修磨时要注意保持各刀瓣的半锥角甲及切削部分长度的准确性和一致性。转动丝锥时要留心，不要使另一刃瓣的刀齿碰擦而磨坏。

当丝锥的校正部分有显著磨损时，可用棱角修圆的片状砂轮修磨其前刀面，如图 8-19 所示，并控制好一定的前角 γ_0。

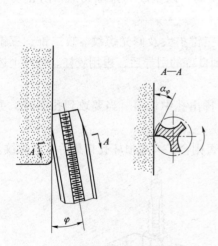

图 8-18　修磨丝锥的后刀面

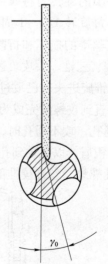

图 8-19　修磨丝锥的前刀面

4）攻螺纹时产生废品的原因及防止方法

攻螺纹时产生废品的原因及防止方法如表 8-9 所示。

表 8-9　攻螺纹时产生废品的原因及防止方法

废品形式	产　生　原　因	防　止　方　法
螺纹乱扣、断裂、撕破	① 底孔直径太小，丝锥攻不进，使孔口乱扣 ② 头锥攻过后，攻二锥时，放置不正，头锥、二锥中心不重合 ③ 螺纹孔攻歪斜很多，而用丝锥强行"找正"仍找不过来 ④ 低碳钢及塑性好的材料，攻螺纹时没有冷却润滑液 ⑤ 丝锥切削部分磨钝	① 认真检查底孔，选择合适的底孔钻头，将孔扩大再攻 ② 先用手将二锥旋入螺纹孔内，使头锥、二锥中心重合 ③ 保持丝锥与底孔中心一致，操作中两手用力均衡，偏斜太多不要强行找正 ④ 应选用冷却润滑液 ⑤ 将丝锥后角修磨锋利
螺纹孔偏斜	① 丝锥与工件端平面不垂直 ② 铸件内有较大砂眼 ③ 攻螺纹时两手用力不均衡，倾向于一侧	① 起削时要使丝锥与工件端平面成垂直，要注意检查与校正 ② 攻螺纹前注意检查底孔，如砂眼太大，不宜攻螺纹 ③ 要始终保持两手用力均衡，不要摆动
螺纹高度不够	攻螺纹底孔直径太大	正确计算与选择攻螺纹底孔直径与钻头直径

2. 套螺纹的方法

1）套螺纹前圆杆直径的确定

与丝锥攻螺纹一样，用板牙在工件上套螺纹时，材料同样因受到挤压而变形，牙顶将被挤高一些，因此，圆杆直径应稍小于螺纹大径的尺寸。圆杆直径可根据螺纹直径和材料的性质，参照表 8-10 选择。一般硬质材料直径可大些，软质材料可稍小些。

表 8-10　板牙套螺纹时圆杆的直径　　　　　　　　（单位：mm）

粗牙普通螺纹			英制螺纹			圆柱管螺纹		
螺纹直径	螺距	螺杆直径		螺纹直径	螺杆直径		螺纹直径	螺杆直径	
		最小直径	最大直径		最小直径	最大直径		最小直径	最大直径
M6	1	5.8	5.9	1/4	5.9	6	1/8	9.4	9.5
M8	1.25	7.8	7.9	5/16	7.4	7.6	1/4	12.7	13
M10	1.5	9.75	9.85	3/8	9	9	3/8	16.2	16.5
M12	1.75	11.75	11.9	1/2	12	12	1/2	20.5	20.8
M14	2	13.7	13.85	—	—	—	5/8	22.5	22.8
M16	2	15.7	15.85	5/8	15.2	15.4	3/4	26	26.3
M18	2.5	17.7	17.85	—	—	—	7/8	29.8	30.1
M20	2.5	19.7	19.85	3/4	18.3	18.5	1	32.8	33.1

粗牙普通螺纹				英制螺纹			圆柱管螺纹		
螺纹直径	螺距	螺杆直径		螺纹直径	螺杆直径		螺纹直径	螺杆直径	
		最小直径	最大直径		最小直径	最大直径		最小直径	最大直径
M22	2.5	21.7	21.85	7/8	21.4	21.6	$1\frac{1}{8}$	37.4	37.7
M24	3	23.65	23.8	1	24.5	24.8	$1\frac{1}{4}$	41.4	41.7
M27	3	26.65	26.8	$1\frac{1}{4}$	30.7	31	$1\frac{3}{8}$	43.8	44.1
M30	3.5	29.6	29.8	—	—	—	$1\frac{1}{2}$	47.3	47.6
M36	4	35.6	35.8	$1\frac{1}{2}$	37	37.3	—	—	—
M42	4.5	41.55	41.75						
M48	5	47.5	47.7						
M52	5	51.5	51.7						
M60	5.5	59.45	59.7						
M64	6	63.4	63.7						
M68	6	67.4	67.7						

套螺纹圆杆直径也可用经验公式来确定：

$$d_{杆} = d - 0.13p \qquad (8-2)$$

式中　$d_{杆}$——套螺纹前圆杆直径（mm）；

　　　d——螺纹大径（mm）；

　　　p——螺距（mm）。

2）套螺纹方法及注意事项

① 为使板牙容易对准工件和切入工件，圆杆端都要倒成圆锥斜角为15°的锥体，如图8-20所示。锥体的最小直径可以略小于螺纹小径，使切出的螺纹端部避免出现锋口和卷边而影响螺母的拧入。

② 为了防止圆杆夹持出现偏斜和夹出痕迹，圆杆应装夹在用硬木制成的V形钳口或软金属制成的衬垫中，如图8-21所示，在加衬垫时圆杆套螺纹部分离钳口要尽量近。

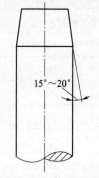

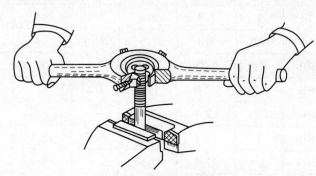

图8-20　套螺纹时圆杆的倒角　　　　　　图8-21　夹紧圆杆的方法

③ 套螺纹时应保持板牙端面与圆杆轴线垂直，否则套出的螺纹两面会有深浅，甚至烂牙。

④ 在开始套螺纹时，可用手掌按住板牙中心，适当施加压力并转动绞杠。当板牙切入圆杆 1~2 圈时，应目测检查和校正板牙的位置。当板牙切入圆杆 3~4 圈时，应停止施加压力，而仅平稳地转动绞杠，靠板牙螺纹自然旋进套螺纹。

⑤ 为了避免切屑过长，套螺纹过程中板牙应经常倒转。

⑥ 在钢件上套螺纹时要加切削液，以延长板牙的使用寿命，减小螺纹的表面粗糙度。

3）套螺纹时产生废品的原因及防止方法

套螺纹时产生废品的原因与攻螺纹的时候类似，具体如表 8-11 所示。

表 8-11 套螺纹时产生废品的原因及防止方法

废品形式	产 品 原 因	防 止 方 法
烂牙	① 对低碳钢等塑性好的材料套螺纹时，未加润滑冷却液，板牙把工件上螺纹粘去一部分 ② 套螺纹时板牙一直不回转，切屑堵塞，把螺纹啃坏 ③ 被加工的圆杆直径太大 ④ 板牙歪斜太多，在找正时造成烂牙	① 对塑性材料套螺纹时一定要加适合的润滑冷却液 ② 板牙正转 1~1.5 圈后，就要反转 0.25~0.5 圈，使切屑断裂 ③ 把圆杆加工到合适的尺寸 ④ 套螺纹时板牙端面要与圆杆轴线垂直，并经常检查。发现略有歪斜，就要及时找正
螺纹对圆杆歪斜，螺纹一边深一边浅	① 圆杆端头倒角没倒好，使板牙端面与圆杆放不垂直 ② 板牙套螺纹时，两手用力不均匀，使板牙端面与圆杆不垂直	① 圆杆端头要按图 7.17 所示倒角，四周斜角要大小一样 ② 套螺纹时两手要均匀，要经常检查板牙端面与圆杆是否垂直，并及时纠正
螺纹中径太小（齿牙太瘦）	① 套螺纹时绞杠摆动，不得不多次找正，造成螺纹中径变小 ② 板牙切入圆杆后，还用力压板牙绞杠 ③ 活动板牙、开口后的圆板牙尺寸调节的太小	① 套螺纹时，板牙绞杠要握稳 ② 板牙切入后，只要均匀使板牙旋转即可，不能再加力下压 ③ 活动板牙、开口后的圆板牙要用洋柱来调整好尺寸
螺纹太浅	圆杆直径太小	圆杆直径要在表 8-10 中规定的范围内

3. 滚丝机

滚丝机就是将钢筋端头部位一次快速直接滚制成螺纹，使丝头部位产生冷性硬化，从而强度得到提高，使钢筋丝头达到与母材等强的效果。本滚丝机可加工 $\phi 16 \sim \phi 40$ mm 的钢筋。采用钢筋剥肋滚丝机，是先将钢筋的横肋和纵肋进行剥切处理后，使钢筋滚丝前的柱体直径达到同一尺寸，然后再进行螺纹滚压成型。这种方法使螺纹精度高，接头质量稳定，并且能实现按调定的钢筋直径和螺纹长度自动倒车返离工件，摇至 0 位时能自动停车。在滚丝机内采用内给冷却液装置，加工一种规格钢筋，只需调定一次滚丝头，启动一次开关，便能连续加工大量丝头，产品结构紧凑，性能可靠，操作非常简便，大大提高了工作效率。

图 8-22 所示 GZK-40 型剥肋滚轧直螺纹滚丝机床可一次装夹完成剥肋、滚轧螺纹加工，加工牙型饱满，尺寸精度高，可加工正扣螺纹，也可加工反扣螺纹；操作简单，结构紧凑，工作可靠，具有独特的刀具自动开合结构；可加工直径 $\phi 16 \sim \phi 40$ mm 的 HRB335 级和 HRB400 级钢筋。

图 8-23 所示 GZK-40A 型剥肋滚轧直螺纹滚丝机床用一个滚丝盘就可以完成 $\phi 16 \sim \phi 40$ mm 的钢筋剥肋滚轧。刀具采用自动开合结构，钢筋一次装夹，30 秒完成丝头加工，效率高；滚丝车床滚丝后自动回车。设计合理，使用维护方便，更换刀具仅需 2 分钟；采用滚丝轮冷轧工艺，钢筋丝头加工"模具化"，精度高；调整方便，滚轧不同规格的钢筋，只要螺距相同，不需要拆开滚丝头即可进行调节。

图 8-22　GZK-40 型剥肋滚轧直螺纹滚丝机床

图 8-23　GZK-40A 型剥肋滚轧直螺纹滚丝机床

JB/T 5201.1—2007
滚丝机
第 1 部分：精度

JB/T 5201.2—2007
滚丝机
第 2 部分：技术条件

JB/T 5201.3—2007
滚丝机
第 3 部分：基本参数

JB 9972—1999
滚丝机、卷簧机、
制钉机　噪声限值

8.4　模板上螺纹的加工

1. 模板零件图及技能实训要求

模板零件图如图 8-24 所示。

技能实训要求为：

① 进一步巩固划线技巧。

② 掌握钻头选用技巧。

③ 掌握攻螺纹和套螺纹的基本方法。

④ 掌握常用工具、量具的使用方法。

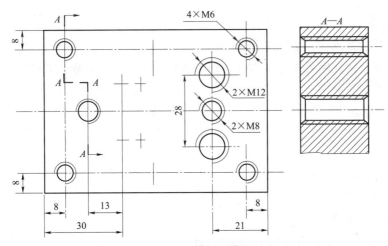

图 8-24 模板零件图

2. 确定加工工序的加工内容和加工顺序

确定模板零件手工制作各加工工序的加工内容和加工顺序的表格，并填入表 8-12 中。

表 8-12 模板零件手工制作各加工工序的加工内容和加工顺序

序号	加 工 内 容	刀具	量具	辅具
1				
2				
3				
4				
5				
6				
7				
8				
9				

3. 准备钻孔、攻螺纹和套螺纹的工具、量具和刃具

准备钻孔、攻螺纹和套螺纹的工具、量具和刃具的表格，并填入表 8-13 中。

表 8-13 钻孔、攻螺纹和套螺纹的工具、量具和刃具

名 称	规格/mm	精度/mm	数 量
游标卡尺			
钢直尺			
标准麻花钻			
绞杠			
丝锥			
板牙			

4. 操作过程

① 修整零件的基准面，去除毛刺。

② 按工序图上的孔距要求，在零件上划出各孔的中心线，用游标卡尺作复检。

③ 使用样冲在孔的中心线上打眼，用划规按各个孔的要求划圆。钻大孔时，为使孔不易偏斜应划几个检查的圆线，并将中心样冲眼打大，以便准确地落钻。

④ 按攻螺纹底孔要求钻孔，并在其他材料上试钻。

⑤ 准备好夹具、量具和辅助用具。

⑥ 根据工件的定位要求正确装夹工件。

⑦ 按图样要求和工序卡的顺序进行钻孔加工。

⑧ 按图样要求攻螺纹。

5. 攻螺纹加工质量检查内容和考核标准

攻螺纹加工质量检查内容和考核标准的表格，如表 8-14 所示。

表 8-14　攻螺纹加工质量检查内容和考核标准

序号	考核内容及要求		配分	检测结果		得分
	精度	表面粗糙度		精度	表面粗糙度	
1	4×M6		20			
2	2×M8		10			
3	2×M12		10			
4	孔距 8（4 处）		20			
5	孔距 21（2 处）		10			
6	孔距 28（1 处）		10			
7	孔距 13		10			
8	安全文明生产		10			
总分						
学生姓名		教师签字			日期	
训练项目		攻螺纹和套螺纹				
备注						

思考与练习

1. 螺纹有哪些分类方法？列举 3 种以上螺纹的用途。

2. 分别在钢料和铸铁上攻 M16 和 M12 螺纹，求攻螺纹前钻底孔的钻头直径。

3. 试述丝锥的各部分名称、结构特点及作用。

4. 试述攻螺纹的工作要点。

5. 套螺纹时圆杆上端倒角有何作用？套螺纹前圆杆直径是否等于螺纹大径？为什么？

6. 套 M12 和 M16 螺纹时圆杆直径应为多少毫米？

7. 什么是绞杠？有哪几种类型？各有何作用？

8. 成组丝锥切削用量的分配方式有哪两种？各有何特点？

9. 试述盲孔螺纹攻制的操作要点。

10. 分析攻螺纹时产生废品的原因。

11. 分析套螺纹时丝锥损坏的原因。

项目九

模具零件的研磨、抛光和去毛刺

》项目内容：

- 模具零件的研磨、抛光和去毛刺。

》学习目标：

- 能完成模具零件的研磨、抛光和去毛刺任务。

》主要知识点与技能：

- 模具零件的研磨加工。
- 模具零件的抛光加工。
- 模具零件的去毛刺。

9.1 模具零件的研磨加工

在模具零件和较精密机械零件制造过程中，形状加工后的平滑加工和镜面加工称为零件表面的研磨与抛光，是提高表面质量的重要工序。研磨主要用于表面粗糙度值要求很低，磨削又难以达到要求的压铸模和塑料模零件表面。钳工研磨一般都是手工操作。

1. 研磨的作用与研磨余量

1）研磨的基本原理

研磨是一种微量的金属切削运动，包含着物理和化学的综合作用。

研磨过程中的物理作用即磨料对工件的切削作用，研磨时，要求研具材料比被研磨的工件软，这样受到一定压力后，研磨剂中微小颗粒（磨料）被压嵌在研具表面上。这些细微的磨料小颗粒具有较高的硬度，成为无数个刀刃。由于研具和工件的相对运动，半固定或浮动的磨粒则在工件和研具之间作运动轨迹很少重复的滑动和滚动，因而对工件产生微量的切削作用，均匀地从工件表面切去一层极薄的金属。借助于研具的精确型面，使工件逐渐得到准确的尺寸精度及合格的表面粗糙度。

当研磨剂采用氧化铬、硬脂酸等化学研磨剂进行研磨时，与空气接触的工件表面很快形成一层极薄的氧化膜，而且氧化膜又很容易被研磨掉，这就是研磨的化学作用。在研磨过程中，氧化膜迅速形成（化学作用），又不断地被磨掉（物理作用）。经过这样的多次反复，工件表面就很快地达到预定要求。

2）研磨的作用

研磨在机械零件加工中的作用，主要有：

① 降低零件表面粗糙度。各种不同加工方法所得表面粗糙度的比较，如表 9-1 所示，经过研磨后的表面粗糙度最小。在模具零件制造过程中，采用研磨加工，可降低压模具的型腔或型芯零件表面的粗糙度。

表 9-1　各种不同加工方法能达到的表面粗糙度

加工方法	加工情况	表面放大的情况	表面粗糙度 $Ra/\mu m$
车			$1.6 \sim 80$
磨			$0.4 \sim 5$
压光			$0.1 \sim 2.5$
珩磨			$0.1 \sim 1.0$
研磨			$0.05 \sim 0.2$

② 提高尺寸精度。通过研磨后的机械零件，其尺寸精度可以达到 $0.001 \sim 0.005$ mm。

③ 提高几何形状的准确性。机械零件在机械加工中产生的形状误差，可以通过研磨的方法校正。

④ 延长零件的使用寿命。经过研磨后，机械零件的表面粗糙度很小，零件的耐蚀性、抗腐蚀能力和抗疲劳强度等也相应得到提高，从而延长零件的使用寿命。

3）研磨余量

研磨的切削量很小，每研磨一遍一般所能磨去的金属层不能超过 0.002 mm，研磨余量不能太大，否则，会使研磨时间增加，并且研磨工具的使用寿命也要缩短。通常研磨余量在 $0.005 \sim 0.03$ mm 范围内比较适宜，有时研磨余量保留在工件的公差以内。

研磨余量应根据如下主要方面来确定：工件的研磨面积及复杂程度；零件的精度要求；零件是否有工装及研磨面的相互关系等。一般情况下的研磨余量，如表 9-2 所示。

表 9-2　研磨余量　　　　　　　　　　　　　（单位：mm）

平面长度	平面宽度		
	$\leqslant 25$	$26 \sim 75$	$75 \sim 150$
$\leqslant 25$	$0.005 \sim 0.007$	$0.007 \sim 0.010$	$0.010 \sim 0.014$
$26 \sim 75$	$0.007 \sim 0.010$	$0.010 \sim 0.014$	$0.014 \sim 0.020$
$76 \sim 150$	$0.010 \sim 0.014$	$0.014 \sim 0.020$	$0.020 \sim 0.024$
$151 \sim 260$	$0.014 \sim 0.018$	$0.020 \sim 0.024$	$0.024 \sim 0.030$

2. 研磨工具

研磨工具，一般称研具。在研磨加工中，研具是保证研磨工件几何形状正确的主要因素，因此对研具的材料和几何精度要求较高，而表面粗糙度值要小。

1）研具材料

研具材料应满足如下技术要求：材料的组织要细致均匀，要有很高的稳定性和耐磨性，具有较好的嵌存磨料的性能，工作面的硬度应比工件表面硬度稍软。常用的研具材料有如下几种。

① 灰铸铁。润滑性好，磨耗较慢，硬度适中，研磨剂在其表面容易涂布均匀，是一种研磨效果较好、廉价易得的研具材料，因此得到广泛应用。

② 球墨铸铁。比一般灰铸铁更容易嵌存磨料，并且更均匀、牢固、适度，同时还能增加研具的耐用度。采用球墨铸铁制作研具已得到广泛应用，尤其用于精密工件的研磨。

③ 软钢。韧性较好，不容易折断，常用来制作小型的研具，如研磨螺纹和小直径工具、工件等。

④ 铜。性质较软，表面容易被磨料嵌入，适于制作研磨软钢类工件的研具。

2）研具的类型

生产中需要研磨的工件是多种多样的，不同形状的工件应用不同类型的研具。常用的研具有以下几种：

① 研磨平板。主要用来研磨平面，如研磨块规、精密量具的平面等，分为有槽的和光滑的两种，如图 9-1 所示。有槽的研磨平板用于粗研，研磨时易于将工件压平，可防止将研磨面磨成凸弧面；精研时，则应在光滑的平板上进行。

② 研磨环。主要用来研磨外圆柱表面。研磨环的内径应比工件的外径大 0.025 ～ 0.05 mm，其结构如图 9-2 所示。当研磨一段时间后，若研磨环内孔磨大，拧紧调节螺钉 3，可使孔径缩小，以达到所需间隙，如图 9-2（a）所示。图 9-2（b）所示的研磨环，孔径的调整则靠右侧的螺钉。

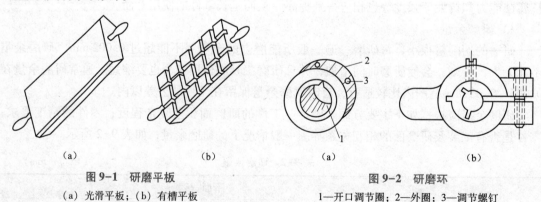

（a） （b） （a） （b）

图 9-1　研磨平板　　　　　　　　　　　　　图 9-2　研磨环

（a）光滑平板；（b）有槽平板　　　　1—开口调节圈；2—外圈；3—调节螺钉

③ 研磨棒。主要用于圆柱孔的研磨，分为固定式和可调式两种，如图 9-3 所示。固定式研磨棒制造容易，但磨损后无法补偿，多用于单件研磨或机修中。对工件上某一尺寸孔径的研磨，需要两三个预先制好的粗、半精、精研磨余量的研磨棒来完成，有槽的粗研磨棒用于粗研，光滑的用于精研。

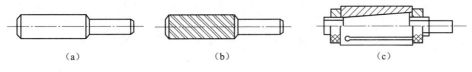

图 9-3　研磨棒

（a）固定式光滑研磨棒；（b）固定式带槽研磨棒；（c）可调节式研磨棒

3. 研磨剂

研磨剂是由磨料和研磨液调和而成的混合剂。

1）磨料

磨料是一种粒度很小的粉状硬质材料，在研磨中起切削作用，研磨加工的效率和精度都与磨料有直接的关系。常用的磨料一般有以下三类：

① 氧化物磨料。常用的氧化物磨料有氧化铝（白刚玉）和氧化铬等，有粉状和块状两种。它具有较高的硬度和较好的韧性，主要用于碳素工具钢、合金工具钢、高速钢和铸铁工件的研磨，也可用于研磨铜、铝等各种有色金属。

② 碳化物磨料。碳化物磨料呈粉状，常见的有碳化硅、碳化硼，它的硬度高于氧化物磨料，除用于一般钢铁制件的研磨外，主要用来研磨硬质合金、陶瓷和硬铬之类的高硬度工件。

③ 金刚石磨料。金刚石磨料有人造和天然两种，其切削能力、硬度比氧化物磨料和碳化物磨料都高，研磨质量也好。但由于价格昂贵，一般只用于特硬材料的研磨，如硬质合金、硬铬、陶瓷和宝石等高硬度材料的精研磨加工。

JB/T 8002—1999 超硬磨料制品人造金刚石或立方氮化硼研磨膏

磨料系列及其特性、适用范围如表 9-3 所示。

表 9-3　磨料系列及其特性、适用范围

系列	磨料名称	代号	特　性	适用范围
氧化铝系	棕刚玉	A	棕褐色，硬度高，韧性大，价格便宜	粗、精研磨钢、铸铁和黄铜
	白刚玉	WA	白色，硬度比棕刚玉高，韧性比棕刚玉差	精研磨淬火钢、高速钢、高碳钢及薄壁零件
	铬刚玉	PA	玫瑰红或紫红色，韧性比白刚玉高，磨削粗糙度值低	研磨量具、仪表零件
	单晶刚玉	SA	淡黄色或白色，硬度和韧性比白刚玉高	研磨不锈钢、高钒高速钢等强度高、韧性大的材料
碳化物系	黑碳化物	C	黑色有光泽，硬度比白刚玉高，脆而锋利，导热性和导电性良好	研磨铸铁、黄铜、铝、耐火材料及非金属材料

系列	磨料名称	代号	特　性	适用范围
碳化物系	绿碳化物	GC	绿色，硬度和脆性比黑碳化硅高，具有良好的导热性和导电性	研磨硬质合金、宝石、陶瓷、玻璃等材料
	碳化硼	BC	灰黑色，硬度仅次于金刚石，耐磨性好	粗研磨和抛光硬质合金、人造宝石等硬质材料
金刚石系	人造金刚石	JR	无色透明或淡黄色、黄绿色、黑色，硬度高，比天然金刚石略脆，表面粗糙	粗、精研磨硬质合金、人造宝石、半导体等高硬度脆性材料
	天然金刚石	JT	硬度最高，价格昂贵	
其他	氧化铁		红色至暗红色，比氧化铬软	精研磨或抛光钢、玻璃等材料
	氧化铬		深绿色	

磨料的粗细用粒度表示，有磨粒、磨粉和微粉3个组别。其中，磨粒和磨粉的粒度以号数表示，一般是在数字的右上角加"#"表示，如100#、240#等。这类磨料系用过筛法取得，粒度号为单位面积上筛孔的数目。因此，号数大，磨料细；号数小，磨料粗。而微粉的粒度则是用微粉尺寸（μm）的数字前加"W"表示，如W10、W15等。此类磨料系采用沉淀法取得，号数大，磨料粗；号数小，磨料细。磨料的颗粒尺寸如表9-4所示。

表9-4　磨料的颗粒尺寸

组　　别	粒　度　号　数	颗粒尺寸/μm
磨粒	12#	2 000～1 600
	14#	1 600～1 250
	16#	1 250～1 000
	20#	1 000～800
	24#	800～630
	30#	630～500
	36#	500～400
	46#	400～315
	60#	315～250
	70#	250～200
	80#	200～160
磨粉	100#	160～125
	120#	125～100
	150#	100～80
	180#	80～63
	240#	63～50
	280#	50～40

组　别	粒度号数	颗粒尺寸/μm
微粉	W40	40～28
	W28	28～20
	W20	20～14
	W14	14～10
	W10	10～7
	W7	7～5
	W5	5～3.5
	W3.5	3.5～2.5
	W2.5	2.5～1.5
	W1.5	1.5～1
	W1	1～0.5
	W0.5	0.5～更大

2）研磨液

研磨液在加工过程中起调和磨料、冷却和润滑的作用，它能防止磨料过早失效和减少工件（或研具）的发热变形。常用的研磨液有煤油、汽油、10 号和 20 号机械油、锭子油。

4. 零件表面的研磨

1）研磨场地的要求

① 温度。研磨场地温度应维持 20 ℃的恒温。

② 湿度。场地要求干燥，防止工件表面生锈，同时禁止场地有酸性物质溢出。

③ 尘埃。保持场地洁净，必要时配备空气过滤装置。

④ 振动。要求场地和研磨设备本身都不应有振动，避免影响研磨质量。精密研磨场地应选择在坚实的防震基础上。

⑤ 操作者。操作者必须注意自身清洁卫生，不把尘埃带入场地。精研时，手渍会造成工件的锈蚀，要采取必要的措施加以避免。

2）手工研磨

研磨分手工研磨和机械研磨两种。手工研磨时，要使工件表面各处都受到均匀的切削，应合理选用运动轨迹，这对提高研磨效率、工件表面质量和研具的耐用度都有直接影响。

手工研磨的运动轨迹有直线形、摆动式直线形、螺旋形、8 字形或仿 8 字形等多种，如图 9-4 所示。其共同特点是工件的被加工面与研具的工作面在研磨中始终保持相密合的平行运动。这样的研磨运动既可获得比较理想的研磨效果，又能保持平板的均匀磨损，提高平板的使用寿命。

① 直线形研磨运动轨迹。图 9-4（a）所示为直线形研磨运动轨迹，由于直线运动的轨迹不会交叉，容易重叠，使工件难以获得较小的表面粗糙度，但可获得较高的几何精度，常用于窄长平面或窄长台阶平面的研磨。

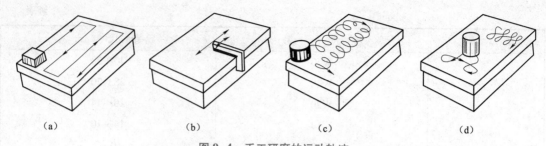

（a）　　　　　　　　（b）　　　　　　　　（c）　　　　　　　　（d）

图9-4　手工研磨的运动轨迹

（a）直线形；（b）摆动式直线形；（c）螺旋形；（d）8字形

② 摆动式直线形研磨运动轨迹。图9-4（b）所示为摆动式直线形研磨运动轨迹，工件在直线往复运动的同时进行左右摆动，常用于研磨直线度要求高的窄长刀口形工件，如刀口尺、刀口直角尺及样板角尺测量刃口等的研磨。

③ 螺旋形研磨运动轨迹。图9-4（c）所示为螺旋形研磨运动轨迹，适用于研磨圆片形或圆柱形工件的表面，如研磨千分尺的测量面等，可获得较高的平面度和较小的表面粗糙度。

④ 8字形研磨运动轨迹。图9-4（d）所示为8字形研磨运动轨迹，这种运动能使研磨表面保持均匀接触，有利于提高工件的研磨质量，使研具均匀磨损，适于小平面工件的研磨和研磨平板的修整。

3）平面的研磨

平面可分为一般平面、窄平面。

① 一般平面的研磨。一般平面的研磨是在平整的研磨平板上进行。粗研时，在有槽研磨平板上进行，因为有槽研磨平板能保证工件在研磨时整个平面内有足够的研磨剂并保持均匀，避免使表面磨成凸弧面。精研时，则应在光滑研磨平板上进行。

研磨前，先用煤油或汽油把研磨平板的工作表面清洗干净并擦干，再在研磨平板上涂上适当的研磨剂，然后把工件需研磨的表面（已去除毛刺并清洗过）合在研板上。沿研磨平板的全部表面，以8字形或螺旋形的旋转与直线运动相结合的方式进行研磨，并不断变更工件的运动方向。由于周期性的运动，使磨料不断在新的方向起作用，工件就能较快达到所需要的精度要求。

研磨时，要控制好研磨的压力和速度。对较小的高硬度工件或进行粗研时，可用较大的压力和较低的速度进行研磨。有时为减小研磨时的摩擦阻力，对于自重大或接触面积较大的工件，研磨时，可在研磨剂中加入一些润滑油或硬脂酸起润滑作用。

在研磨中，应防止工件发热，若稍有发热，应立即暂停研磨，避免工件因发热而产生变形。同时，工件在发热时所测尺寸也不准确。

② 窄平面的研磨。在研磨窄平面时，应采用直线研磨运动轨迹。为保证工件的垂直度和平面度，应用金属块作导靠，使金属块和工件紧紧地靠在一起，并跟工件一起研磨，如图9-5（a）所示。导靠金属块的工作面与侧面应具有较高的垂直度。

若研磨工件的数量较多时，可用C形夹将几个工件夹在一起同时研磨。对一些易变形的工件，可用两块导靠将其夹在中间，然后用C形夹头固定在一起进行研磨，如图9-5（b）所示，这样既可保证研磨的质量，又提高了研磨效率。

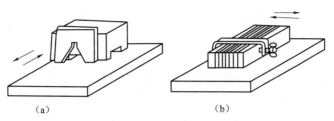

图 9-5　窄平面的研磨

（a）使用靠件；（b）使用 C 形夹

4）曲面的研磨

① 外圆柱面的研磨。外圆柱面的研磨一般采用手工和机械相配合的研磨方法进行，即将工件装夹在车床或钻床上，用研磨环进行研磨，如图 9-6 所示。研磨环的内径尺寸比工件的直径略大 0.025～0.05 mm，其长度是直径的 1～2 倍。

外圆柱面的研磨方法是将研磨的圆柱形工件牢固地装夹在车床或钻床上，然后在工件上均匀地涂敷研磨剂（磨料），套上研磨坏（配合的松紧度以能用手轻轻推动为宜）。工件在机床主轴的带动下作旋转运动（直径在 80 mm 以下，转速 100 r/min；直径大于 100 mm 时，转速为 50 r/min 为宜），用手扶持研磨环，在工件上作轴向直线往复运动。研磨环运动的速度以在工件表面上磨出 45° 交叉的网纹线为宜。研磨环移动速度过快时，网纹线与工件轴线的夹角小于 45°，研磨速度过慢则网纹线与工件轴线的夹角大于 45°，如图 9-7 所示。

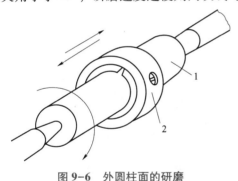

图 9-6　外圆柱面的研磨

1—工件；2—研磨环

图 9-7　外圈柱面移动速度和网纹线的关系

（a）太快；（b）太慢；（c）适当

② 内圆柱面的研磨。研磨圆柱孔的研具是研磨棒，分为固定式和可调式两种，将工件套在研磨棒上进行研磨。研磨棒的直径应比工件的内径略小 0.01～0.025 mm，工作部分的长度比工件长 1.5～2 倍。圆柱孔的研磨方法同圆柱面的研磨方法类似，不同的是将研磨棒装夹在机床主轴上。对直径较大、长度较长的研磨棒同样须用尾座顶尖顶住。将研磨剂（磨料）均匀涂布在研磨棒上，然后套上工件，按一定的速度开动机床旋转，用手扶持工件在研磨棒上沿轴线作直线往复运动。研磨时，要经常擦干挤到孔口的研磨剂，以免造成孔口扩大，或采取将研磨棒两端都磨小尺寸的办法。研磨棒与工件相配合的间隙要适当，配合太紧，会拉毛工备件表面，降低工件研磨质量；配合过松会将工件磨成椭圆形，达不到要求的几何形状。间隙大小以用手推动工件不费力为宜。

③ 圆锥面的研磨。圆锥面的研磨包括圆锥孔的研磨和外圆锥面的研磨。研磨圆锥面使用带有锥度的研磨棒（或研磨环）进行研磨，也有不用专门的研具，而用与研磨件相配合的表面直接进行研磨的。研磨棒（或研磨环）应具有同研磨表面相同的锥度，研磨棒上开有螺旋槽，用来储存研磨剂，螺旋槽有右旋和左旋之分，如图9-8所示。

圆锥面的研磨方法是将研磨棒（或研磨环）均匀地涂上一层研磨剂（磨料），然后插入工件孔中（或套在圆锥体上），要顺着研具的螺旋槽方向进行转动（也可装夹在机床上），每转动4～5圈后，便将研具稍稍拔出些，之后再推入旋转研磨。当研磨接近要求时，可将研具拿出，擦干净研具或工件，然后再重新装入锥孔（或套在锥体上）研磨，直到表面呈银灰色或发亮为止，如图9-9所示。

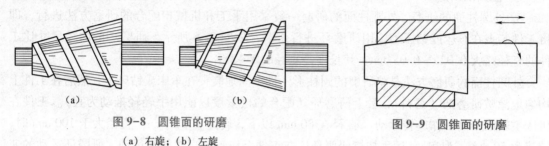

图 9-8　圆锥面的研磨
(a) 右旋；(b) 左旋

图 9-9　圆锥面的研磨

5. 研磨缺陷分析

研磨时，产生缺陷的形式、原因及预防措施如表9-5所示。

表 9-5　研磨产生缺陷的原因及预防措施

缺陷形式	产 生 原 因	防 止 办 法
表面不光洁	① 磨料过粗 ② 研磨液不当 ③ 研磨剂涂得太薄	① 正确选用磨料 ② 正确选用研磨液 ③ 研磨剂涂布应适当
表面拉毛	研磨剂中混入杂质	做好清洁工作
平面成凸形或孔口扩大	① 研磨剂涂得太厚 ② 孔口或工件边缘被挤出的研磨剂未擦去就连续研磨 ③ 研磨棒伸出孔口太长	① 研磨剂涂布应适当 ② 被挤出的研磨剂应擦去后再研磨 ③ 研磨棒伸出长度要适当
孔成椭圆形或有锥度	① 研磨时没有更换方向 ② 研磨时没有调头研	① 研磨时应变换方向 ② 研磨时应调头研
薄形工件拱曲变形	① 工件发热了仍继续研磨 ② 装夹不正确引起变形	① 不使工件温度超过50 ℃，发热后应暂停研磨 ② 装夹要稳定，不能夹得太紧

6. 模板上下表面的研磨加工实训

研磨平行面，其零件图如图 9-10 所示。

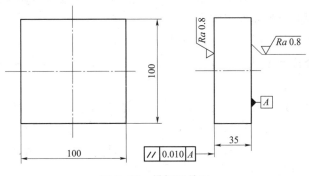

图 9-10　模板零件图

1）实训准备

① 工具和量具：研磨平板、千分尺、千分表、量块等。

② 辅助材料：研磨剂等。

③ 备料：经刮削或磨削的 100 mm×100 mm×35 mm 铸铁平板（HT150）；模板零件坯料，两个平面的平行度为 0.02 mm，表面粗糙度为 $Ra1.6\ \mu m$，每人一块。

2）操作要点

① 研磨剂每次上料不宜太多，并要分布均匀。

② 研磨时要特别注意清洁工作，不要使杂质混入研磨剂中，以免划伤工件。

③ 注意控制研磨时的速度和压力，应使工件均匀受压。

④ 应使工件的运动轨迹能够均匀地遍布于整个研具表面，以防研具发生局部磨损。在研磨一段时间后，应将工件调头轮换进行研磨。

⑤ 在由粗研磨工序转入精研磨工序时，要对工件和研具做全面清洗，以清除上道工序留下的较粗磨料。

3）操作步骤

① 用千分尺检查工件的平行度，观察其表面质量，确定研磨方法。

② 准备磨料。粗研用 $100^{\#}\sim200^{\#}$ 范围内的磨粉；精研用 W20～W40 的微粉。

③ 研磨基准面 A。分别用各种研磨运动轨迹进行研磨练习，直到达到表面粗糙度 $Ra\leqslant$ 0.8 μm 的要求。

④ 研磨另一大平面。先打表测量其对基准的平行度，确定研磨量，然后再进行研磨。保证 0.010 mm 的平面度要求和 $Ra\leqslant0.8\ \mu m$ 的表面粗糙度要求。

⑤ 用量块全面检测研磨精度，送检。

9.2　模具零件的抛光加工

1. 抛光的作用与抛光余量

抛光主要用于降低工件表面粗糙度，增加工件表面光亮和提高耐腐蚀能力，但不能改变工件原有的形状精度。

抛光是用敷有细磨粉或软膏磨料的布轮、布盘或皮轮、皮盘等软质工具，靠机械滑擦和化学作用来减小加工表面的粗糙度。抛光的加工余量小到可以忽略。与超精加工一样，抛光对尺寸误差和形状误差也没有纠正能力。

抛光是通过抛光工具和抛光剂对零件进行极其细微切削的加工方法，其基本原理与研磨相同，是研磨的一种特殊形式，即抛光是一种超精研磨，其切削作用含物理和化学的综合作用。

抛光常用于各类奖杯、金属工艺品、生活日用品、量块等精密量具和各类加工刃具，以及尺寸和几何形状要求较高的模具型腔、型芯及精密机械零件的抛光。

通过抛光，零件可以获得很高的表面质量，表面粗糙度 Ra 可达 0.008 μm，并使加工面平滑，具有光泽。由于抛光是工件的最后一道精加工工序，要使工件达到表面质量的要求，加工余量应适当，具体可根据零件的尺寸精度而定，一般在 0.005～0.05 mm 范围内选取，有时加工余量就留在工件的公差以内。

2. 常用抛光方法与抛光工具

抛光分为手工抛光和机械抛光，抛光时可用与研磨相同的电动或气动磨削工具。

1）手工抛光工具

① 平面抛光器。平面抛光器的手柄采用硬木制作，在抛光器的研磨面上刻出大小适当的凹槽，面稍高的地方可有用于缠绕布类制品的止动凹槽，如图 9-11 所示。

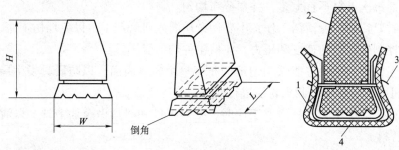

图 9-11 平面抛光器

1—人造皮革；2—木制手柄；3—铁丝或铅丝；4—尼龙布

若使用粒度较粗的研磨剂进行研磨加工时，只需将研磨膏涂在抛光器的研磨面上进行研磨加工即可，若使用极细的微粉进行抛光作业时，可将人造皮革缠绕在研磨面上，再把磨粒放在人造皮革上并以尼龙布缠绕，用铁丝（冷拉钢丝）沿止动凹槽捆紧后进行抛光加工。

若使用更细的磨粒进行抛光，可把磨粒放在经过尼龙布缠绕的人造皮革上，以粗棉布或法兰绒进行缠绕，之后进行抛光加工。原则上是磨粒越细，采用越柔软的包卷用布。每一种抛光器只能使用同种粒度的磨粒。各种抛光器不可混放在一起，应使用专用密封容器保管。

② 球面抛光器。球面抛光器与平面抛光器的操作方法基本相同。抛光凸形工件用研磨面，其曲率半径一般要比工件曲率半径大 3 mm，抛光凹形工件的研磨面，其曲率半径比工件曲率半径要小 3 mm，如图 9-12 所示。

③ 自由曲面抛光器。对于自由曲面的抛光应尽量使用小型抛光器，因为抛光器越小越容易模拟自由曲面的形状，如图 9-13 所示。

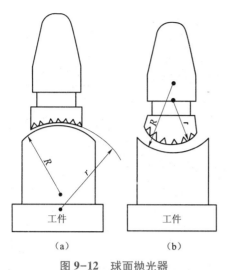

图 9-12　球面抛光器

（a）抛光凸形工件；（b）抛光凹形工件

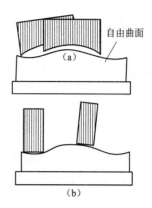

图 9-13　自由曲面抛光器

（a）大型抛光器；（b）小型抛光器

④ 精密抛光用具。精密抛光的研具通常与抛光剂有关，当用混合剂抛光精密表面时，多采用高磷铸铁作研具；用氧化铬抛光精密表面时，则采用玻璃作研具。由于精密抛光是借助抛光研具精确型面来对工件进行仿型加工，因此，要求研具有一定的化学成分，并且还应有很高的制造精度。

凡尺寸精度要求小于 1 μm，表面粗糙度要求为 Ra0.0025～0.08 μm 的工件，均需通过精密抛光。精密抛光的操作方法与一般研磨加工方法相同，不过加工速度比研磨要快，通常由高级钳工或者来完成。

2）电动抛光工具

由于模具工作零件型面与型腔的手工研磨、抛光工作量大，在模具制造业中已广泛采用电动抛光工具进行抛光加工。

① 手动砂轮机。利用手动砂轮机进行抛光加工，即用砂轮机上柔性布轮（或用砂布叶轮）直接进行抛光。在抛光时，可根据工件抛光前原始表面粗糙度的情况及要求，选用不同规格的布轮或砂布叶轮，并按粗、中、细逐级进行抛光。

② 手持角式旋转研抛头或手持直身式旋转研抛头。加工面为平面或曲率半径较大的规则面，采用手持角式旋转研抛头或手持直身式旋转研抛头配用铜环，抛光膏涂在工件上进行抛光加工，如图 9-14 所示。

对于加工面为小曲面或复杂形状的型面，则采用手持往复式抛光工具，也配用铜环，抛光膏涂在工件上进行抛光加工，如图 9-15 所示。特别是对于某些外表面形状复杂，带有凸凹沟槽的部位，则更需要采用往复式电动、气动或超声波手持研磨抛光工具，从不同角度对其不规则表面进行研磨修整及抛光。

③ 新型抛光磨削头。新型抛光磨削头是采用高分子弹性多孔性材料制成的一种新型磨削头，这种磨削头具有微孔海绵状结构，磨料均匀、弹性好，可以直接进行镜面加工。使用时，磨削均匀、产热少、不易堵塞，能获得平滑、光洁、均匀的表面。弹性磨料配方有多种，分别用于磨削各种材料。磨削头在使用前可用砂轮修整成各种所需形状。

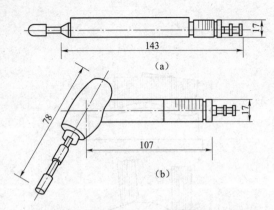

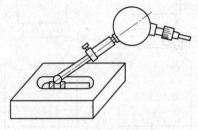

图9-14　手持旋转气动抛光研磨器

（a）直身式旋转研抛头；（b）角式旋转研抛头

图9-15　手持往复式研抛工具

GB/T 3787—2006 手持式
电动工具的管理、使用、
检查和维修安全技术规程

GB 3883.3—2007 手持式
电动工具的安全　第二部分：
砂轮机、抛光机和盘式
砂光机的专用要求

GB/T 22665.3—2008 手持式
电动工具手柄的振动测量方法
第3部分：砂轮机、抛光机
和盘式砂光机

GB/T 8910.4—2008 手持
便携式动力工具手柄
振动测量方法
第4部分：砂轮机

GB/T 22665.3—2008
手持式电动工具手柄的
振动测量方法　第3部分：
砂轮机、抛光机和盘式砂光机

GB/T 22665.4—2008 手持式
电动工具手柄的振动测量方法
第4部分：非盘式砂光机
和抛光机

HG/T 2571—1994 抛光膏

HG/T 4079—2009 金属
抛光表面质量检测
及评判规则

3. 新型抛光方法

1）磁力抛光

磁力抛光是用带磁性的研磨料，在电磁头的吸引下，按照磁场的形状呈刷子状排列。此磁刷在旋转铁心电磁铁的作用下，在工件表面移动进行研磨、抛光。该研磨工具非常柔软，能较好地与曲面相接触，抛光原理图如图9-16所示。

2）超声波抛光

超声波抛光的抛光效率高，能适用于各种材料，适于加工狭缝、深槽、异形腔等，在模具抛光中应用较多。超声波抛光是超声波加工的一种特殊应用，它对工件只进行微量尺寸加工，加工后提高的是表面精度，表面粗糙度值可达$Ra0.012\ \mu m$，不但可减少工件表面粗糙度值，甚至可得到近似镜面的光亮度。超声波抛光效率高，硬质合金抛光比普通抛光效率提

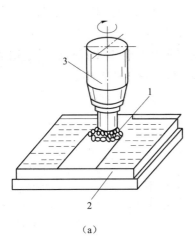

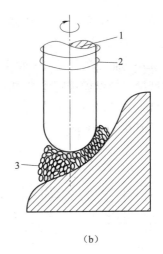

（a）　　　　　　　　　　　　　　　（b）

图 9-16　磁力抛光原理图

（a）平面抛光　1—磁性磨粒；2—工件；3—电磁头；

（b）曲面抛光　1—磁化铁心；2—线圈；3—磁性磨粒

高 20 倍；淬火钢抛光比普通抛光效率提高 15 倍；45 钢抛光比普通抛光效率提高 10 倍。

　　超声波抛光是利用工具端面作超声频率振动，通过磨料悬浮液抛光脆硬材料加工，抛光工具对工件保持一定的静压力（3～5 N），推动抛光工具作平行于表面的往复运动，运动频率为每分钟 10～30 次，超声波抛光原理图如图 9-17 所示。

　　3）挤压珩磨抛光

　　挤压珩磨抛光是把含有磨粒的黏弹性介质装入机器的介质缸内，并夹紧加工零件，介质在活塞的压力下沿着固定通道和夹具流经零件被加工表面，有控制地除去零件表面材料，实现抛光、去毛刺、倒圆角等加工，其原理图如图 9-18 所示。

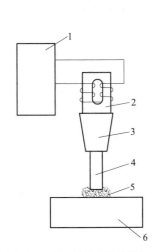

JB/T 10142—1999 超声抛光机
技术条件

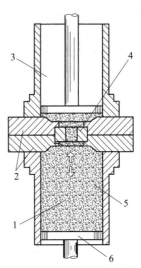

图 9-17　超声波抛光原理图

图 9-18　挤压珩磨抛光加工原理图

1—粘性磨料介质；2—夹具；3—上部磨料室；

4—工件；5—下部磨料室；6—液压操纵活塞

挤压珩磨抛光加工对象广泛，包括有色金属、黑色金属、硬质合金等材料都可进行挤压珩磨抛光加工。抛光效果好，各种不同原始表面状况，挤压珩磨都可使表面粗糙度值为 $Ra0.04\sim0.05\ \mu m$；加工效率高，一般加工时间只需几分钟至十几分钟；适用范围广，可对冲模、塑料成型模、拉丝模进行抛光加工；孔径最小可达 0.35 mm。

挤压珩磨抛光加工可分为通孔式、阶梯形式、不通孔及外形（如加工凸模、型芯等）4种加工方法，如图 9-19 所示。

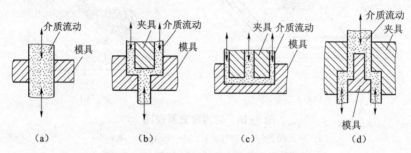

图 9-19 挤压珩磨抛光加工方法

(a) 通孔型腔加工；(b) 阶梯型腔加工；(c) 不通孔型腔加工；(d) 凸模或型芯加工

4. 抛光操作要点

1）抛光操作要点

抛光操作时，应注意：

① 抛光与研磨的基本原理相同，因此对研磨的工艺要求同样也适用于抛光。

② 在制定抛光的工艺步骤时，应根据操作者的经验、所使用的工艺装备及材料性能等来确定工艺规范。

③ 在抛光时，应先用硬的抛光工具进行研抛，然后再使用软质抛光工具进行精抛。选好抛光工具后，可先用较粗粒度的抛光膏进行研磨，随后，再逐步减少抛光膏粒度。一般情况下，每个抛光工具只能用同一种粒度的抛光膏，不能混用。手抛时，抛光膏涂在工具上；机械抛光时，抛光膏涂在工件上。

④ 严格保持工作场地清洁，操作者要注意环境卫生，以防不同粒度的磨料相互混淆、污染和影响抛光现场的卫生。

⑤ 在研抛时，应注意抛光工序间的清洗工作，要求每更换一次不同粒度的磨料时，就要进行一次煤油清洗，不能把上道工序使用的磨料带入到下道工序中。

⑥ 要根据抛光工具的硬度和抛光膏的粒度来施加压力。磨粒越细，则作用在抛光工具上的压力越轻，采用的抛光剂也就越稀。

⑦ 抛光用的润滑剂和稀释剂有煤油、汽油、10 号和 20 号机油、无水乙醇及工业透平油等。对这些润滑、清洗、稀释剂均要加盖保存。使用时，应分别采用玻璃管吸点法，像滴眼药水一样点在抛光件上，不要用毛刷在抛光件上涂抹。

⑧ 使用抛光毡轮、海面抛光轮、牛皮抛光轮等柔性抛光工具时，一定要经常检查这些柔性物质的研磨状态，以防因研磨过量而露出与其粘接的金属铁杆，造成抛光面的损伤。一般要求当柔性部分还有 2～3 mm 时，应及时更换新轮。

2）确定抛光是否完成的方法

① 仔细观察抛光运动方向交叉变化的情况，当上道工序留下的抛光痕迹看不到时，结

束本道工序。

② 本道工序的抛光痕迹随着抛光方向的转变会迅速跟随转移，即痕迹纹路取向一边倒；转一个方向抛研，其痕迹马上又朝此方向一边倒，见不到与研磨方向垂直的任何痕迹，说明本道工序选用的研磨剂粒度已经达到极限效应了。

5. 抛光缺陷分析

抛光过程中产生的主要问题是"过抛光"。由于抛光时间长，表面反而变得粗糙，并产生"橘皮状"或"针孔状"缺陷。这种情况主要出现在机抛时，而手抛时很少出现。

1）"橘皮状"缺陷及处理办法

抛光时压力过大且时间过长时，会出现这种情况。较软的材料容易产生这种抛光现象。其原因并不是钢材有缺陷，而是抛光用力过大，导致金属材料表面产生微小塑性变形所致。

解决方法：通过氮化或其他热处理方式增加材料的表面粗糙度；对于较软的材料，采用软质抛光工具。

2）"针孔状"缺陷及处理办法

由于材料中含有杂质，在抛光过程中，这些杂质从金属组织中脱氧下来，形成针孔状小坑。

解决方法：避免用氧化铝抛光膏进行机抛；在适当的压力下作最短时间的抛光；另外，可采用优质合金钢材。

9.3　去　毛　刺

去毛刺是钳工的最后一道工序，去毛刺有多种方法，如选择专用去毛刺工具、利用手电钻或钻床去毛刺、使用去毛刺机去毛刺等。

1. 专用去毛刺工具

1）角棱工件去毛刺工具

角棱工件（如方块、矩形板等）去毛刺工具，如图 9-20（a）所示，工具的切削部分可用废锯条改磨而成，用铆钉固定在刀柄上。使用它可以很容易地除掉角棱工件上的毛刺，如图 9-20（b）所示，它比用锉刀生产率提高很多。

较大工件角棱上的毛刺，可使用如图 9-21 所示的工具去除。在一块旧板锉上装上把柄，握住把柄去除毛刺很方便。

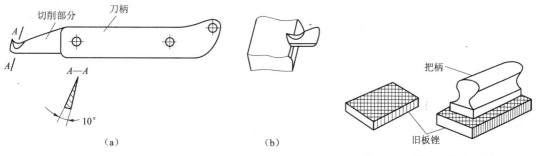

图 9-20　角棱工件去毛刺工具和使用示意图　　　　图 9-21　较大工件去毛刺工具
（a）去毛刺工具；（b）工具使用示意图

2）孔口去毛刺工具

在机械加工或装配过程中，由于光孔或螺纹孔的孔边经常残留毛刺，可采用工具去除，如图 9-22 所示。将一个短钻头固定在手柄内，使用时，将该工具插入工件孔内并加适当的压力均匀转动，即可将孔口的毛刺清除。

图 9-23 所示的孔口去毛刺工具是将一个铰刀形状的锥齿刀具插入柄部固定好，使用时适当加力转动即可去除孔口毛刺。该工具锥齿部分用 T8 工具钢制作，淬火硬度为 55～60 HRC。

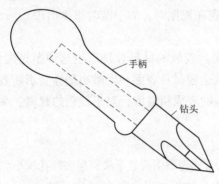

图 9-22　孔口去毛刺工具（短钻头）

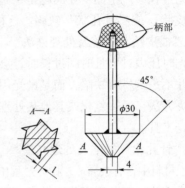

图 9-23　孔口去毛刺工具（锥齿刀具）

3）键槽去毛刺工具

图 9-24 所示的键槽去毛刺工具，是将方形或三角形硬质合金刀片用螺钉固定在圆杆上，圆杆左端的一段弯曲约 30°，右端装上手柄。使用该工具去除键槽和窄槽边上的毛刺很方便。

图 9-25 所示为去除孔内键槽毛刺的专用工具。孔内的键槽经刨、插或拉削加工后，往往在键槽的两侧面与内孔交接处留有两条凸状的毛刺，通常由钳工用锉刀修除，但稍不留意，锉刀容易破坏内孔表面，而且工作效率很低。使用如图 9-25 所示的去除孔内键槽毛刺的专用工具专除毛刺，则既能保证质量，又能提高效率。

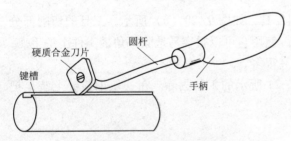

图 9-24　键槽去毛刺工具

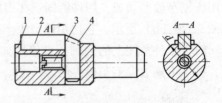

图 9-25　去除孔内毛刺工具

1—导柱体；2—导向平键；3—螺钉；4—高速钢刀体

在导柱体 1 铣扁的上平面上的正中位置镶嵌与工件键槽滑配的导向平键 2，在导向平键 2 的右端插入一把主偏角等于负偏角并且均为 45°的高速钢刀体 4 并由螺钉 3 紧固，但刀体中心线必须与导向平键中心线重合。导柱体直径 d 与工件内孔之间为间隙配合。修毛刺时，只要将工具插入工件孔内，使导向平键 2 对准键槽，然后用手锤轻轻敲尾端，待工具通过工件内孔后，键槽两侧面与内孔交接处的两条凸状毛刺就被高速钢刀体 4 上的 45°倒角去除。

2. 利用手电钻或钻床去毛刺

1）利用手电钻去毛刺

去除工件两端的毛刺时，可将小砂轮夹紧在手电钻上，当手电钻转动起来，就可将毛刺去除，如图9-26所示。

如图9-27所示，将一块厚约18 mm的橡胶板粘在钢板上，将钻头装夹在手电钻上，这样即可去掉工件钻孔后残留的毛刺。

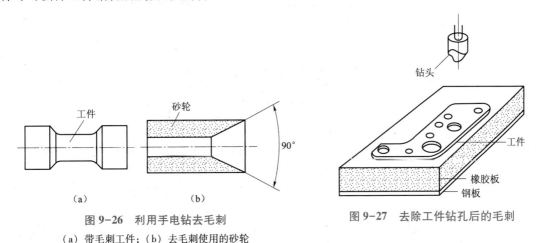

图9-26　利用手电钻去毛刺

（a）带毛刺工件；（b）去毛刺使用的砂轮

图9-27　去除工件钻孔后的毛刺

2）利用钻床去除毛刺

六角螺杆头部或六角螺母都可以在冲床上冲制出来，但冲出后在端部往往有许多毛刺，去除这些毛刺可采用如图9-28所示的方法。在扁锉刀上适当地钻出几个孔（锉刀应经过退火处理后再钻孔，然后再经淬火），孔径比螺杆外径大0.5 mm。将六角螺杆插入锉刀的孔中，在钻床的主轴上装一个六角胎具，使它和螺杆的六方相配。去毛刺时，开动钻床，使六方的端部和锉刀接触。由于钻床主轴的旋转，使六角胎具带动螺杆在锉刀的孔中转动，这样就很快地锉掉了六方端部的毛刺。

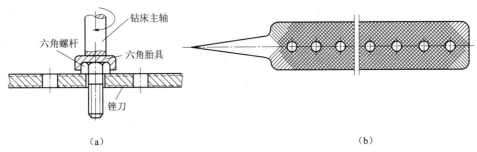

图9-28　钻床去除六角螺杆毛刺

（a）去除毛刺示意图；（b）去除毛刺使用的锉刀

去除环状冲压件内外圆口边毛刺的组合工具，如图9-29所示。刀杆1右端尾部制成莫氏锥度的锥柄，以与钻床主轴的锥孔相配合，左端铣出两个长孔槽，分别与大刀盘3和小刀盘4滑动配合。具有双刃的大刀盘3靠楔铁2挤紧。两个小刀盘4是相对装在刀杆1的长孔槽里，借助压簧5起到使其离心向外的作用，用两个锁圈6加以控制。

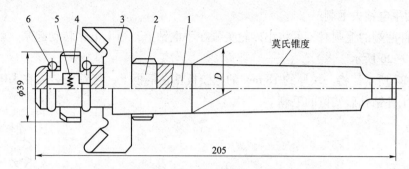

图9-29 去除环状冲压板毛刺工具

1—刀杆；2—楔铁；3—大刀盘；4—小刀盘；5—压簧；6—锁圈

去毛刺时，将整个工具装夹在钻床主轴锥孔内，通过刀杆1上的小刀盘4，刮去工件孔口边毛刺，并以小刀盘4定心和导向，用双刃大刀盘3切除工件外圆边毛刺。大小刀盘可根据不同加工情况，采用高速钢或硬质合金材料制作。

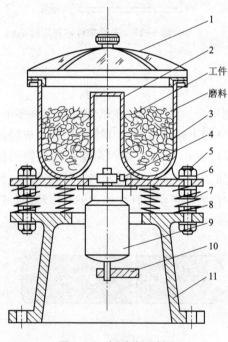

图9-30 振动去毛刺机

1—盖子；2—容器；3—衬布；

4—螺钉；5—螺母；6—垫圈；

7—弹簧；8—螺母；9—电动机；

10—扇形偏心轮；11—底座

3）使用振动去毛刺机去毛刺

批量加工中，可使用振动去毛刺机去毛刺，如图9-30所示。它由十多个零件组成。固定在底座11上的电动机9（1 kW、1 440 r/min），其轴心上装有两只相交为100°的扇形偏心轮10，偏心轮厚度为20 mm，中心距与弦长各为70 mm。当开动电动机时，带动扇形偏心轮10，使它产生离心力而发出振动，从而通过弹簧7（要求弹力均匀，一般可用6～8根）的作用，带动容器2一起抖动。容器2安装时必须注意水平，以免工件集积而影响去毛刺的质量和效率。容器2中放的磨料（碳化硅废砂轮块渗入适量的废润滑油）和工件随容器的抖动而作周期性的翻动，达到去毛刺的目的。

盖子1用1.2 mm厚的钢板制成，上面镶有透明片，便于观察工件运动情况。容器2采用2 mm厚钢板制成，外径为φ500 mm、高280 mm，底都要求非常圆滑，以便于工件翻动。容器可直接焊接在底座11上。衬布3需用1 mm厚的耐油橡皮布，用万能胶粘合在容器内部，以免容器2直接和磨料、工件碰撞，既减少磨损，同时还能减少噪声。螺钉4用以固紧扇形偏心轮10。弹簧7靠螺母5固定。

该振动去毛刺机效果良好，生产效率较高，适于多种形状的工件去毛刺时使用。

GB/T 25635.1—2010 电解去毛刺机床
第 1 部分：精度检验

GB/T 25635.2—2010 电解去毛刺机床
第 2 部分：参数

去毛刺方法除了以上介绍以外，还有使用专用装置去毛刺，以及化学去毛刺、电解去毛刺等。

思考与练习

1. 简述研磨在模具加工中的作用。
2. 抛光常用于何种零件加工？
3. 简述球面抛光器的曲率半径和工件曲率半径的关系。
4. 简述挤压珩磨抛光加工对象。
5. 简述挤压布磨抛光的加工方法。

项目十

模具零件的检测

》 **项目内容：**

- 模具零件的检测。

》 **学习目标：**

- 能检测常用机械零件的尺寸精度、形状和位置精度、表面粗糙度。

》 **主要知识点与技能：**

- 残缺圆柱面的检测。
- 角度的检测。
- 圆锥的检测。
- 箱体的检测。
- 机械零件几何公差的检测。
- 表面粗糙度轮廓幅度参数的测量。

10.1 常用典型零件尺寸的检测

10.1.1 残缺圆柱面的检测

残缺圆柱面尺寸的检测方式有很多，现介绍利用简单测量仪器如圆柱和深度千分尺、圆柱和外径千分尺、千分表和定位块、游标卡尺检测的方法。

1. 用圆柱检测残缺孔

将直径均为 d 的三个圆柱放置在残缺孔中，用深度千分尺测得距离 M，如图 10-1 所示，然后按下式计算出所测孔的半径 R：

$$R = \frac{d(d+M)}{2M} \qquad (10-1)$$

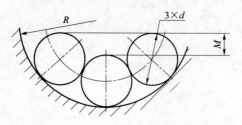

图 10-1 用圆柱检测残缺孔的半径

式中　R——孔半径（mm）；

　　　d——圆柱直径（mm）；

　　　M——检测值（mm）。

【实例 10-1】 图 10-1 中，已知三圆柱直径

$d = 20$ mm，用深度千分尺测得距离 $M = 2.1$ mm，求所测零件的孔半径 R。

解： 根据公式（10-1），所测零件的孔半径 R 为：

$$R = \frac{d(d+M)}{2M} = \frac{20(20+2.1)}{2 \times 2.1} = 105.238 \ (\text{mm})$$

2. 用圆柱检测残缺轴

将残缺轴和两侧直径均为 d 的两个圆柱放置在平板上，用外径千分尺测得距离 M，如图 10-2 所示，然后按下式计算出所测轴的半径 R：

$$R = \frac{(M-d)^2}{8d} \qquad (10-2)$$

式中　R——轴半径（mm）；

　　　d——圆柱直径（mm）；

　　　M——检测值（mm）。

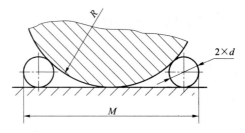

图 10-2　用圆柱检测残缺轴的半径

【实例 10-2】 图 10-2 中，已知两圆柱直径 $d = 25$ mm，用外径千分尺测得距离 $M = 155.2$ mm，求轴的半径 R。

解： 根据公式（10-2），所测零件的轴半径 R 为：

$$R = \frac{(M-d)^2}{8d} = \frac{(155.2-25)^2}{8 \times 25} = 84.76 \ (\text{mm})$$

3. 用千分表检测残缺孔

如图 10-3（a）所示，检测工具（简称检具）是利用定位块作为弦长 L，从千分表中反映弦高 H 的原理制成的。检测时把该检具放置在零件的内孔中，旋转表盘，使千分表的指针对准零位。如图 10-3（b）所示，在平板上用两头等高的量块支撑起该检具的定位块，调整量块的高度，使千分表的指针恢复至在零件的内孔中的位置，然后根据量块的高度 H 按下式计算出孔半径 R：

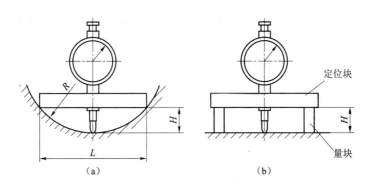

图 10-3　用千分表检测残缺内孔的半径

（a）检测；（b）对表

$$R = \frac{L^2 + 4H^2}{8H} \qquad (10-3)$$

式中　　R——内孔半径（mm）；

　　　　H——量块高度（mm）；

　　　　L——定位块长度（mm）。

【**实例10-3**】图10-3中，已知定位块长度 $L=110$ mm，量块高度 $H=4.22$ mm，求零件的内孔半径 R。

解：根据公式（10-3），所测零件的内孔半径 R 为：

$$R=\frac{L^2+4H^2}{8H}=\frac{110^2+4\times4.22^2}{8\times4.22}=360.52\ （mm）$$

4. 用游标卡尺检测残缺轴

用外卡脚长为 H 的游标卡尺检测残缺轴，测得距离为 M，如图10-4所示，然后按下式计算出轴半径 R：

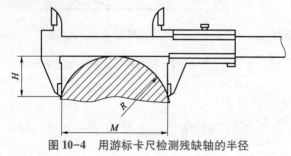

图10-4　用游标卡尺检测残缺轴的半径

$$R=\frac{M^2+4H^2}{8H}\qquad（10-4）$$

式中　　R——内孔半径（mm）；

　　　　H——游标卡尺外卡脚长（mm）；

　　　　M——检测值（mm）。

【**实例10-4**】图10-4中，已知游标卡尺的外卡脚长 $H=40$ mm，测得距离 $M=120$ mm，求轴的半径 R。

解：根据公式（10-4），所测轴的半径 R 为：

$$R=\frac{M^2+4H^2}{8H}=\frac{120^2+4\times40^2}{8\times40}=65\ （mm）$$

10.1.2　角度的检测

1. 用角度样板检测角度

成批或大量生产时，可用角度样板检测零件的角度。检测时，将角度样板的工作面与零件的被测面接触，根据间隙大小来判断角度，如图10-5所示。

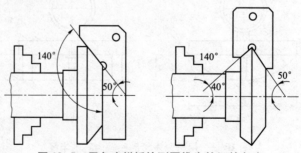

图10-5　用角度样板检测圆锥齿轮坯的角度

2. 用直角尺或圆柱角尺检测直角

如图10-6所示，将零件的基准面放置在平板上，使零件的被测面与直角尺或圆柱角尺的工作面轻轻接触，根据间隙大小来判断直角。

3. 用游标万能角度尺检测角度

如图 10-7（a）所示，游标万能角度尺由主尺、基尺、游标尺、角尺、直尺、夹块及锁紧器等组成。检测时，可转动背面的捏手 8，通过小齿轮 9 转动扇形齿轮 10，使基尺 5 改变角度。转到所需角度时，可用锁紧器 4 锁紧。夹块 7 可将角尺和直尺固定在所需的位置上。

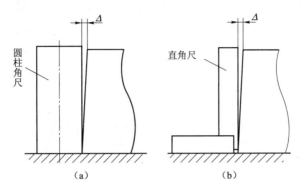

图 10-6　用圆柱角尺或直角尺检测直角

（a）圆柱角尺检测直角；（b）直角尺检测直角

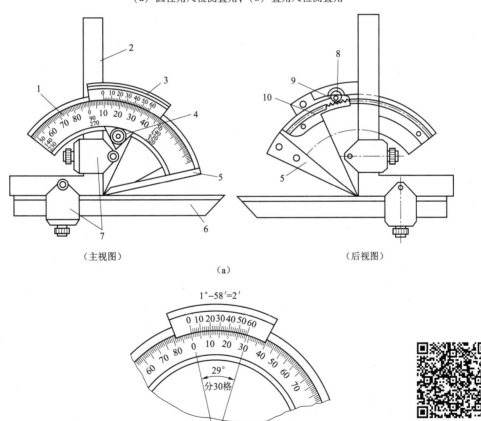

（主视图）　　　　　　　　　　　　　　　（后视图）

（a）

$1°-58'=2'$

（b）

JB/T 10026—1999

带表万能角度尺

图 10-7　游标万能角度尺

（a）结构图；（b）游标读数

1—主尺；2—角尺；3—游标尺；4—锁紧器；5—基尺；6—直尺；7—夹块；8—捏手；9—小齿轮；10—扇形齿轮

游标万能角度尺是按游标原理读数，如图 10-7（b）所示，主尺每格为 1°，游标上每格的分度值为 2′。

游标万能角度尺的检测范围是 0°～320°，按不同方式组合可检测不同的角度。图 10-8（a）所示，检测范围是 0°～50°；图 10-8（b）所示，检测范围是 50°～140°；图 10-8（c）所示，检测范围是 140°～230°；图 10-8（d）所示，检测范围是 230°～320°。

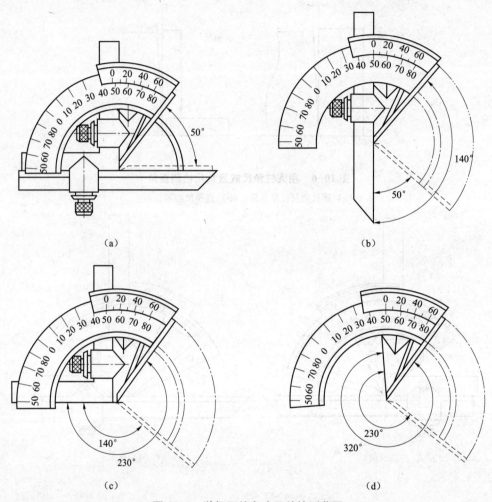

图 10-8　游标万能角度尺的检测范围
（a）0°～50°；（b）50°～140°；（c）140°～230°；（d）230°～320°

4. 用正弦规检测角度

如图 10-9 所示，正弦规主要由平台 3 和直径相同且互相平行的两个圆柱 4，以及紧固在平台侧面的侧挡板 1 和紧固在平台前面的前挡板 2 组成。正弦规用于检测小于 40° 的角度，精度可达 ±3′～±1′。

正弦规检测角度的方法是：

（1）设正弦规两圆柱的中心距为 L，先按被测角度的理论值 α 算出量块尺寸 H，即

$$H = L \times \sin \alpha \tag{10-5}$$

式中　α——被测角度的理论值（°）；

　　　　H——量块尺寸（mm）；

　　　　L——正弦规两圆柱的中心距（mm）。

（2）然后将组合好的高度为 H 的量块垫在一端圆柱下，一同放置于平板上；再将被测零件放置在正弦规的平台上，如图 10-10（b）所示。若零件的被测实际角度等于理论值 α 时，则被测面与平板是平行的，用指示器可检测被测面与平板是否平行。

5. 用圆柱检测角度

利用圆柱检测角度的方法，常用的有：用三个直径相同的圆柱和深度千分尺检测，

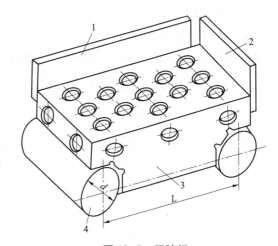

图 10-9　正弦规
1—侧挡板；2—前挡板；3—平台；4—圆柱

用三个直径相同的圆柱、量块和塞尺检测，用大小两个圆柱、量块和塞尺检测，用两个直径相同的圆柱、量块与塞尺检测。

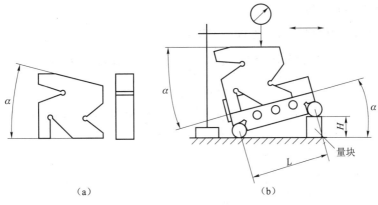

（a）

（b）

图 10-10　用正弦规检测角度
（a）被测零件；（b）检测示例

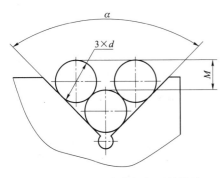

图 10-11　用三个直径相同的圆柱
和深度千分尺检测内角

（1）用三个直径相同的圆柱和深度千分尺检测内角。

如图 10-11 所示，将直径均为 d 的三个圆柱放置在被测内角中，用深度千分尺测得距离 M，然后按下式计算出角度 α：

$$\cos\frac{\alpha}{2}=\frac{M}{d}$$

则　　　　　　　　$\alpha=2\arccos\frac{M}{d}$　　　　（10-6）

式中　α——被测角度（°）；

　　　　d——圆柱直径（mm）；

　　　　M——检测值（mm）。

【**实例 10-5**】图 10-11 中，已知三圆柱直径 $d = 10$ mm，用深度千分尺测得距离 $M = 5.15$ mm，求该零件的内角 α。

解：根据公式（10-6），所测零件的内角 α 为：

$$\alpha = 2\arccos\frac{M}{d} = 2\arccos\frac{5.15}{10} = 2\arccos 0.515 = 118(°)$$

（2）用三个直径相同的圆柱、量块和塞尺检测内角。

如图 10-12 所示，将直径均为 d 的三个圆柱放置在被测内角中，用量块与塞尺测得距离 M，然后按下式计算出角度 α：

$$\sin\frac{\alpha}{2} = \frac{M+d}{2d}$$

则

$$\alpha = 2\arcsin\frac{M+d}{2d} \tag{10-7}$$

式中　α——被测角度（°）；

　　　d——圆柱直径（mm）；

　　　M——检测值（mm）。

【**实例 10-6**】图 10-12 中，已知三圆柱直径 $d = 8$ mm，用量块与塞尺测得距离 $M = 1.74$ mm，求该零件的内角 α。

解：根据公式（10-7），所测零件的内角 α 为：

$$\alpha = 2\arcsin\frac{M+d}{2d} = 2\arcsin\frac{1.74+8}{2\times 8} = 2\arcsin 0.608\,75 = 75(°)$$

（3）用大小两个圆柱、量块和塞尺检测内角。

如图 10-13 所示，将直径分别为 D 和 d 的大小两个圆柱放置在被测内角中，用量块与塞尺测得距离 M，然后按下式计算出角度 α：

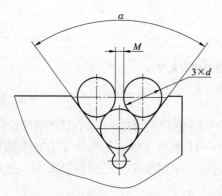

图 10-12　用三个直径相同的圆柱、量块和塞尺检测内角

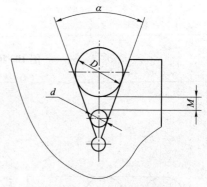

图 10-13　用大小两个圆柱、量块和塞尺检测内角

$$\sin\frac{\alpha}{2} = \frac{D-d}{2M+D+d}$$

则

$$\alpha = 2\arcsin\frac{D-d}{2M+D+d} \tag{10-8}$$

式中　α——被测角度（°）；

D、d——大、小圆柱的直径（mm）；

M——检测值（mm）。

【实例 10-7】图 10-13 中，已知圆柱直径 $D = 10$ mm，$d = 4$ mm，用量块与塞尺测得距离 $M = 1.77$ mm，求该零件的内角 α。

解：根据公式（10-8），所测零件的内角 α 为：

$$\alpha = 2\arcsin\frac{D-d}{2M+D+d} = 2\arcsin\frac{10-4}{2\times1.77+10+4} = 2\arcsin 0.342\,1 = 40(°)$$

（4）两个直径相同的圆柱、量块与塞尺检测内角。

如图 10-14 所示，将直径均为 d 的两个圆柱放置在被测内角中，用量块与塞尺测得距离 M，然后按下式计算出角度 α：

$$\sin\frac{\alpha}{2} = \frac{M}{d}$$

则　　　　　　$$\alpha = 2\arcsin\frac{M}{d} \tag{10-9}$$

式中　α——被测角度（°）；

d——圆柱直径（mm）；

M——检测值（mm）。

【实例 10-8】图 10-14 中，已知圆柱直径 $d = 8$ mm，用量块与塞尺测得距离 $M = 5.66$ mm，求该零件的内角 α。

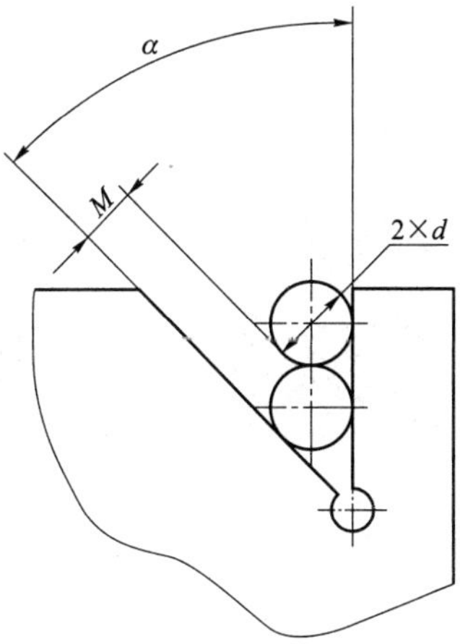

图 10-14　两个直径相同的圆柱、量块与塞尺检测内角

解：根据公式（10-9），所测零件的内角 α 为：

$$\alpha = 2\arcsin\frac{M}{d} = 2\arcsin\frac{5.66}{8} = 2\arcsin 0.707\,5 = 45.2(°)$$

10.1.3　圆锥的检测

1. 用圆锥量规检测内、外圆锥

可用圆锥量规来检测零件的莫氏锥度和其他标准锥度，其中圆锥塞规用于检测内锥体；圆锥套规用于检测外锥体。检测时用显示剂（印油或红丹粉）在零件外锥体表面或圆锥塞规表面沿着素线均匀地涂上三条线（此三条线沿圆周方向均布，涂色要求薄而均匀）；然后将塞规或套规的锥面与被测锥面轻轻接触；再在 120° 范围内往复旋转量规。退出塞规或套规后，若三条显示剂全长被均匀地擦去，说明零件锥度正确，如果锥体小端或大端被擦去，说明零件锥度不正确；如果锥体两头或中间被擦去，说明零件锥体素线不直。

如图 10-15 所示，圆锥塞规和圆锥套规上分别有两条环形刻线和一个缺口台阶，用于检测锥体大端或小端直径的尺寸，如锥体端面位于环形刻线或缺口台阶之间，且两锥体表面接触均匀，则表示锥体的锥度和尺寸正确。

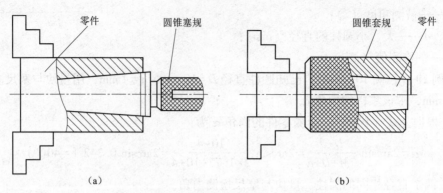

图 10-15　用圆锥量规检测内、外圆锥

（a）内圆锥大端直径正确；（b）外圆锥小端直径正确

GB/T 11852—2003 圆锥量
规公差与技术条件

GB/T 11853—2003 莫氏与
公制圆锥量规

JJG 2002—1987 圆锥量规
锥度计具检定系统

JJG 177—2003
圆锥量规

GB/T 10943—2003
1/4 圆锥量规

JB/T 8789—1998
1∶24（UG）圆锥量规

GB/T 11854—2003
7/24 工具圆锥量规

GB/T 11855—2003
钻夹圆锥量规

2. 用正弦规检测内、外圆锥锥角

用正弦规检测内、外圆锥锥角的方法，如图 10-10 所示。

3. 用圆柱检测外圆锥小端直径

如图 10-16 所示，将直径均为 d 的两个圆柱放置在圆锥的小端两处，并与放置在小端端面的平铁接触，用外径千分尺测得距离 M，然后按下式计算出圆锥小端直径 d_1：

$$d_1 = M - d - d\cot\left(\frac{90° - \dfrac{\alpha}{2}}{2}\right) \tag{10-10}$$

式中　d_1——圆锥小端直径（mm）；

　　　d——圆柱直径（mm）；

　　　$\alpha/2$——圆锥半角（°）；

　　　M——检测值（mm）。

4. 用钢球检测内圆锥大端直径

如图 10-17 所示，将直径为 d 的钢球放置在圆锥的大端处，并与放置在大端端面的平铁接触，用外径千分尺测得距离 M，然后按下式计算出圆锥大端直径 D：

$$D=D_0-2M+d\left(\cot\frac{90°-\dfrac{\alpha}{2}}{2}+1\right) \tag{10-11}$$

式中　D——圆锥大端直径（mm）；

　　　d——圆柱直径（mm）；

　　　$\alpha/2$——圆锥半角（°）；

　　　M——检测值（mm）；

　　　D_0——外径（mm）。

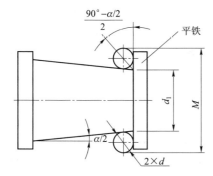

图 10-16　用圆柱检测外圆锥小端直径

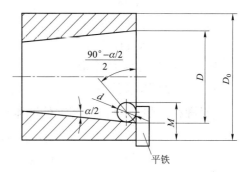

图 10-17　用钢球检测内圆锥大端直径

5. 用圆柱检测内圆锥大端直径

如图 10-18 所示，将圆锥塞规塞入零件的圆锥孔中，把直径均为 d 的两个圆柱放置在圆锥的大端两处，并且同时与大端端面和塞规接触，用外径千分尺测得距离 M，然后按下式计算出圆锥大端直径 D：

$$D=M-d-d\left(\cot\frac{90°-\dfrac{\alpha}{2}}{2}\right) \tag{10-12}$$

式中　D——圆锥大端直径（mm）；

　　　d——圆柱直径（mm）；

　　　$\alpha/2$——圆锥半角（°）；

　　　M——检测值（mm）。

6. 用钢球检测内圆锥的圆锥半角

如图 10-19 所示，先将直径为 d_1 的小钢球放入锥孔中，用深度千分尺测得距离 M_1，取出小钢球后再将直径为 d_2 的大钢球放入锥孔中，用深度千分尺测得距离 M_2，然后按下式计算出圆锥半角 $\alpha/2$：

$$\sin\left(\frac{\alpha}{2}\right)=\frac{d_2-d_1}{2\left(M_2-M_1\right)-\left(d_2-d_1\right)}$$

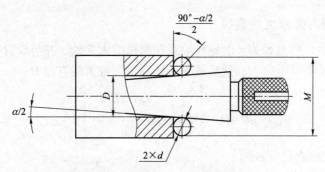

图 10-18　用圆柱检测内圆锥大端直径

则
$$\frac{\alpha}{2} = \arcsin\left(\frac{d_2 - d_1}{2(M_2 - M_1) - (d_2 - d_1)}\right) \qquad (10\text{-}13)$$

式中　$\alpha/2$——圆锥半角（°）；

　　　　d_2——大钢球直径（mm）；

　　　　d_1——小钢球直径（mm）；

　　　　M_2——大钢球深度（mm）

　　　　M_1——小钢球深度（mm）。

7. 用圆柱、量块检测外圆锥的圆锥半角

如图 10-20 所示，将零件圆锥小端的端面放置在平板上，两个直径相同的圆柱放置在圆锥小端两处，用外径千分尺测得距离 M_1，再将圆柱用高度均为 H 的量块支撑，用外径千分尺测得距离 M_2，然后按下式计算出圆锥半角 $\alpha/2$：

$$\tan\left(\frac{\alpha}{2}\right) = \frac{M_2 - M_1}{2H}$$

则
$$\frac{\alpha}{2} = \arctan\left(\frac{M_2 - M_1}{2H}\right) \qquad (10\text{-}14)$$

式中　$\alpha/2$——圆锥半角（°）；

　　　　M_2——圆柱在量块上的检测值（mm）；

　　　　M_1——圆柱在小端处的检测值（mm）；

　　　　H——量块高度（mm）。

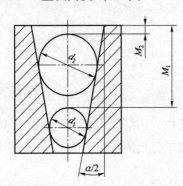

图 10-19　用钢球检测内圆锥
的圆锥半角

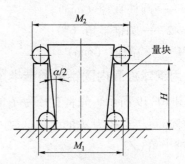

图 10-20　用圆柱、量块检测外
圆锥的圆锥半角

10.1.4 箱体的检测

箱体的检测项目主要有：各加工表面粗糙度及外观检查，孔、平面的尺寸精度及几何形状精度，孔距精度及相互位置精度的检测等。这里只介绍孔距精度及相互位置精度的检测。

1. 孔的同轴度误差的检测

孔的同轴度误差可用专用同轴度量规进行综合检测。如图 10-21（a）所示，当公差框格标注方式不同时，量规检测部分的尺寸也不相同：

（1）当公差框格中公差值后面标注了符号Ⓜ，则量规［见图 10-21（b）］的检测部分的尺寸，应等于被测孔的最大实体尺寸（即"被测孔的最小极限尺寸-几何公差值"）。

（2）当公差框格中基准字母后面标注了符号Ⓜ，则量规的定位部分的尺寸应该为基准孔的最大实体尺寸（即"基准孔的最小极限尺寸"）。

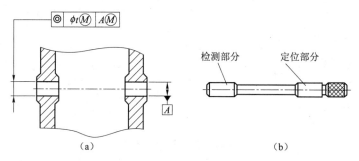

图 10-21 用量规检测同轴度误差

（a）零件图样；（b）量规

（3）若公差框格中基准字母后面没有标注符号Ⓜ，则量规的定位部分的尺寸，应随基准孔的实际尺寸的大小而变化（采用可胀式结构或分组选配，使量规定位部分与基准孔间形成很小的配合间隙）。

检测时，如量规的检测部分与定位部分均能自由通过箱体的被测孔与基准孔，则表示同轴度误差在公差允许范围内，是合格的。

如图 10-22（a）所示，检测时使孔的轴线成垂线方向，在箱体的被测

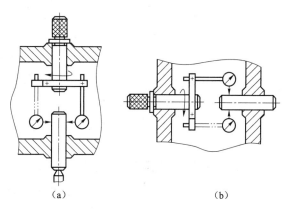

图 10-22 用指示器检测同轴度误差

（a）正确检测；（b）错误检测

孔内插入被测心轴，轴向固定；在基准孔内插入基准心轴（与孔配合间隙较小的心轴），轴向固定；固定在基准心轴上的百分表在水平面绕被测心轴旋转，即可检测同轴度误差。如使孔的轴线处于水平位置时检测，如图 10-22（b）所示，由于指示器自身零件受地球引力的作用，在垂直面作旋转时，随着地球引力相对方向的改变，造成指示器有很大的示值误差。

2. 孔距的检测

当孔距的精度不高时，可用游标卡尺检测［见图 10-23（a）］，然后按下式计算出孔距 L 为：

$$L=M+\frac{D_1}{2}+\frac{D_2}{2} \tag{10-15}$$

式中　L——孔距（mm）；

　　　M——游标卡尺检测值（mm）；

　　　D_1——被测孔 1 的直径（mm）；

　　　D_2——被测孔 2 的直径（mm）。

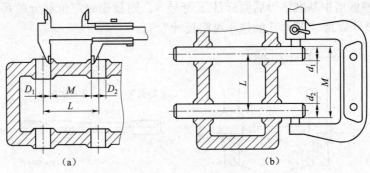

图 10-23　孔距的检测

（a）用游标卡尺检测；（b）用心轴与外径千分尺检测

当孔距精度较高时，可在孔内插入心轴，用外径千分尺检测，如图 10-23（b）所示，然后按下式计算出孔距 L 为：

$$L=M-\frac{d_1}{2}-\frac{d_2}{2} \tag{10-16}$$

式中　L——孔距（mm）；

　　　M——外径千分尺检测值（mm）；

　　　d_1——心轴 1 的直径（mm）；

　　　d_2——心轴 2 的直径（mm）。

3. 孔轴线的平行度误差的检测

检测孔轴线对基准平面平行度误差，如图 10-24（a）所示。将基准平面放置在平板上，并在被测孔内插入心轴，被测孔轴线由心轴模拟，用指示器在心轴两端检测，然后按下式计算出两孔轴线的平行度误差 f：

$$f=\left|M_1-M_2\right|\frac{L_1}{L_2} \tag{10-17}$$

式中　L_1——被测孔轴线长度（mm）；

　　　L_2——检测长度（mm）；

　　　M_1——指示器在检测长度上一端的读数（mm）；

　　　M_2——指示器在检测长度上另一端的读数（mm）。

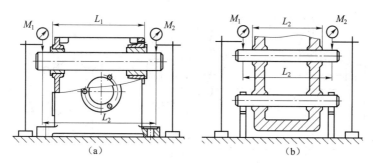

图 10-24　孔轴线的平行度误差的检测

（a）孔轴线对基准面平行度误差的检测；（b）两孔轴线平行度误差的检测

检测两孔轴线平行度误差，如图 10-24（b）所示。在基准孔和被测孔内均插入心轴，基准孔轴线和被测孔轴线由心轴模拟，将基准心轴的两端用等高 V 形架支撑，指示器在被测心轴两端检测，然后按式（10-17）计算出两孔轴线的平行度误差 f。

用外径千分尺检测基准心轴与被测心轴间的距离，也可计算出两孔轴线的平行度误差 f。

4. 两孔轴线垂直度误差的检测

如图 10-25（a）所示，将箱体放置在可调支撑上，基准孔和被测孔内均插入心轴，基准孔轴线和被测孔轴线（两孔的公共轴线）由心轴模拟，先调整可调支撑，使直角尺与基准心轴素线无间隙，然后用指示器在被测距离为 L_2 的两个位置上分别测得 M_1 和 M_2，则按式（10-17）计算出两孔轴线的垂直度误差 f。

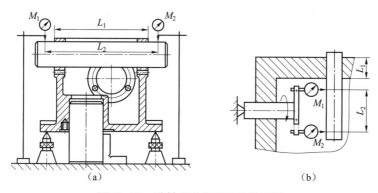

图 10-25　孔轴线垂直度误差的检测

如图 10-25（b）所示，在箱体基准孔和被测孔内均插入心轴，基准孔轴线和被测孔轴线由心轴模拟，将指示器安装在基准心轴上，基准心轴轴向固定并转动，指示器在距离为 L_2 的两个位置上分别测得 M_1 和 M_2，则按式（10-17）计算出两孔轴线的垂直度误差 f。

5. 端面对孔轴线垂直度误差的检测

用指示器检测端面对孔轴线垂直度误差如图 10-26（a）所示，将装有指示器的心轴插入箱体的基准孔内，轴向固定并转动心轴，即可测得在直径 D 范围内端面对孔轴线的垂直度误差。

此外，也可按图 10-26（b）所示方法检测，将带有圆盘的心轴塞入基准孔内，旋转心轴，根据被测平面显示剂的被擦面积的大小来判断垂直度误差的大小。显示剂被擦面积越

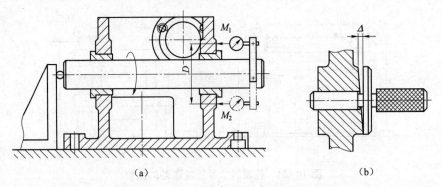

图 10-26　端面对孔轴线垂直度误差的检测

（a）用心轴与指示器检测；（b）用带有圆盘的心轴检测

大，零件的垂直度误差越小，反之越大。当垂直度误差较大时，被测平面与圆盘端面之间的间隙可用塞尺检测。能塞入的最大塞尺厚度，即为该零件的垂直度误差。

10.2　模具零件几何公差的检测

10.2.1　直线度误差的检测

1. 指示器法

如图 10-27 所示，被测零件用两顶尖安装，两指示器测杆在同一直线上，指向并垂直于零件的轴线。旋转零件，两指示器分别在截面轮廓离轴线最远的点对零位。再旋转零件，两指示器相距最大时的读数分别为 M_1 和 M_2，取 M_1 和 M_2 差值之半的绝对值 $\left[\text{即} \left|\dfrac{M_1-M_2}{2}\right|\right]$

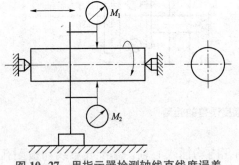

图 10-27　用指示器检测轴线直线度误差

为该截面的直线度误差，在零件轴向检测若干个截面，取截面中的最大误差为被测零件的直线度误差。指示器检测法适用于任意方向的轴线直线度误差检测。

用两个指示器同时检测是为了减少截面偶数棱轮廓误差对被测轴线直线度误差的影响。如截面轮廓较圆整，几何公差值又较大，可用一个指示器近似检测轴线直线度误差。

2. 光隙法

如图 10-28（a）所示，用刀口形直尺的刀口和被测直线或平面接触，使刀口形直尺和被测要素之间的最大间隙为最小，在此位置时的最大间隙即为直线度误差，间隙量较大时可用塞尺检测，间隙很小时可对照标准光隙，根据颜色可判断间隙大小；如图 10-28（b）所示，使被测素线与平板接触，并使被测素线与平板之间的最大间隙为最小，在此位置时的最大间隙即为直线度误差，间隙量可用钢丝或塞尺获取。

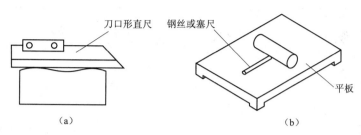

图 10-28 用光隙法检测直线度误差

3. 水平仪法

框式水平仪 [见图 10-29 (a)]，下垫桥板放置在被测表面上 [见图 10-29 (b)]，调整被测要素至近似水平后，水平仪沿被测要素按一定距离分段移动检测，记录每次检测时水平仪气泡在玻璃管刻度上的位置，按水平仪分度值 0.02 mm/1 000 mm 对读数进行计算，采用图解法可求得直线度的误差值。

【实例 10-9】用水平仪检测直线度，具体步骤如下。

（1）分段检测数据。

如图 10-29 (b) 所示，在框式水平仪下垫块桥板，放置在机床的导轨面 a 点上，调整机床下面的可调支撑，使导轨面近似水平，然后调整水平仪，使水平仪气泡的位置在玻璃管的中间（在水平仪和桥板之间的一端垫塞尺，改变水平仪的倾斜角度，使气泡移动至玻璃管的中间）。检测从 a 点开始，以后每过一段长度（此例长度为 200 mm）移动水平仪一次，记录下每次移动后气泡在玻璃管刻度上移动的格数。水平仪的分度值是 0.02 mm/1 000 mm，即气泡移动一格在 1 000 mm 长度上的倾斜量为 0.02 mm，那么在 200 mm 长度上的倾斜量应该是 0.02 mm 的 1/5。水平仪在各点检测后的数据，见表 10-1。

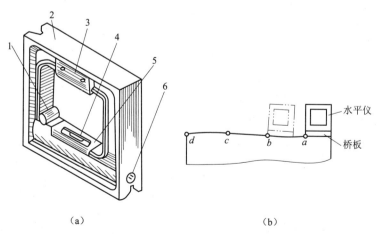

图 10-29 用水平仪检测直线度误差

（a）框式水平仪；（b）检测示例

1—横水准器；2—主体；3—把手；4—主水准器；5—盖板；6—调零装置

表 10-1　水平仪各点检测数据　　　　　　　　　　　　　　　　　mm

水平仪移动的位置	$a{\rightarrow}b$	$b{\rightarrow}c$	$c{\rightarrow}d$	$d{\rightarrow}e$	$e{\rightarrow}f$	$f{\rightarrow}g$	$g{\rightarrow}h$	$h{\rightarrow}i$
水位仪气泡移动的格数	+2.5	1.25	0	−0.625	−0.625	+1.25	+1.25	+2.5
1 000 mm 长度上的误差	+0.05	+0.025	0	−0.012 5	−0.012 5	+0.025	+0.025	+0.05
200 mm 长度上的误差	+0.01	+0.005	0	−0.002 5	−0.002 5	+0.005	+0.005	+0.01

（2）绘制直线度误差曲线图。

根据表 10-1 所列检测数据，绘制直线度误差曲线图，如图 10-30 所示。

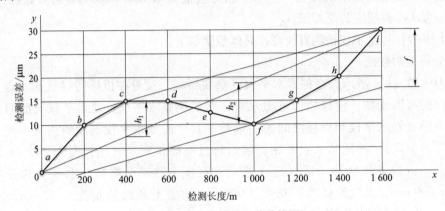

图 10-30　直线度误差曲线图

（3）评定直线度误差。

① 按最小区域法评定直线度误差。在曲线图中直接寻找最高和最低点，需要找到最高和最低相间的三点，该实例的最高点为 c 和 i 测点，而 f 测点为最低点。过这些点，可作两条平行线，将直线度误差曲线全部包容在两平行线之内。由于接触的三点已符合规定的相同准则，于是沿 y 轴坐标方向可确定直线度误差 $f=12.5\ \mu m$。

② 用两端点连线法评定直线度误差。把直线度曲线的首尾两测点 a 和 i 连成一条直线，该直线即为这种评定法的理想直线。相对于该理想直线而言，测点 c 至两端点 a 和 i 连线在 y 轴方向的距离为最大正值，即 $h_1=7.5\ \mu m$，而测点 f 至两端点 a 和 i 连线在 y 轴方向的距离为最大负值，即 $h_2=8.75\ \mu m$。因此，按两端点连线法评定该例题的直线度误差 $f=h_1+h_2=16.25\ \mu m$。

由于在绘图时纵坐标和横坐标采用了悬殊的比例，因此在用图解法求直线度误差时，必须沿坐标轴方向量取距离，不必按最小区域法规定的垂直距离量取。

4. 光学平直仪法

如图 10-31（a）所示光学平直仪，将其本体 2 放置在固定位置上，将反射镜 1 通过桥板放置在被测要素上［见图 10-31（b）］，且两者等高。先调整反射镜，使目镜中的十字像出现在视场中，再转动本体上的测微毂轮，使目镜中指示准线位于亮十字中间，然后反射镜沿被测要素按一定距离分段移动检测，记录每次检测准线与亮十字重合后毂轮调整的刻度数，采用作图法可求得直线度误差。

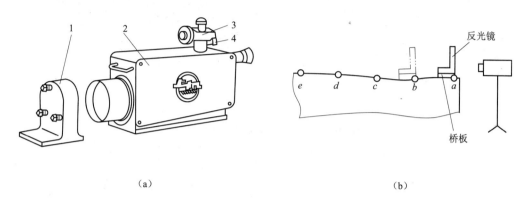

（a）　　　　　　　　　　　　　　　　　　　（b）

图 10-31　用光学平直仪检测直线度误差

（a）光学平直仪；（b）检测示例

1—反射镜；2—本体；3—目镜座；4—锁紧螺钉

5. 直线度检测仪法

直线度检测仪是一种利用直尺、指示表检测直线度误差的长度检测工具。它以石英平尺的检测面作为已知平面与被测直线比较，通过长度传感器、相应的电子部分和记录仪等把被测截面的轮廓形状记录下来，或打印出直线度误差。

此外，还可用激光准直仪、激光干涉仪等检测直线度误差，检测精确度很高。

10.2.2　平面度误差的检测

1. 千分表法

千分表法是利用千分表测出被测零件表面对模拟理想平面（平板）的平行偏差量，进而评定平面度误差。此种方法简单易行，特别适合中、低精度的中型零件的平面度检测。

1）千分表三远点等高法

如图 10-32（a）所示，让放置在标准平板上面的三个可调支撑的上面支撑起零件，千分表的表座在标准平板上移动，表的测头分别触及被测表面的 a、b、c 三点（该三点在被测表面上为相距最远的三点），通过调节可调支撑的高低，使千分表的读数在该三点相等，然后用千分表测整个被测表面，其最大与最小读数之差为该被测表面的平面度近似误差。当检测要求高时，可根据记录的各布点读数，用基面旋转法按最小条件得到平面度误差。

2）千分表对角等高法

如图 10-32（b）所示，让放置在标准平板上面的三个可调支撑的上面支撑起零件，千分表的表座在标准平板上移动，表的测头分别触及被测表面 a、b、c、d 四点（该四点分别邻近被测表面的四个角），通过调节可调支撑的高低，使表的测头在 a 点与 b 点时，表的读

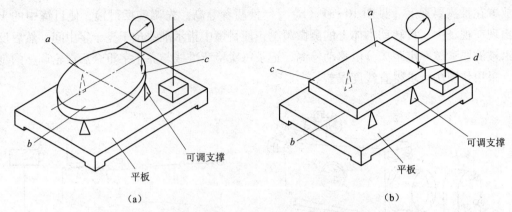

图 10-32　用千分表法检测平面度误差

（a）千分表三远点等高法；（b）千分表对角等高法

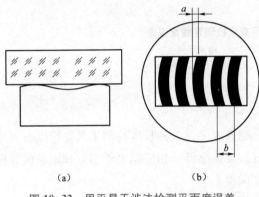

（a）　　　　　　　　（b）

图 10-33　用平晶干涉法检测平面度误差

数相等；使表的测头在 c 点与 d 点时，表的读数也相等。然后，用千分表测整个被测表面，其最大与最小读数之差为该零件被测表面的平面度近似误差。当要求高时，可根据记录的各布点读数，用基面旋转法按最小条件得到平面度误差。

2. 平晶干涉法

用平晶干涉法检测平面度适用于高精度的小平面，如量块工作面、千分尺的测砧平面等。如图 10-33（a）所示，检测时，将平晶紧贴在被测平面上，由于光波的干涉作用，会出现干涉条纹，如图 10-33（b）所示。根据干涉条纹的数目和条纹的形状，经过计算得到平面度误差。

如干涉条纹为直线时，则被测表面是平的，如条纹呈均匀弯曲的形状，则被测表面有平面度误差，其误差为

$$f = \frac{a}{b} \times \frac{\lambda}{2} \qquad (10-18)$$

式中　a——干涉条纹的弯曲量；

　　　b——干涉条纹间距；

　　　λ——所用光源的光波波长。

3. 斑点显示法

将被测平面均匀地涂上一层薄薄的显示剂（如红丹粉），然后将该平面放置在标准平板的工作面上，用手带动零件作前后、左右的往复移动，则被测平面高点的显示剂被摩擦去，并成为黑亮斑点，根据 25 mm×25 mm 面积内的斑点数及分布的均匀度来评定被测表面的平面度误差。

4. 水平仪、光学平直仪法

将水平仪或光学平直仪的反射镜放置在被测表面上，按一定的布点和方向逐点检测

（操作方法同检测直线度误差），经过计算得到平面度误差。

5. 激光平面度仪法

激光平面度仪是光机电相结合的用于检测大平面平面度的新型检测仪器。传统检测大平面采用标准直线法，即选取平面上的一点作为检测的起始点，以过该点的水平线（或光线）作为基准，检测其他点相对水平线（或光线）的空间位置，经过积累和换算获得被测平面平面度误差原始数据。每次检测基准点均要变换和累计，且误差大又很繁琐。激光平面度仪是以一个在空间自动安平的激光面作为检测点的统一基准，即用于实际检测的一个"过渡基准平面"，通过在被测平面上运行的以二象限光电池为传感器的随动系统自动跟踪激光过渡基准平面的过程，测得被测平面上各点平面度误差的原始数据，然后输入计算机通过程序求得被测平面的平面度误差。

这种检测方法与传统的检测平面度方法相比，将线接触式检测转换为点接触式检测，检测精度较高，检测速度快，检测结果通过计算机直接打印，比较直观。

6. 激光平面干涉仪法

激光平面干涉仪的工作原理是双光束等厚干涉原理。可精密检测光学平板的微小楔角、光学材料折射率 n 的均匀性，光学镀膜面或金属量块表面的平面度，还可检测 90° 棱角的直角误差及角锥棱镜单角和综合误差。对于干涉条纹可目视、检测读数、照相留存记录。

10.2.3　圆度误差的检测

1. 两点法

如图 10-34 所示，将被测零件放置在一个点支撑上，使零件轴线垂直于检测截面，轴向固定。旋转被测零件，指示器读数的最大差值的一半即为单个截面的圆度误差。重复上述方法，检测若干个截面，取其中最大误差值为该被测零件的圆度误差。

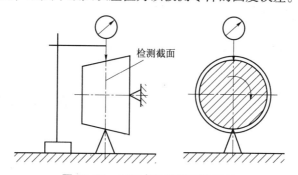

检测截面

图 10-34　用两点法检测圆度误差

两点检测法，由于下面只有一个点支撑，在定位时零件的两头会上下摇摆，使轴线不能保持水平，检测时旋转着的零件会滚动而去，指示器无法读数。被测单个截面应该是正截面，非正截面的轮廓是椭圆，会影响圆度的误差数值，如图 10-35（b）所示。

如图 10-36 所示，两点检测法适用于检测内外表面的偶数棱形状误差。用三爪自定心卡盘装夹时会发生变形零件的圆度误差，不可用此法检测。

两点检测法可选用外径千分尺、内径量杠表等检测工具。

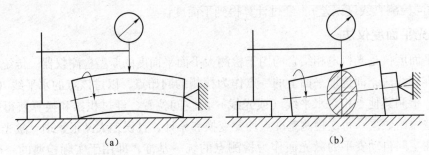

图 10-35　非点支撑或非正截面对检测圆度误差的影响

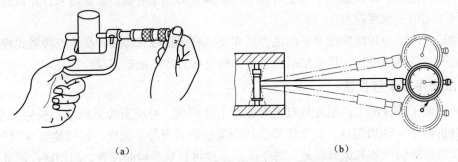

图 10-36　用外径千分尺、内径量杠表两点法检测圆度误差

（a）用外径千分尺检测；（b）用内径量杠表检测

2. 三点法

1）在 V 形架上用三点法检测圆度误差

如图 10-37 所示，在 V 形架上用三点法检测圆度误差。将表面形状棱数为 n 的零件放在夹角为 α 的薄 V 形架上，使其轴线垂直于检测截面，同时轴向固定。旋转被测零件，指示器读数的最大差值即为测得的特征参数 F，再除以反映系数 K，即得圆度误差 f：

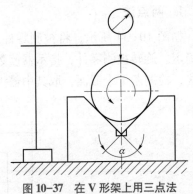

图 10-37　在 V 形架上用三点法
检测圆度误差

$$f = F/K \qquad (10\text{-}19)$$

式中，反映系数 K，可查阅表 10-2。

表 10-2　反映系数 K 值

夹角 α/（°） ＼ 棱数 n	3	5	7	9	11
90	2	2	—	—	2
108	1.38	2.24	1.38	—	—
120	1	2	2	1	—
135	0.6	1.4	2	2	1.4
150	0.27	0.73	1.27	1.73	2

重复上述方法，检测若干个截面，取其中最大误差值为该被测零件的圆度误差。

2）用三爪内径千分尺检测圆度误差

图 10-38（a）所示为三爪内径千分尺，1 为三爪检测头，测砧采用硬质合金材料制造，具有高的耐磨性。这种式样的检测头可接近不通孔的底端进行检测。2 是微分套筒，其刻线分度值一般为 0.005 mm。3 为棘轮，用来提供恒定的检测力。在 11～20 mm 尺寸范围内，每间隔 3 mm 有一把三爪内径千分尺；在 20～40 mm 范围内，每间隔 5 mm 有一把三爪内径千分尺；在 40～100 mm 范围内，每间隔 10 mm 有一把三爪内径千分尺。

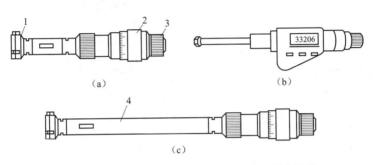

图 10-38 用三爪内径千分尺三点法检测圆度误差
（a）三爪内径千分尺；（b）数字显示三爪内径千分尺；（c）带接长杆的三爪内径千分尺
1—三爪检测头；2—微分套筒；3—棘轮；4—接长杆

图 10-38（b）为数字显示三爪内径千分尺。当所检测的孔较长时，要换上适当长度的接长杆 4，如图 10-38（c）所示。旋转三爪内径千分尺或零件，在圆周不同方向上多点检测，最大差值即为测得的特征参数 F，再除以应有的反映系数 K，即得单个截面的圆度误差。重复上述方法，检测若干个截面，取其中最大误差值为该被测零件的圆度误差。

三点检测法适用于检测内外表面的奇数棱形状误差。用四爪单动卡盘装夹变形零件的圆度误差，不可用此法检测。

3. 圆度仪法

目前，圆度仪为圆度误差检测的最有效手段。如图 10-39 所示，按照结构的不同，可将圆度仪分为两种，即工作台旋转式和主轴旋转式。

（1）工作台旋转式圆度仪。工作台旋转式简称转台式。传感器和测头固定不动，被测零件放置在仪器的回转工作台上，随工作台一起回转。这种仪器常制成紧凑的台式仪器，易于检测小型零件的圆度误差。

（2）主轴旋转式圆度仪。主轴旋转式简称转轴式。被测零件放置在工作台上固定不动，仪器的主轴带着传感器和测头一起回转。由于检测时被测零件固定不动，可用来检测较大零件的圆度误差。

圆度仪的检测原理是，零件中心和电动心轴中心对准，这是依靠粗调零件和精调电动心轴而得到的。检测部分由电动心轴驱动，绕垂直基准轴旋转，当仪器测头与实际被测圆轮廓接触时，实际被测圆轮廓的半径变化量就可以通过测头反映出来，此变化量由传感器接收，并转换成电信号输送到电气系统，经放大器、滤波器、运算器输送到微机系统，实现数据的自动处理、打印出被测截面的图形与圆度误差数据。

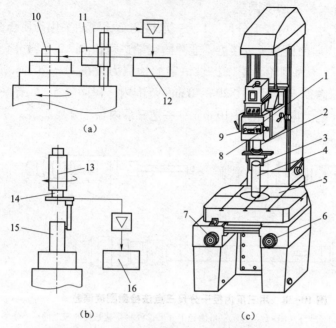

图 10-39　用圆度仪检测圆度误差

（a）转台式；（b）转轴式；（c）转轴式圆度仪

1—对心表；2—主轴；3—传感器；4、10、15—零件；5—工作台；6、7—手轮；
8、9—微调旋钮；11、14—电感测微仪；12、16—记录器；13—圆度仪旋转轴

10.2.4　圆柱度误差的检测

1. 两点法

两点检测法适用于横截面轮廓为偶数棱形状误差且沿轴向基本一致的被测圆柱面。如图 10-40 所示，检测时，将零件放置在平板上，并依靠直角座。旋转零件，在同一截面上取指示器最大与最小读数。沿轴向在不同位置检测若干个截面，然后取各截面所测得的所有读数中最大与最小读数差之半为该零件的圆柱度误差。

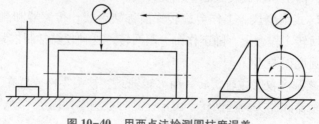

图 10-40　用两点法检测圆柱度误差

2. 三点法

三点检测法适用于横截面轮廓为奇数棱形状误差且沿轴向基本一致的被测圆柱面。如图 10-41 所示，检测时，将表面棱数为 n 的零件放置在夹角为 α 的 V 形架上（V 形架的长度应

大于被测零件的长度)。

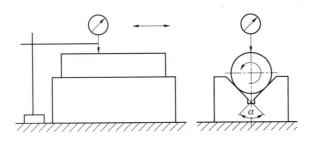

图 10-41　用 V 形架三点法检测圆柱度误差

旋转零件,在同一截面上取指示器最大与最小读数。沿轴向在不同位置检测若干个截面,然后取各截面内所测得的所有读数中最大与最小读数之差作为特征参数 F,再除以反映系数 K,即得圆柱度误差 f:

$$f = F/K \qquad\qquad (10-20)$$

式中,反映系数 K,可查阅表 10-2。

3. 圆柱度仪法

圆柱度仪是检测圆柱度的精密仪器。如图 10-42 所示圆柱度仪采用半径检测法,零件旋转式。该圆柱度仪旋转轴系采用高精度气浮主轴、高精度导轨作为检测基准。电气部分由高级计算机及精密圆光栅传感器、精密电感位移传感器组成,用于计量角度、径向位移量,保证检测零件的角位移、径向值的精确度。该圆柱度仪检测软件采用基于中文版 Windows 操作系统平台的 CA 系统检测软件,完成数据采集、处理及检测数据管理等工作。该圆柱度仪除检测圆柱度外,还可检测直线度、锥度、圆度、垂直度、同轴度、平行度、平面度及径向全跳动等。

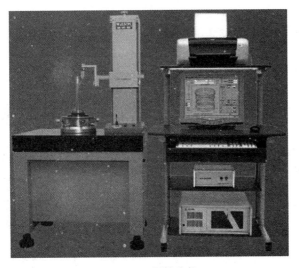

JB/T 10864—2008
圆柱度测量仪

图 10-42　圆柱度仪

10. 2. 5　线轮廓度误差的检测

1. 样板法

样板的检测曲线按零件的理想曲线制造，但凹凸与零件相反。检测时，样板的检测曲线与被测轮廓线对合，使其最大间隙为最小，在此位置的最大间隙为该零件的线轮廓度误差，如图 10-43 所示。

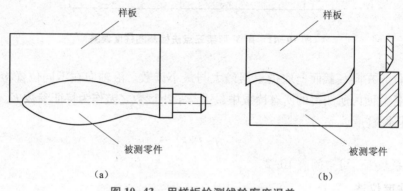

图 10-43　用样板检测线轮廓度误差

2. 投影仪法

投影仪按投影方式分轮廓投影和表面投影两种。轮廓投影是应用光的直线前进原理，光源所发出的光通过被测零件，投影到投影幕上，由于被测零件并非透明物，故只能看到被测零件的外缘轮廓，又称为透过照明法；表面投影是应用光的反射原理，光源必须照在被测零件表面上方，经零件表面后，反射到投影幕上，而得到放大的零件轮廓表面形状，表面投影又称为反射照明法，反射照明法分斜反射照明法和垂直反射照明法。

投影仪法是利用投影仪将零件的被测轮廓投影放大 K 倍在影屏上成清晰像，再与放大了相同 K 倍的公差带相比较。如图 10-44 （a）所示，若被测轮廓影像都在公差带区域内，则被测轮廓合格，否则被测轮廓不合格。

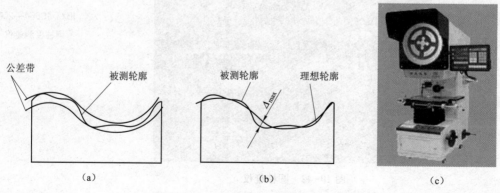

图 10-44　用投影仪检测线轮廓度误差
（a）公差带比较法；（b）理想轮廓比较法；（c）投影仪

另一种方法是，将被测轮廓影像与放大了相同 K 倍的理想轮廓图形相比较，如图 10-44（b）所示，测出被测轮廓与理想轮廓最大差距 $\Delta_{\max}$，则线轮廓度误差为

$$f=\frac{2\,|\Delta_{\max}|}{K} \qquad\qquad (10\text{-}21)$$

投影法适用于尺寸较小、精度要求一般的薄型零件的线轮廓度检测。

3. 万能工具显微镜法

万能工具显微镜，如图 10-45 所示。用直角坐标法或极坐标法在被测轮廓上测若干个点，将测得的实际坐标值与理想轮廓上的坐标值进行比较，取其中相距最大的绝对值的两倍作为该零件的线轮廓度误差。

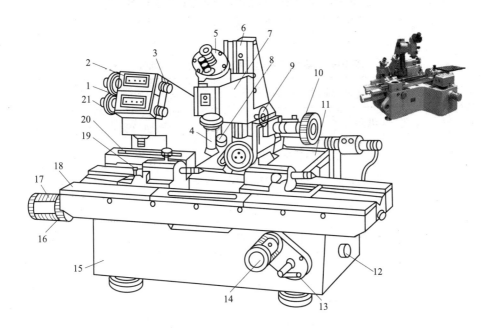

图 10-45　用万能工具显微镜检测线轮廓度

1—横向读数器；2—纵向读数器；3—调零手轮；4—物镜；5—侧角目镜；6—立柱；

7—臂架；8—反射照明器；9，10，16—手轮；11—横向滑台；12—仪器调平螺钉；

13—手柄；14—横向微动装置鼓轮；15—底座；17—纵向微动装置鼓轮；

18—纵向滑台；19—紧固螺钉；20—玻璃刻度尺；21—读数器鼓轮

1）轮廓直角坐标检测

被测零件如图 10-46（a）所示，检测时将被测零件放于玻璃工作台上，调整检测基线的方向，使之平行于纵向滑台的移动方向，然后移动纵、横向滑台，以米字线交点先后瞄准基点 0 和各坐标点 1、2、3、…，同时从纵、横向投影读数装置中读数（本例各坐标点的纵滑台方向增量为 5 mm）。被测零件轮廓坐标点读数值和坐标值，见表 10-3。

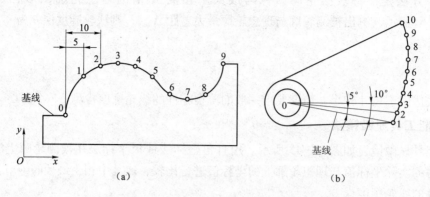

图 10-46　用万能工具显微镜检测线轮廓度示例

（a）轮廓直角坐标检测示例；（b）轮廓极坐标检测示例

表 10-3　零件直角坐标检侧读数值和坐标值

坐标点	读数值/mm		坐标值/mm	
	纵向（x）	横向（y）	纵向（x）	横向（y）
0	30.1	16.200 0	0	0
1	35.1	27.380 3	5	11.180 3
2	40.1	30.342 1	10	2.961 8
3	45.1	31.200 0	15	0.857 9
4	50.1	30.342 1	20	-0.857 9
5	55.1	27.380 3	25	-2.961 8
6	60.1	22.539 8	30	-4.840 5
7	65.1	21.200 0	35	-1.339 8
8	70.1	22.539 8	40	1.339 8
9	75.1	31.149 2	45	8.609 4

2）轮廓极坐标检测

被测零件如图 10-46（b）所示，先将被测零件放在圆分度台上，使基点 0 与分度台的转动中心重合（利用米字线分划板中心对准分度台上玻璃板的十字双线。当被测件放在分度台上后，让被测件上的基点 0 与米字线中心重合），然后移动纵向滑台和转动分度台，以米字线交点先后瞄准基点 0 和各坐标点 1、2、3、…，并读出纵向读数和分度台的角度读数（本例各坐标点的增量为 5°）。被测零件轮廓坐标点读数值和坐标值，见表 10-4。

表 10-4　零件极坐标检测读数值和坐标值

坐标点	读数值		坐标值	
	角度	纵向/mm	极角/（°）	极径/mm
1		79.495 2	0	30.904 8
2	125°3′4″	111.225 0	5	31.729 8
3	130°3′4″	112.120 2	10	32.625 0
4	135°3′4″	113.083 1	15	33.587 9
5	140°3′4″	114.110 2	20	34.615 0
6	145°3′4″	115.196 6	25	35.701 4
7	150°3′4″	116.336 5	30	36.841 3
8	155°3′4″	117.522 5	35	38.027 3
9	160°3′4″	118.746 0	40	39.250 8
10	165°3′4″	119.997 2	45	40.502 0

线轮廓度还可以用三坐标检测机等检测。

10.2.6　面轮廓度误差的检测

1. 截面轮廓样板法

图 10-47 所示为截面轮廓样板检测叶片面轮廓度误差的示意图。各截面样板轮廓按各被测截面理想轮廓制造，检测时，将各截面样板插进相应截面的槽中，用间隙法检测各截面轮廓的线轮廓度误差，取其中最大间隙为该零件的面轮廓度误差。

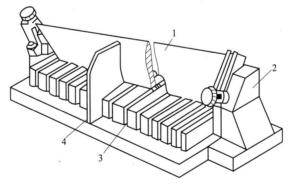

图 10-47　用截面轮廓样板检测面轮廓度误差
1—被测叶片；2—支架；3—定位槽；4—样板

2. 三坐标测量机法

图 10-48 所示三坐标测量机由工作台、导轨、位置传感器、探头、传动和数控系统组成，配以数据处理系统构成整套完整的检测系统。

图 10-48　三坐标测量机

　　三坐标测量机的检测原理是，将被测物体置于三坐标检测空间，可获得被测物体上各测点的坐标位置，根据这些点的空间坐标值，经计算求出被测物体的几何尺寸、形状和位置。

　　三坐标测量机的检测方法是，通过测头（传感器）接触或不接触零件表面，获得检测信息，由计算机进行数据采集，通过计算，并与预先存储的理论数据比较，然后输出检测结果。

　　三坐标测量机检测面轮廓度时，在零件的被测面上测若干个点的坐标，并将测得的坐标值与理想轮廓的坐标值进行比较，取其中差值最大的绝对值的两倍作为该零件的面轮廓度误差。

10.2.7　平行度误差的检测

1. 打表法

1）面对面的平行度检测

　　如图 10-49（a）所示零件，上平面对底平面的平行度公差为 0.03 mm。

　　检测时将零件放置在标准平板上，基准面 A 与平板的工作面接触。表座也放置在标准平板上，表的测杆垂直于标准平板的工作面，测头触及零件的被测平面，由表座带动表移动，检测整个被测平面［见图 10-49（b）］，取表的最大读数 M_{max} 与最小读数 M_{min} 之差为该零件的平行度误差 f，即

$$f = M_{max} - M_{min} \tag{10-22}$$

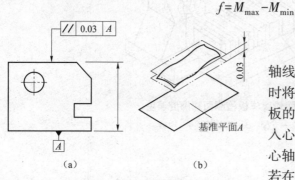

图 10-49　面对面的平行度

（a）标注示例；（b）公差带

2）线对面平行度的检测

　　如图 10-50（a）所示零件，被测孔 ϕD 轴线对底平面平行度公差为 0.02 mm。检测时将零件放置在标准平板上，基准面 A 与平板的工作面接触，在长度为 L_1 的被测孔内塞入心轴，被测孔轴线由心轴模拟，用表检测心轴两端的最高点［见图 10-50（b）］，若在距离为 L_2 的两个最高点位置上测得的读数分别为 M_1、M_2，则该零件的平行度误差 f 为

$$f = |M_1 - M_2| \frac{L_1}{L_2} \qquad (10-23)$$

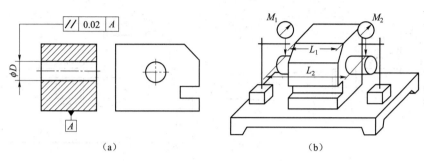

图 10-50　用指示器检测线对面平行度误差

（a）零件图样；（b）检测示例

3）连杆孔轴线之间平行度的检测

如图 10-51（a）所示连杆，ϕD 孔轴线对 ϕd 孔轴线在垂线方向的平行度公差为 0.04 mm。

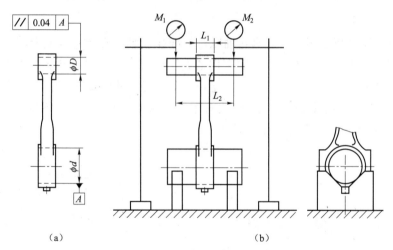

图 10-51　用指示器检测连杆孔轴线之间的平行度误差

（a）连杆；（b）检测示例

检测时将零件的基准孔和长度为 L_1 的被测孔内均塞入心轴，基准孔 A 的心轴两端分别用放置在标准平板上的等高 V 形架支撑，用表检测被测孔心轴两端最高点［见图 10-51（b）］，若在距离为 L_2 的两个最高点位置上测得的读数分别为 M_1、M_2，则该零件的平行度误差 f 为

$$f = |M_1 - M_2| \frac{L_1}{L_2} \qquad (10-24)$$

4）连杆轴线与曲轴轴线之间平行度的检测

如图 10-52（a）所示单拐曲轴，曲柄颈中 d 轴线对两处主轴颈 ϕ 的公共轴线 $A-B$ 在任意方向上平行度公差为 $\phi 0.01$ mm。检测如图 10-52（b）所示，用两块等高 V 形架分别支撑曲轴的两处主轴颈小，两指示器分别检测曲柄颈的上素线与下素线，表座在平板上沿零件轴向移动，两个指示器的 M_1 与 M_2 读数之差为单个轴向截面的平行度误差，旋转零件，检测

若干个方向的上、下素线，取最大误差为该零件的平行度误差。

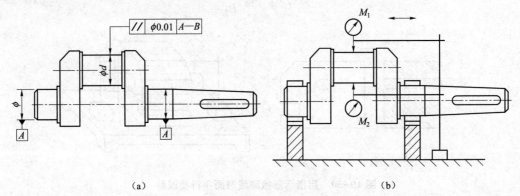

图 10-52 用指示器检测连杆轴线与曲轴轴线之间的平行度误差

(a) 单拐曲轴图样；(b) 检测示例

用两个指示器同时检测是为了减少曲柄颈的圆柱度误差对被测平行度的影响，如曲柄颈的圆柱度误差较小，平行度的公差值又较大，可用一个指示器近似检测平行度误差。

2. 量规法

如图 10-53 (a) 所示零件，被测孔轴线对基准孔 A 轴线在任意方向上平行度的公差为 φ0.04 mm，且被测要素和基准要素同时采用最大实体要求。检测元件 2 的工作部位直径尺寸同 φ25H7 被测孔的最大实体实效尺寸，定位销 1 直径尺寸同 φ30H7 ⓔ 基准孔的最大实体尺寸。导向元件 3 上的光滑导向孔 5 的轴线对定位销的轴线平行。根据零件两孔中心距的变化，导向元件的位置可以在基座 4 上移动。

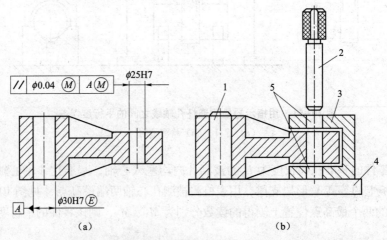

图 10-53 用量规检测任意给定方向平行度误差

(a) 零件图样；(b) 检测示例

1—定位销；2—检测元件；3—导向元件；4—基座；5—光滑导向孔

如图 10-53 (b) 所示，检测时，将零件的基准孔套入定位销，检测元件若能同时通过两个导向孔和零件的被测孔，且导向元件的底面与基座完全接触，则表示零件的平行度误差在公差范围内，是合格的。

10.2.8　垂直度误差的检测

1. 光隙法

如图 10-54 (a) 所示零件，被测侧面对底面的垂直度公差为 t，该零件的垂直度误差可用圆柱角尺进行检测，如图 10-54 (b) 所示，将零件的基准面 A 放置在平板的工作面上，使零件的被测表面与圆柱角尺的工作素线轻轻接触，观察缝隙，对照标准光隙，根据颜色可判断缝隙大小，当缝隙较大时，可以用塞尺进行检测，按上述方法检测被测表面若干个部位，取其中最大缝隙 Δ 作为该零件的垂直度误差。也可用直角尺检测零件的垂直度误差，如图 10-54 (c) 所示。

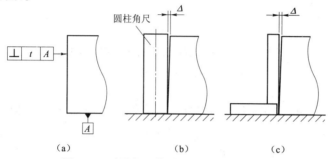

（a）　　　　　（b）　　　　　（c）

图 10-54　用角尺检测面对面垂直度误差

（a）零件图样；（b）圆柱角尺检测示例；（c）直角尺检测示例

2. 打表法

1）线对线垂直度的检测

如图 10-55 (a) 所示零件，孔 ϕD 轴线对孔 ϕd 轴线的垂直度公差为 0.04 mm。

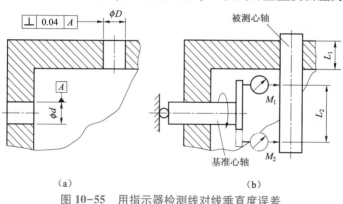

（a）　　　　　　　　　　（b）

图 10-55　用指示器检测线对线垂直度误差

（a）零件图样；（b）检测示例

检测时在零件的被测孔内塞入被测心轴（可胀式心轴或与孔无间隙配合的心轴），在基准孔内塞入基准心轴（与孔配合间隙较小的心轴），轴向固定，指示器安装在基准心轴上 [见图 10-55 (b)]，转动基准心轴，指示器在距离为 L_2 的两个位置上测得的读数分别为 M_1 和 M_2，则该零件的垂直度误差 f 为

$$f = |M_1 - M_2| \frac{L_1}{L_2} \tag{10-25}$$

2）面对线垂直度的检测

图 10-56（a）所示零件，上平面对轴 ϕd 的轴线垂直度公差为 0.08 mm。

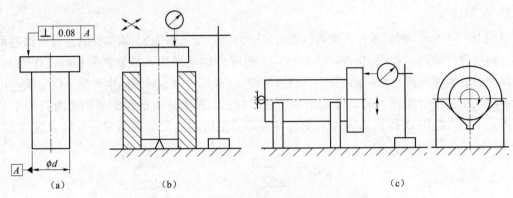

图 10-56 用指示器检测面对线垂直度误差

（a）零件图样；（b）检测示例；（c）错误检测

如图 10-56（b）所示，检测时，将零件的基准轴放入与轴配合间隙较小的套内（或用两块 V 形架的 V 形槽合抱基准轴）。用指示器检测整个被测面，则指示器的最大读数 M_{max} 与最小读数 M_{min} 之差为该零件的垂直度误差 f，即

$$f=M_{max}-M_{min} \tag{10-26}$$

图 10-56（b）所示的检测方法，指示器既能检测出被测面对基准轴线 A 在 90° 位置上的倾斜，又能检测出被测面的凹凸，所以这种检测方法是正确的。

如图 10-56（c）所示的垂直度的检测方法是，零件的基准轴用两块等高的 V 形架支撑，并轴向固定以防窜动。转动零件，指示器最大读数与最小读数的之差为被测面某个直径上的垂直度误差，按上述方法在被测面不同直径上检测若干次，取其中最大的误差为该零件的垂直度误差。该检测方法是错误的，原因是被测面如对基准轴线 A 在 90° 位置上有倾斜，指示器能检测出，但被测面如对称于基准轴线 A 呈凹凸，指示器却不能检测得出来。

3. 量规法

图 10-57（a）所示零件，被测平面对基准孔轴线 A 垂直度公差为 t。

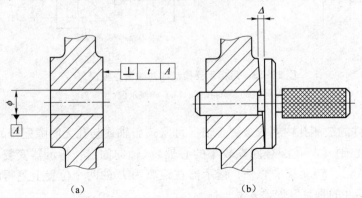

图 10-57 用量规检测面对线垂直度误差

（a）零件图样；（b）检测示例

如图 10-57 （b） 所示，检测时，将带有圆盘的心轴塞入基准孔内，旋转心轴，根据被测平面显示剂的被擦面积的大小来判断垂直度误差的大小，显示剂被擦面积越大，零件的垂直度误差越小，反之即大。当垂直度误差较大时，被测平面与圆盘端面之间的间隙可用塞尺检测。能塞入的最大塞尺厚度，即该零件的垂直度误差。

【**实例 10-10**】 汽缸体孔轴线对基准面垂直度检测实例。如图 10-58 （a） 所示汽缸体零件，被测孔 ϕD 在垂线方向对基准面 A 的垂直度公差为 0.04 mm。具体检测步骤为：

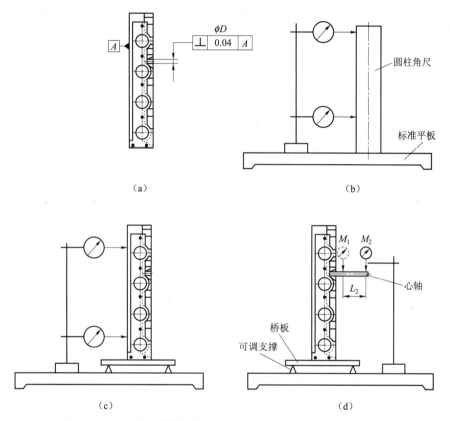

图 10-58 用指示器检测汽缸体孔轴线对基准面的垂直度误差
（a）零件图样；（b）对表；（c）找正基准面；（d）检测心轴

（1）对表。如图 10-58 （b） 所示，在同一表架上安装两只指示器，要求两只指示器的测杆在同一垂直平面内，移动表座，使指示器的测头与圆柱角尺的工作素线接触，分别旋转表盘，使两只指示器的指针均对准 "0"。

（2）找正基准面。如图 10-58 （c） 所示，零件放置在桥板上（桥板能扩大零件的定位面，使零件放置平稳，并便于可调支撑的微量调整），桥板由放置在平板上的三只可调支撑作支撑，指示器的测头触及零件的基准面，调整可调支撑的高低，使两只表的指针均对准 "0"。

（3）检测心轴。如图 10-58 （d） 所示，在被测孔内塞入心轴，用指示器分别检测心轴伸出部分的两端最高点，若被测孔长为 L_1，在距离为 L_2 的两个最高点位置上测得的读数分为 M_1、M_2，则该零件的垂直度误差 f 为

$$f= |M_1-M_2| \frac{L_1}{L_2} \qquad\qquad (10\text{-}27)$$

10.2.9　倾斜度误差的检测

倾斜度公差是限制实际要素对基准在倾斜方向上变动量的一项指标。倾斜度有线对线倾斜度、给定方向线对面的倾斜度、任意方向线对面的倾斜度、面对线的倾斜度、面对面的倾斜度5种。

线对线倾斜度公差带是距离为公差值 t，且与基准线成理论正确角度的两平行平面之间的区域，如图10-59所示。

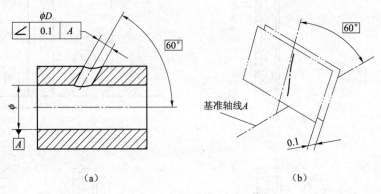

图 10-59　线对线的倾斜度

（a）标注示例；（b）公差带

给定方向线对面倾斜度公差带是距离为公差值 t，且与基准面成理论正确角度的两平行平面之间的区域，如图10-60所示。

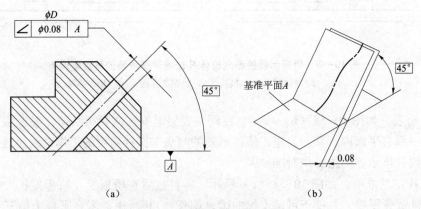

图 10-60　给定方向线对面的倾斜度

（a）标注示例；（b）公差带

任意方向线对面倾斜度公差带是直径为公差值 ϕt，其轴线与基准体系成理论正确角度，并平行于基准平面的圆柱面内的区域，如图10-61所示。

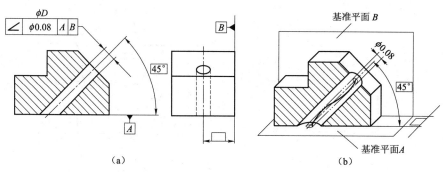

图 10-61　任意方向线对面的倾斜度

（a）标注示例；（b）公差带

面对线倾斜度公差带是距离为公差值 t，且与基准线成理论正确角度的两平行平面之间的区域，如图 10-62 所示。

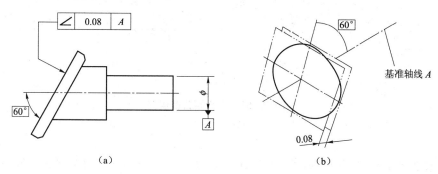

图 10-62　面对线的倾斜度

（a）标注示例；（b）公差带

面对面倾斜度公差带是距离为公差值 t，且与基准面成理论正确角度的两平行平面之间的区域，如图 10-63 所示。

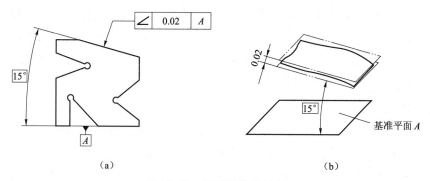

图 10-63　面对面的倾斜度

（a）标注示例；（b）公差带

1. 定角座法

图 10-64（a）所示样板，被测斜面对基准面 A 的理论正确角度为 15°，其倾斜度公差为 0.02 mm。

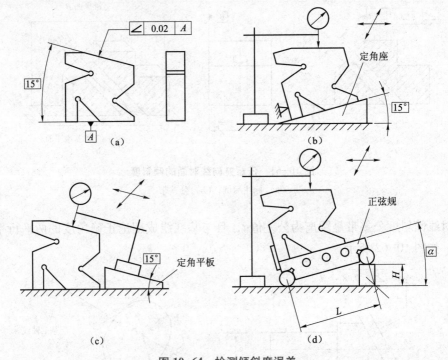

图 10-64　检测倾斜度误差

（a）样板图样；（b）用定角座检测；（c）用定角平板检测；（d）用正弦规检测

倾斜度误差的检测可以转换成平行度误差的检测。如图 10-64（b）所示，检测时，将样板基准面 A 放置在定角座上，定角座的角度同被测零件的理论正确角度 15°，用指示器检测样板的整个被测面，则指示器的最大读数 M_{max} 与最小读数 M_{min} 之差为该零件的倾斜度误差 f，即

$$f = M_{max} - M_{min} \tag{10-28}$$

2. 定角平板法

图 10-64（a）所示样板，检测时，将样板基准面 A 放置在平板上，指示器的表座放置在定角平板上，如图 10-64（c）所示，定角平板的角度同被测零件的理论正确角度 15°，表座在定角平板工作面上移动，用指示器检测样板的整个被测面，则指示器的最大读数与最小读数之差为该零件的倾斜度误差。

3. 正弦规法

如图 10-64（a）所示样板，检测时将样板基准面 A 放置在正弦规工作面上，如图 10-64（d）所示，为使正弦规的工作面与平板的夹角等于零件的理论正确角度 α，在正弦规的一端圆柱下垫高度为 H 的量块，设正弦规两圆柱的中心距为 L，则量块的高度 H 为

$$H = L \sin \alpha \tag{10-29}$$

用指示器检测样板的整个被测面，则指示器的最大读数与最小读数之差为该零件的倾斜度误差。

4. 定位销法

图 10-65（a）所示样板，将样板基准面 A 放置在定位销上，两定位销定位表面的连线

与平板的夹角同被测零件的理论正确角度 15°。由于样板较薄，将其端面靠住直角座，如图 10-65（b）所示。用指示器检测样板的整个被测面，则指示器的最大读数与最小读数之差为该零件的倾斜度误差。

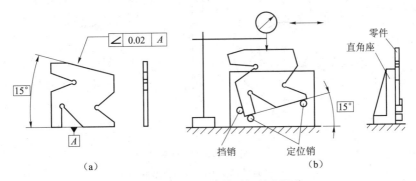

图 10-65　用定位销检测倾斜度误差

（a）样板图样；（b）用定位销检测

5. 水平仪法

如图 10-66（a）所示零件，水平仪 1 先放置在桥板 3 上，调节可调支撑 4，使桥板处于水平位置，在定角座 2 的孔内塞入零件的基准轴［见图 10-66（b）］，并旋转零件，使被测孔内心轴的右端上素线处于最高位置，或使心轴的左端上素线处于最低位置（用指示器检测）。水平仪在心轴和平板上的读数分别为 A_1 和 A_2，水平仪的分度值为 i，被测孔长度为 L，则该零件的倾斜度误差 f 为

$$f = |A_1 - A_2| \times i \times L \tag{10-30}$$

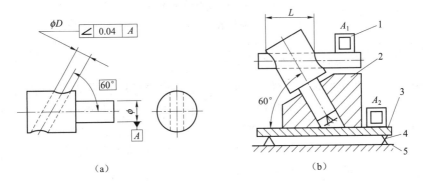

图 10-66　用水平仪检测倾斜度误差

（a）零件图样；（b）用水平仪检测

1—水平仪；2—定角座；3—桥板；4—可调支撑；5—标准平板

10. 2. 10　同轴度误差的检测

同轴度公差是限制被测轴线偏离基准轴线的一项指标。当轴线很短时，可以将同轴度看成点的同心度。同心度公差带是直径为公差值和，且与基准圆同心的圆内的区域，如图 10-67 所示。

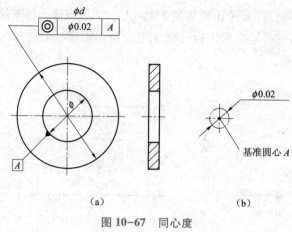

图 10-67 同心度

（a）标注示例；（b）公差带

轴线的同轴度公差带是直径为公差值 $\phi\,t$，且与基准同轴的圆柱面内的区域，如图 10-68 所示。

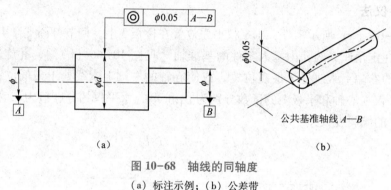

图 10-68 轴线的同轴度

（a）标注示例；（b）公差带

1. 单一基准轴类零件的同轴度误差检测法

图 10-69（a）所示的轴类零件，被测圆柱 $\phi\,d$ 轴线对基准圆柱 $\phi\,D$ 轴线的同轴度公差为 $\phi\,0.1$ mm。检测时把零件基准圆柱放置在 V 形架上［见图 10-69（b）］，两指示器测杆在同一直线上，指向并垂直于零件的轴线。旋转零件，两指示器分别在截面轮廓离轴线最远的点对零位。再旋转零件，两指示器相距最大时的读数分别为 M_1 和 M_2，取两个指示器的读

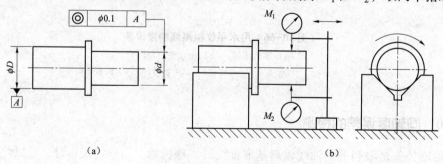

图 10-69 单一基准轴类零件的同轴度误差的检测

（a）零件图样；（b）检测示例

数差的绝对值$|M_1$-$M_2|$为单个截面上的同轴度误差，沿零件轴线方向移动指示器，在若干个位置上进行检测，取各截面测得的读数差中的最大绝对值，作为该零件的同轴度误差。

2. 单一基准套类零件的同轴度误差检测法

图 10-70（a）所示的套类零件，被测圆柱 d 轴线对基准孔中轴线的同轴度公差为 $\phi 0.1$ mm。检测时，可在基准孔内插入心轴，心轴的另一段放置在 V 形架上［见图 10-70（b）］，两指示器测杆在同一直线上，指向并垂直于零件的轴线。旋转零件，两指示器分别在截面轮廓离轴线最远的点对零位。再旋转零件，两指示器相距最大时的读数分别为 M_1 和 M_2，取两个指示器的读数差的绝对值$|M_1$-$M_2|$为单个截面上的同轴度误差，沿零件轴线方向移动指示器，在若干个位置上进行检测，取各截面测得的读数差中的最大绝对值，作为该零件的同轴度误差。

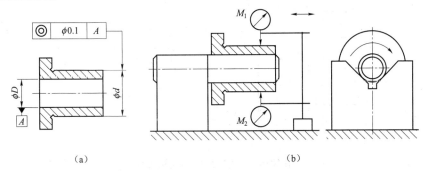

（a）   （b）

图 10-70 单一基准套类零件的同轴度误差的检测

（a）零件图样；（b）检测示例

3. 公共基准轴线的同轴度误差检测法

图 10-71（a）所示零件，被测圆柱 ϕd 轴线对两端圆柱 ϕD 组成的公共基准轴线 A-B 的同轴度公差为 $\phi 0.05$ mm。检测方法如图 10-71（b）所示，将零件的两端外圆放置在两个等高的刃口状 V 形架上，两指示器测杆在同一直线上，指向并垂直于零件的公共轴线。旋转零件，两指示器分别在截面轮廓离轴线最远的点对零位。再旋转零件，两指示器相距最大时的读数分别为 M_1 和 M_2，取指示器的读数差的绝对值$|M_1$-$M_2|$为单个截面上的同轴度误差，沿零件轴线方向移动指示器，在若干个位置上进行检测，取各截面测得的读数差中的最大绝对值，作为该零件的同轴度误差。

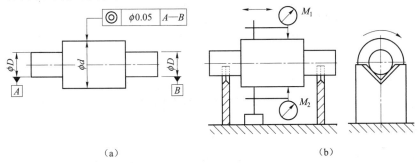

（a）   （b）

图 10-71 公共基准轴线的同轴度误差的检测

（a）零件图样；（b）检测示例

同轴度误差的检测，是检测轴线对轴线的偏差，并非检测截面轮廓对轴线的误差。用两个指示器同时检测是为了减少零件截面偶数棱轮廓误差对同轴度误差的影响。如果截面轮廓较圆整，几何公差的公差值又较大，可用一个指示器近似检测同轴度误差。

4. 量规法

如图 10-72（a）所示，零件被测孔 φ 12H8 轴线对基准孔 φ 17H8 ⒠轴线 A 的同轴度为零公差，且被测要素和基准要素同时采用最大实体要求。检测时，如量规［见图 10-72（b）］的检测部分与定位部分均能自由通过零件的被测孔与基准孔，则表示被测孔的实际轮廓在最大实体边界范围内，也就是说该零件的同轴度误差在公差范围内，是合格的。

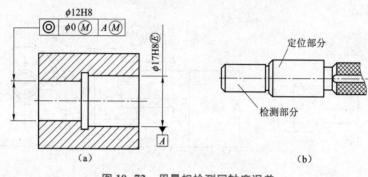

图 10-72　用量规检测同轴度误差

（a）零件图样；（b）量规

10.2.11　对称度误差的检测

对称度公差是限制被测要素偏离基准要素的一项指标。对称度包括线对线对称度、线对面对称度、面对线对称度、面对面对称度。

线对线对称度公差带是距离为公差值 t，相对基准中心线、轴线对称配置的两平行平面（或直线）之间的区域，如图 10-73 所示。

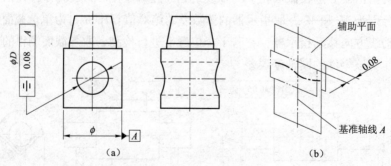

图 10-73　线对线的对称度

（a）标注示例；（b）公差带

线对面对称度公差带是距离为公差值 t，相对基准中心平面对称配置的两平行平面（或直线）之间的区域，如图 10-74 所示。

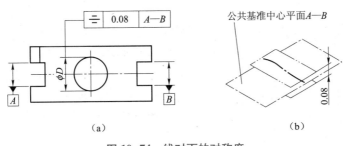

图 10-74　线对面的对称度

（a）标注示例；（b）公差带

面对线对称度公差带是距离为公差值 t，相对基准中心线、轴线对称配置的两平行平面（或直线）之间的区域，如图 10-75 所示。

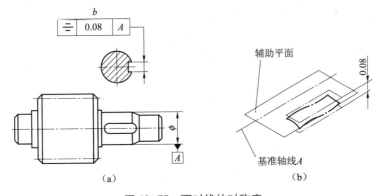

图 10-75　面对线的对称度

（a）标注示例；（b）公差带

面对面对称度公差带是距离为公差值 t，相对基准中心平面对称配置的两平行平面（或直线）之间的区域，如图 10-76 所示。

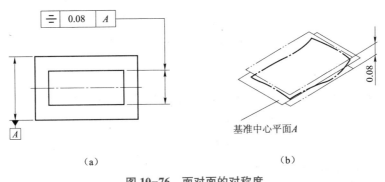

图 10-76　面对面的对称度

（a）标注示例；（b）公差带

1. 打表法

如图 10-77（a）所示滑块，槽的中心面对基准中心平面的对称度公差为 0.08 mm。

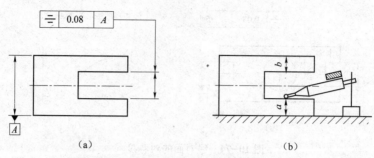

图 10-77　用指示器检测面对面对称度误差

（a）零件图样；（b）检测示例

如图 10-77（b）所示，检测时，将被测零件放置在平板上，测出被测表面至平板的距离 a，将零件翻转后，测出另一被测表面至平板之间的距离 b，则 a、b 之差的绝对值即为检测截面两对应距离的对称度误差。检测不同截面的对应距离，取其各对应距离的最大差值为该零件的对称度误差 f，即

$$f=|a-b| \tag{10-31}$$

图 10-78（a）所示零件，如为单件、小批量生产且对称度公差遵守独立原则时，其轴槽可用指示器检测。

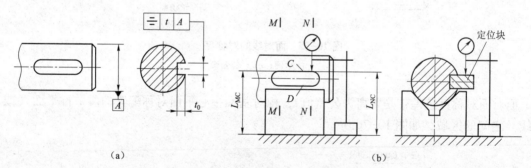

图 10-78　用指示器检测轴槽对称度误差

（a）零件图样；（b）检测示例

检测方法如图 10-78（b）所示，被测轴槽中心平面和基准轴线分别用定位块和 V 形架模拟体现。先转动放置在 V 形架上的零件，使定位块上表面沿径向与平板平行，然后用指示器在 N-N 截面内检测定位块表面 C 到平板的距离 L_{NC}，将零件翻转 180°，重复上述步骤，测得定位块表面到平板的距离 L_{ND}，C、D 两面对应点的读数差 $a=L_{NC}-L_{ND}$，则该截面的对称度误差为

$$f_1=\frac{at}{d-t_0} \tag{10-32}$$

接着，沿定位块的长度方向检测，在 N、M 两点的最大差值为

$$f_2 = |L_{NC} - L_{MC}| \tag{10-33}$$

取 f_1、f_2 中的最大值即为该零件轴槽的对称度误差。

2. 检具法

图 10-79（a）所示连杆零件，杆盖与杆身间的结合面对大头孔中轴线的对称度公差为 0.125 mm。

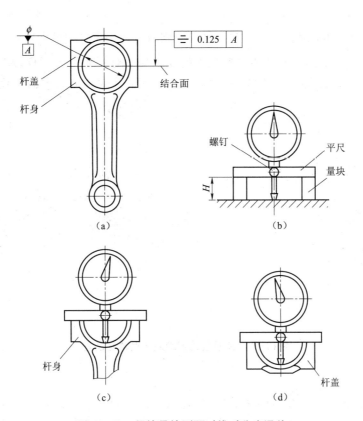

图 10-79　用检具检测面对线对称度误差

（a）连杆图样；（b）检具对零位；（c）检测杆身；（d）检测杆盖

检具由指示器、平尺和螺钉组成，螺钉把指示器和平尺固定在一起，如图 10-79（b）所示。检测方法如下：

1）量块比较法

在平尺下垫两块高度均为 H 的量块，放置在平板上，指示器的测头与平板接触，旋转表盘，使指针对准零，量块的高度 H 由连杆大头孔的实际孔径之差所确定。

如图 10-79（c）所示，将平尺放置在杆身的结合面上，慢慢移动平尺，使指示器测头移至零件半孔的最深处，此时指针偏离零位数值的倍数即为杆身的对称度误差。

用同样的方法可检测出杆盖的对称度误差，如图 10-79（d）所示。

2）杆盖与杆身比较法

如图 10-79（c）所示，将平尺放置在杆身的结合面上（在这之前指示器不必通过量块对零），慢慢移动平尺，使指示器测头移至零件半孔的最深处，记下指示器读数 M_1，

用同样的方法检测杆盖，如图10-79（d）所示，记下指示器读数 M_2，两次检测读数差值的绝对值 $|M_1-M_2|$ 即为被测连杆的杆盖与杆身间的结合面对大头孔中轴线的对称度误差。

用量块比较法或杆盖与杆身比较法检测连杆的对称度存在一定的检测误差，原因是，在检测过程中被测要素和基准要素被互换，与图样技术要求不符。但该零件的对称度公差较大，当大头孔的圆度、结合面的平面度均较好时，这个检测误差可忽略不计。

3. 量规法

在成批、大量生产且对称度公差采用相关原则时，可采用专用量规检测。

如图10-80（a）所示，被测零件轮毂槽的中心平面对基准孔 $\phi DH7$ ⓔ 轴线的对称度公差为 t，并采用最大实体要求；基准孔尺寸公差与被测要素对称度公差的关系也采用最大实体要求。

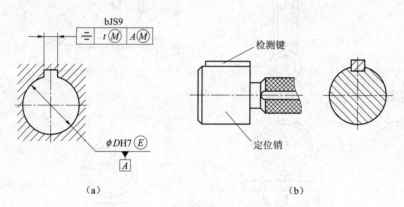

图10-80　用量规检测轮毂槽对称度误差

（a）零件图样；（b）量规

轮毂槽的对称度误差可用对称度量规检测。如图10-80（b）所示，该量规以定位销的圆柱面作为定位，表示模拟体现基准孔的最大实体边界，检测键体现轮毂槽的最大实体实效边界。量规只有通规，检测时量规的定位销与检测键若能自由通过基准孔和轮毂槽，则表示对称度误差合格。

如图10-81（a）所示，被测轴槽的中心平面对基准轴 $\phi dm6$ ⓔ 轴线的对称度公差为 t，轴槽对称度公差与轴槽宽度的尺寸公差的关系采用最大实体原则，基准要素本身采用包容要求，它的尺寸公差与被测轴槽对称度公差的关系采用独立原则。量规定位表面的定型尺寸应能随实际基准圆柱面的体外作用尺寸的大小而变化，从而使实际基准圆柱面与量规定位表面间形成无间隙配合。如图10-81（b）所示，该量规以其90°V形表面作为定心表面来体现基准轴线（不受实际尺寸变化的影响），用检测键两侧面来模拟体现被测轴槽的最大实体实效边界。量规只有通规，检测时，如量规的V形槽两侧定位表面皆与零件的基准圆柱贴合，且检测键能够自由进入被测轴槽，则表示对称度误差合格。

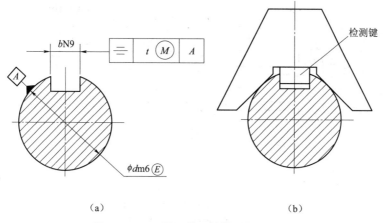

图 10-81　用量规检测轴槽对称度误差

（a）零件图样；（b）量规

10.2.12　位置度误差的检测

位置度公差是限制被测要素的实际位置对理想位置变动量的一项指标。理想位置是由基准和理论正确尺寸确定。理论正确尺寸是不附带公差的精确尺寸，用以表示被测理想要素到基准之间的距离。在图样上用加方框的数字表示，以便与未注尺寸公差相区别。

位置度包括给定平面点的位置度、任意方向点的位置度、相互垂直的两个方向线的位置度、任意方向线的位置度、平面（或中心平面）的位置度、复合位置度。

如薄板孔的轴线很短，则可把轴线看成一个点。给定平面点的位置度公差带是直径为公差值和的圆内的区域，如图 10-82 所示。

球的球心，也可以看做一个点。任意方向点的位置度公差带是直径为公差值 $S\phi\ t$ 的球内的区域。如图 10-83 所示。

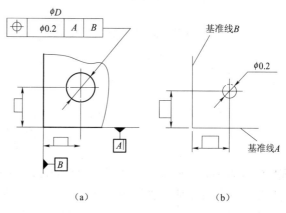

图 10-82　给定平面点的位置度

（a）标注示例；（b）公差带

箱体和盖板上常有孔组，一般来说孔组间有位置要求，而与其他孔组或表面没有严格的位置要求，图样上孔的位置度不设基准。如图 10-84（a）所示，零件中的 6 孔 ϕD 的轴线相互之间的距离由理论正确尺寸确定，在水平方向上（与水平指引线箭头平行的方向）的位置度公差为 0.1 mm，在垂线方向上（与垂线指引线箭头平行的方向）的位置度公差为 0.2 mm，无基准要求。6 孔 ϕD 的轴线必须分别位于水平方向为 0.1 mm，垂直方向为 0.2 mm 在理想位置上的 6 个四棱柱内，如图 10-84（b）所示。

相互垂直的两个方向线的位置度公差带是距离分别为 t_1 和 t_2 两对相互垂直，且以轴线的

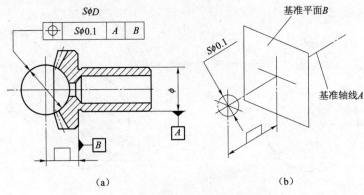

（a）　　　　　　　　　　　　（b）

图 10-83　任意方向点的位置度

（a）标注示例；（b）公差带

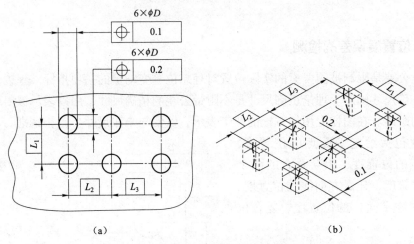

（a）　　　　　　　　　　　　（b）

图 10-84　相互垂直的两个方向线的位置度

（a）标注示例；（b）公差带

理想位置为中心对称配置的两组平行平面之间的区域。轴线的理想位置由相对于三基面体系的理论正确尺寸确定。如图 10-85（a）所示，零件中两槽的轴线位置在理想位置，在水平方向上（与水平指引线箭头平行的方向）的位置度公差为 1.0 mm，在垂线方向上（与垂线指引线箭头平行的方向）的位置度公差为 0.3 mm。两槽的轴线必须分别位于水平方向为 1.0 mm，垂线方向为 0.3 mm 在理想位置上的两个四棱柱内，如图 10-85（b）所示。

　　任意方向线的位置度公差带是直径为 ϕt 的圆柱面内的区域。被测孔公差带的轴线的位置由相对于三基面体系的理论正确尺寸确定。如图 10-86 所示，孔 ϕD 轴线对基准 A、B、C 在任意方向上的位置度公差为 $\phi 0.2$ mm。ϕD 的轴线必须位于直径为公差值 $\phi 0.2$ mm、且相对基准平面 A、B、C 的理论正确尺寸所确定的理想位置为轴线的圆柱面内，如图 10-86（b）所示，公差值前要加注 ϕ。

　　如图 10-87（a）所示，6 孔 ϕD 轴线对基准轴线 A 在任意方向上的位置度公差为 $\phi 0.05$ mm。被测 6 孔 ϕD 的轴线必须分别位于直径为公差值 $\phi 0.05$ mm，且以基准轴线 A 为圆心，直径为理论正确尺寸 ϕL 的理想圆周上的 6 个等分点确定（这 6 个点对称于键槽中

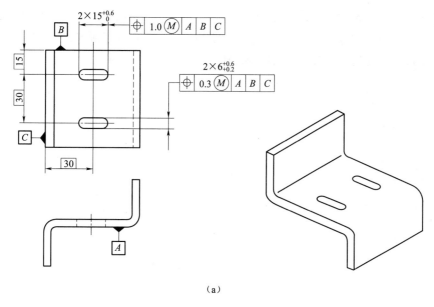

（a）

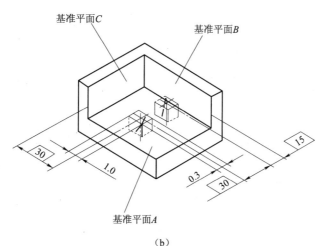

（b）

图 10-85　相互垂直的两个方向线的位置度

（a）标注示例；（b）公差带

心平面分布），并平行于基准轴线 A 的圆柱面内，如图 10-87（b）所示，公差值前要加注 ϕ 。

　　平面（或中心平面）的位置度公差带是距离为公差值 t ，且以面的理想位置为中心对称配置的两平行平面之间的区域。如图 10-88（a）所示，斜面对基准 A 、B 的位置度公差为 0.05 mm。被测斜面必须位于距离为公差值 0.05 mm，且以相对基准轴线 A 和基准平面 B 所确定的理想位置对称配置的两平行平面之间，如图 10-88（b）所示。

　　复合位置度公差带如图 10-89 所示，上框格标注孔组位置度公差为 $\phi\,t_2$（ϕ 0.1 mm），下框格标注各孔位置度公差为 $\phi\,t_1$（ϕ 0.05 mm），$\phi\,t_2 > \phi\,t_1$ 。上框格的四孔组 ϕ 0.1 mm 位置度公差带的位置由基准平面 A 、B 、C 构成的三基面体系和理论正确尺寸确定，4 个孔的实际轴线应位于该公差带内。下框格的 4 个孔位置度公差带应垂直于基准平面 A ，而与基准平面 B、C 无关，4 个孔的实际轴线应位于该公差带内；它们的几何图框既可以平移，又可朝任意方向倾斜，但方向误差由孔组位置度公差来控制。4 个孔的实际轴线应同时位于两个公差带的公共部分，即位于图中画出的阴影部分。

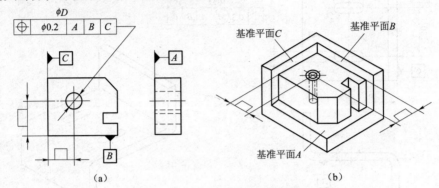

图 10-86 任意方向线的位置度

（a）标注示例；（b）公差带

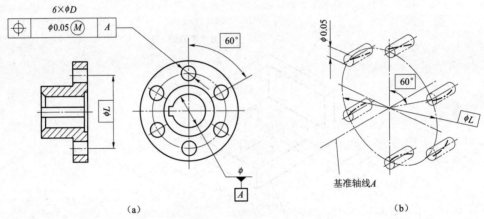

图 10-87 任意方向圆周分布线的位置度

（a）标注示例；（b）公差带

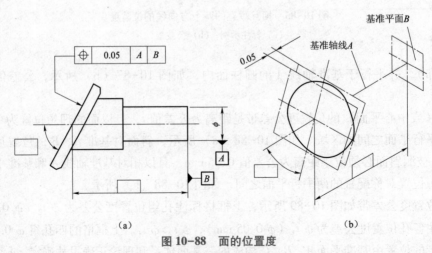

图 10-88 面的位置度

（a）标注示例；（b）公差带

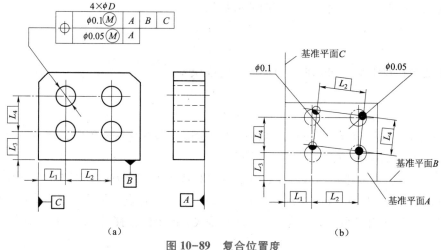

（a）

（b）

图 10-89　复合位置度

（a）标注示例；（b）公差带

1. 坐标法

1）给定方向线位置度误差的坐标检测法

图 10-90（a）所示零件，被测孔 ϕD 的轴线在水平方向对基准 B 的位置度公差为 0.1 mm；在垂线方向对基准 A 的位置度公差为 0.2 mm。如图 10-90（b）所示，在坐标系 xOy 下，坐标点 p 是孔的理想位置，坐标点 p' 是孔的实际位置，f'_x 和 f'_y 分别是孔在水平方向与垂线方向上的偏移量。

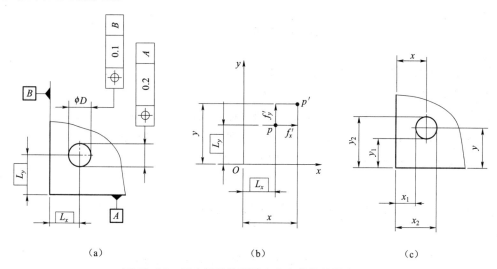

（a）　　　　　　　　　（b）　　　　　　　　　（c）

图 10-90　用坐标法检测给定方向线的位置度误差

给定方向线的位置度误差坐标检测法的步骤如下：

① 分别检测水平距离 x_1、x_2 和垂线距离 y_1、y_2，如图 10-90（c）所示。

② 分别计算被测孔的实际坐标尺寸：

$$x = (x_1 + x_2)/2 \tag{10-34}$$

$$y = (y_1 + y_2)/2 \tag{10-35}$$

③ 求被测孔在水平方向与垂线方向的偏移量：

$$f'_x = |x - L_x|$$ (10-36)

$$f'_y = |y - L_y|$$ (10-37)

④ 求被测孔在水平方向和垂线方向的位置度误差：

$$f_x = 2f'_x$$ (10-38)

$$f_y = 2f'_y$$ (10-39)

如果 $f_x \leqslant 0.1$ mm，$f_y \leqslant 0.2$ mm，则被测孔位置度误差在允许范围内，该零件合格。

2）任意方向线的位置度误差坐标检测法

图 10-91（a）所示零件，被测孔 ϕD 的轴线对基准 A、B、C 在任意方向上的位置度公差为 $\phi 0.2$ mm。如图 10-91（b）所示，在坐标系 xOy 下，坐标点 p 是孔的理想位置，坐标点 p' 是孔的实际位置，f_x 和 f_y 分别是孔在水平方向与垂线方向上的偏移量，f 是孔的实际偏移量。

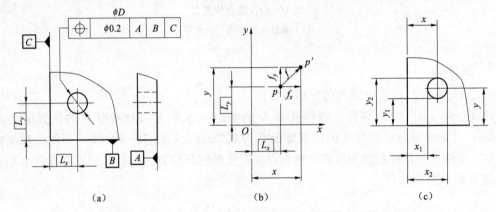

图 10-91　用坐标法检测任意方向线的位置度误差

任意方向线的位置度误差坐标检测法的步骤如下：

① 分别检测水平距离 x_1、x_2 和垂线距离 y_1、y_2，如图 10-91（c）所示。

② 按式（10-34）、（10-35）分别计算被测孔的实际坐标尺寸。

③ 按式（10-36）、（10-37）求被测孔在水平方向与垂线方向的偏移量：

④ 求被测孔在水平方向和垂线方向的位置度误差：

$$f = 2f' = 2\sqrt{f_x^2 + f_y^2}$$ (10-40)

如果 $f \leqslant \phi 0.2$ mm，则被测孔位置度误差在允许范围内，该零件合格。

2. 量规法

对大批量生产采用相关要求的被测件，宜用位置量规来检测。

1）圆周布置孔组位置量规检测法

图 10-92（a）所示零件，用图 10-92（b）所示综合量规检测 4 孔 ϕD 的位置度。检测时，将量规的基准测销和固定测销插入零件的孔中，再将活动测销插入其他孔中，如果都能插入零件和量规的对应孔中，即可判定被测零件是合格的。

图 10-93（a）所示四拐曲轴，在法兰盘上有 6 个 ϕ_1 螺纹小径孔和 1 个 ϕ_2 定位孔，如图 10-93（b）所示，在扇板上有 3 个 ϕ_3 螺纹小径孔，如图 10-93（c）所示，这些孔的中

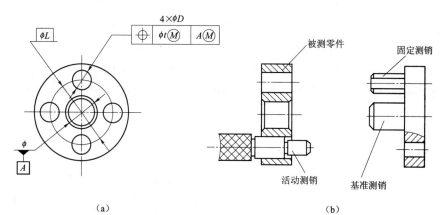

（a）　　　　　　　　　　　　　　　　（b）

图 10-92　用位置量规检测圆周布置孔组的位置度

（a）零件图样；（b）检测示例

心位置由理论正确尺寸、理论正确角度和基准确定。由于所有孔的基准要素是相同的，均为公共基准轴线 A-B 与基准面 C，要检测这些孔的位置度误差可以在同一次定位中完成。

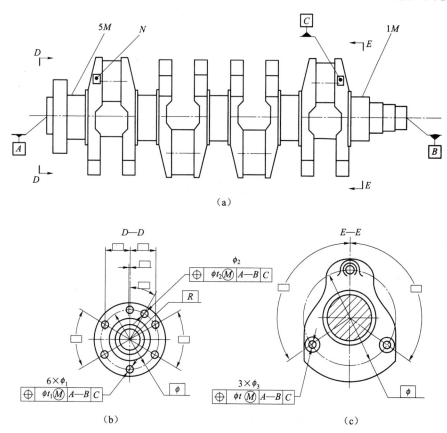

（a）

图 10-93　四拐曲轴

（a）四拐曲轴图样；（b）法兰盘图样；（c）扇板图样

图 10-94 所示是检测四拐曲轴上 10 个孔位置度误差的检具。检测时，先把曲轴主轴颈 5 M 和 1 M 分别放置在前支撑 14 的 V 形槽和后检测座 9 的 V 形槽中，小平面 N 靠在粗定位座

6 上进行粗定位，然后左移手柄 11 使零件脱离粗定位，分别由定位钢球 5、顶尖 15 和精定位座 7 对零件的公共基准轴线 A–B 与基准面 C 进行精定位。零件经锁紧后用检测棒 1 和 2 经前检测座 13 的孔插法兰盘上的 ϕ_1 与 ϕ_2 孔，用检测棒 8 经后检测座的孔插扇板上的 ϕ_3 孔，凡被检测棒插入，该孔的位置度误差为合格。检测完毕，按下按钮 10，手柄自动右移，零件由精定位改为粗定位。

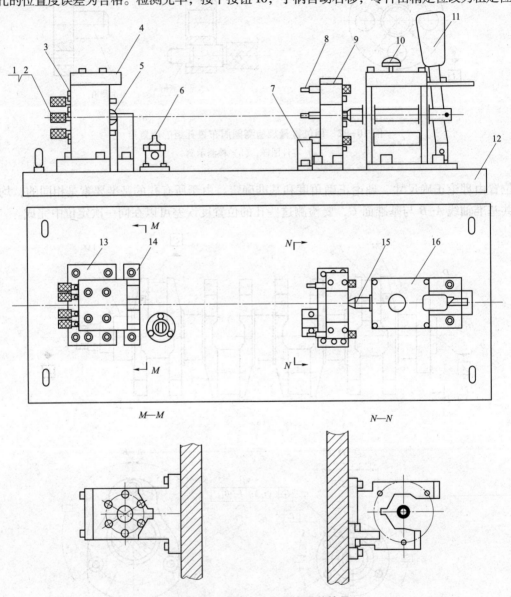

图 10-94　曲轴十孔位置度误差检具

1、2、8—检测棒；3—检测棒限位；4—防碰挡块；5—定位钢球；6—粗定位座；7—精定位座；
9—后检测座；10—按钮；11—手柄；12—基座；13—前检测座；14—前支撑；15—顶尖；16—尾座

2）矩形布置孔组复合位置度量规检测法

如图 10-95 所示，矩形零件上 4×ϕ 8.1H10 mm 孔组有复合位置度公差要求。上公差框格中的位置度公差为孔组位置度公差，采用最大实体要求，按三基面体系的三个基准平面 A、B、C 标注，需要用一个功能量规即孔组位置度量规检测；下公差框格中的位置度公差为各孔的位置度公差，采用最大实体要求，按基准平面 *A* 标注，需要用另一个功能量规即各孔位置度量规检测。

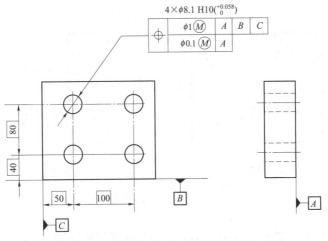

图 10-95　矩形布置孔组复合位置度标注的零件

① 孔组位置度量规检测法。图 10-96 所示量规，按如图 10-95 所示零件上公差框格中的位置度要求设计。用该量规检测被测零件时，量规的 4 个检测销若能同时分别通过该零件上 4 个 ϕ 8.1H10 实际被测孔，并且该零件的第一实际基准表面与量规定位平面 *A* 接触良好（至少三点接触），第二实际基准表面与量规定位平面 *B* 至少两点接触，第三实际基准表面与量规定位平面 *C* 至少一点接触，则表示 4 个被测孔的实际轮廓都在边界尺寸为 ϕ 7.1 mm 的最大实体实效边界范围内，孔组位置度误差合格。

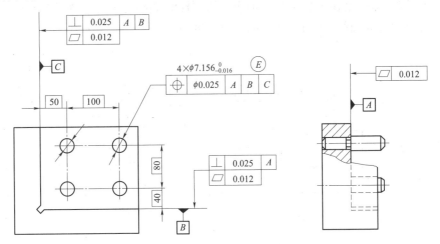

图 10-96　检测孔组位置度的量规

② 各孔位置度量规检测法。图 10-97 所示量规，按如图 10-95 所示零件下公差框格中的位置度要求设计。用该量规检测被测零件时，量规的 4 个检测销若能同时分别通过该零件上 4 个 ϕ 8.1H10 实际被测孔，并且该零件的第一实际基准表面与量规定位平面 *A* 接触良好（至少三点接触），则表示 4 个被测孔的实际轮廓都在边界尺寸为 ϕ 8 mm 的最大实体实效边界范围内，各孔位置度误差合格。

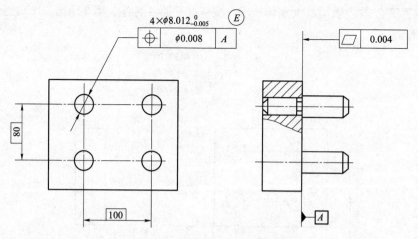

图 10-97　检测各孔位置度的量规

对复合位置度公差的要求，必须使用上述两个功能量规各检测一次，才能判定实际被测要素是否合格。两次检测都合格，实际被测要素才算合格。若其中有一次检测不合格，则实际被测要素被判定为不合格。

10.2.13　圆跳动误差的检测

圆跳动是被测要素围绕基准轴线作无轴向移动，是在任一检测平面内旋转一周时的最大变动量，即在给定方向上测得的最大与最小读数之差，它是形状和位置误差的总和，是一项综合性的公差。圆跳动包括径向圆跳动、端面圆跳动、斜向圆跳动。

径向圆跳动公差带是在垂直于基准轴线的任一检测平面内半径差为公差值 t，且圆心在基准轴线上的两个同心圆之间的区域，如图 10-98 所示。

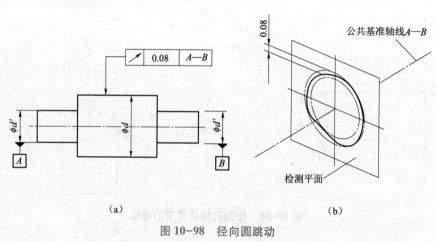

图 10-98　径向圆跳动

（a）标注示例；（b）公差带

径向圆跳动也可对部分圆周进行限制，如图 10-99 所示。

端面圆跳动公差带是在与基准轴线同轴的任一直径位置的检测圆柱面上沿素线方向宽度为 t 的圆柱面区域，如图 10-100 所示。

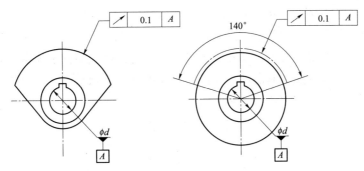

图 10-99　给定部分圆周径向圆跳动标注示例

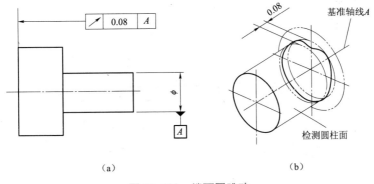

（a）　　　　　　　　　　　　　　（b）

图 10-100　端面圆跳动

（a）标注示例；（b）公差带

斜向圆跳动公差带是在与基准轴线同轴，且素线垂直于被测表面的任一检测圆锥上，沿素线方向宽度为公差值 t 的圆锥面区域，如图 10-101 所示。

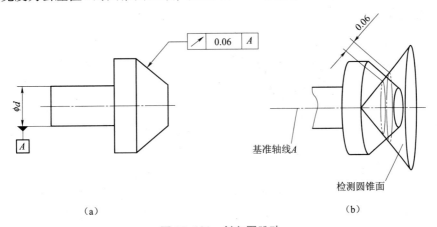

（a）　　　　　　　　　　　　　　（b）

图 10-101　斜向圆跳动

（a）标注示例；（b）公差带

1. 顶尖定位法

图 10-102（a）所示丝杠，圆柱 ϕd 的圆柱面对两端中心孔公共轴线 A-B 的径向圆跳动公差为 0.04 mm。如图 10-102（b）所示，检测时，用两顶尖顶住零件两端中心孔，指示

器测头触及被测外圆ϕd，旋转零件，指示器读数的最大差值为该截面上的径向圆跳动。用同样方法检测若干个截面，取各截面上测得的最大值作为该零件被测圆柱面的径向圆跳动。用顶尖定位的设备可选用偏摆仪，如在车床上定位，建议两端用固定顶尖。要保持定位接触部分的清洁，中心孔内可加注润滑油。要注意顶尖的顶力，顶松了，定位间隙会影响检测数据，顶紧了，零件因细长被顶弯也会影响检测数据。

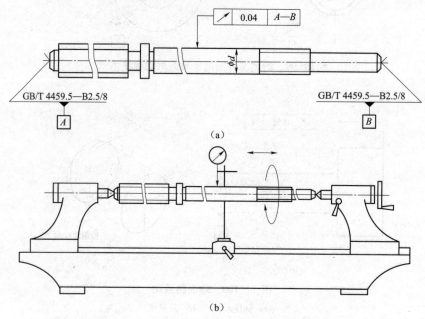

图 10-102　用两顶尖定位检测径向圆跳动误差

(a) 丝杠图样；(b) 检测示例

2. V 形架定位法

图 10-103（a）所示多拐曲轴，法兰盘端面对两圆柱ϕd的公共轴线$A-B$的端面圆跳动公差为 0.03 mm。如图 10-103（b）所示，检测时，用两块等高 V 形架分别支撑曲轴的两处圆柱ϕd，一端中心孔内用钢球或顶尖防止零件的轴向移动，指示器的测杆垂直于被测端面，旋转零件，指示器读数的最大差值为该检测圆柱面上的端面圆跳动。用同样方法检测若干个不同直径位置的跳动，取其中最大值作为该零件的端面圆跳动误差。

图 10-104（a）所示单拐曲轴，锥柄表面对两圆柱ϕd的公共轴线$A-B$的径向圆跳动公差为 0.04 mm。如图 10-104（b）所示，检测时，用两块等高 V 形架分别支撑曲轴的两处圆柱ϕd，一端中心孔内用钢球或顶尖防止零件的轴向移动，指示器测杆垂直于被测圆锥体素线，测头触及圆锥表面，旋转零件，指示器读数的最大差值为该单个检测圆锥面上的斜向圆跳动。用同样方法检测若干个检测圆锥面上的斜向圆跳动，取其中最大值作为该零件的斜向圆跳动误差。

3. 心轴定位法

对有基准孔ϕd的被测零件，可选用心轴定位法进行检测。常用心轴有间隙配合心轴、过盈配合心轴、小锥度心轴（见图 10-105）和花键心轴（见图 10-106）等。心轴塞进零件的基准孔内用两顶尖安装，用于检测零件的径向圆跳动、端面圆跳动和斜向圆跳动等。

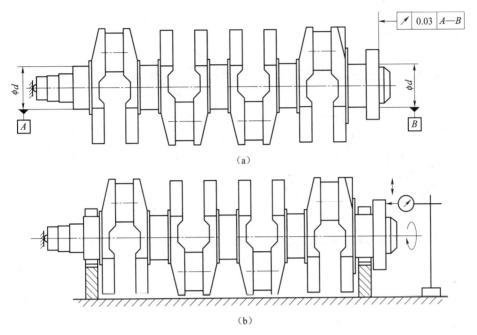

图 10-103　用 V 形架定位检测端面圆跳动误差

（a）四拐曲轴图样；（b）检测示例

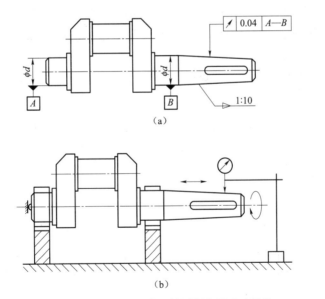

图 10-104　用 V 形架定位检测斜向圆跳动误差

（a）单拐曲轴图样；（b）检测示例

4. 导向套定位法

零件的基准轴在导向套的孔内定位并轴向固定，可检测径向圆跳动、端面圆跳动和斜向圆跳动等。图 10-107（a）所示零件，用导向套定位检测径向圆跳动和端面圆跳动［见图 10-107（b）］。值得注意的是，零件的基准轴有尺寸公差，基准轴和导向套孔间的间隙会影响检测数据的准确性。

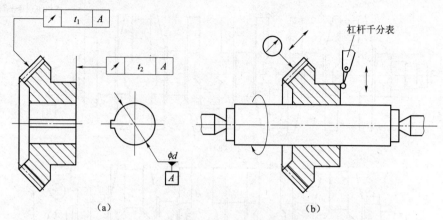

图 10-105　用小锥度心轴定位检测端面圆跳动和斜向圆跳动误差

（a）锥齿轮图样；（b）检测示例

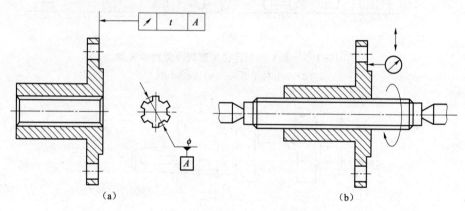

图 10-106　用花键心轴定位检测端面圆跳动误差

（a）花键套图样；（b）检测示例

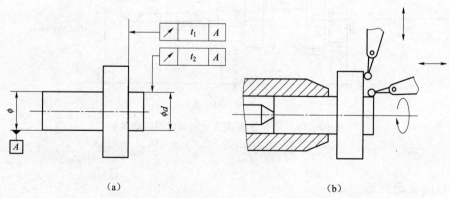

图 10-107　用导向套定位检测径向圆跳动和端面圆跳动误差

（a）零件图样；（b）检测示例

4. 径向圆跳动与圆度、同轴度比较

1）径向圆跳动与圆度的相同之处

径向圆跳动与圆度的公差带形状相同，均为两个同心圆之间的区域；公差值 t 也相同，均为两个同心圆的半径之差，如图 10-108 所示。

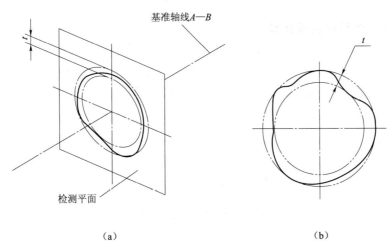

（a） （b）

图 10-108　径向圆跳动与圆度公差带比较

（a）径向圆跳动公差带；（b）圆度公差带

2）径向圆跳动与圆度的不同之处

径向圆跳动公差带有基准轴线，检测时，基准轴线固定，就单个被测截面而言，若指示器读数差≤t，径向圆跳动合格；圆度为形状公差，公差带没有基准轴线，检测时，中心轴线是浮动的，就单个被测截面而言，若指示器读数差≤2t（以两点检测法为例），圆度为合格。

3）径向圆跳动与同轴度在检测时的相同之处

径向圆跳动与同轴度在检测时，基准轴线均被固定，通过旋转零件进行检测，如图 10-109 所示。

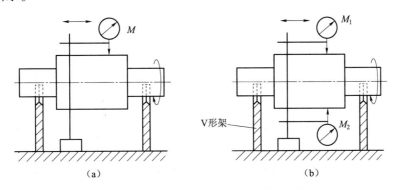

（a） （b）

图 10-109　径向圆跳动与同轴度检测比较

（a）径向圆跳动误差检测；（b）同轴度误差检测

4）径向圆跳动与同轴度在检测时的不同之处

径向圆跳动是形状和位置的综合性公差，就单个被测截面而言，径向圆跳动的跳动量是

指被测截面表面各点到基准线间的距离的最大变动量，用一个指示器检测；同轴度是被测轴线与基准轴线的位置关系，用两个指示器检测，是为了减少被测截面偶数棱轮廓的圆度误差对检测数据的影响。

径向圆跳动与圆度、同轴度的关系是：

$$径向圆跳动 = 圆度 + 同轴度 \tag{10-41}$$

5. 端面圆跳动与垂直度比较

（1）端面圆跳动公差带是在与基准轴线同轴的任一直径位置的检测圆柱面上，沿素线方向宽度为 t 的圆柱面区域。面对线垂直度公差带是距离为公差值 t，且垂直于基准线的两平行平面之间的区域。因而检测端面圆跳动与检测面对线垂直度的方法是不同的，如图 10-110 所示。

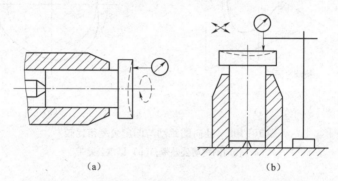

（a）　　　　　　　　　　　　　（b）

图 10-110　端面圆跳动检测与面对线垂直度检测比较

（a）端面圆跳动检测；（b）面对线垂直度检测

（2）若零件端面对称于轴线呈凹或凸，端面圆跳动为零，而垂直度误差不为零；若垂直度误差为零，则端面圆跳动必为零。

10.2.14　全跳动误差的检测

全跳动是对整个表面的形状和位置误差综合控制，是被测实际要素绕基准轴线作无轴向移动的连续回转，同时指示器沿理想素线连续移动，或被测实际要素每旋转一周，指示器沿理想素线作间断移动，由指示器在给定方向上测得的最大与最小读数之差。

径向全跳动公差带是半径差为公差值 t，且与基准轴线同轴的两圆柱面之间的区域。如图 10-111（a）所示，ϕd 圆柱面对两个圆柱 $\phi d'$ 的公共基准轴线 A-B 的径向全跳动公差为 0.05 mm。被测零件绕公共基准轴线作无轴向移动的连续旋转，同时指示器沿理想素线连续移动（或零件每旋转一周，指示器沿理想素线作间断移动），在被测圆柱 ϕd 整个表面上的跳动量不得大于 0.05 mm，如图 10-111（b）所示。

端面全跳动公差带是距离为公差值 t，且与基准轴线垂直的两平行平面之间的区域。如图 10-112（a）所示，被测端面对圆柱 ϕd 轴线的端面全跳动公差为 0.05 mm。被测零件绕基准轴线 A 作无轴向移动的连续旋转，同时指示器作径向移动，在整个端面上的跳动量不得大于 0.05 mm，如图 10-112（b）所示。

全跳动的定位方法与圆跳动的定位方法相同，可以用顶尖、V 形架、心轴和导向套模拟基准轴线。

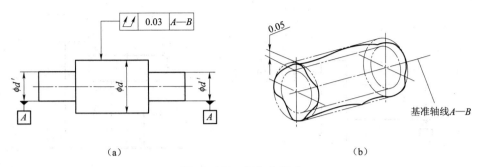

（a）

（b）

图 10-111　径向全跳动

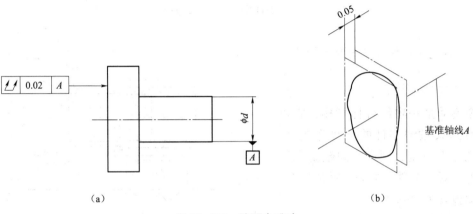

（a）

（b）

图 10-112　端面全跳动

（a）标注示例；（b）公差带

1. 用 V 形架定位检测径向全跳动误差

图 10-113（a）所示双偏心薄壁套，被测圆柱 ϕd 表面对圆柱 $\phi d'$ 基准轴线 A 的径向全跳动公差为 0.02 mm。检测如图 10-113（b）所示，将零件的基准外圆用 V 形架定位，台阶面靠住 V 形架作轴向固定。零件每旋转一周，指示器沿理想素线作间断移动，在整个被测表面上测得的最大与最小读数之差，即为该零件的径向全跳动误差。

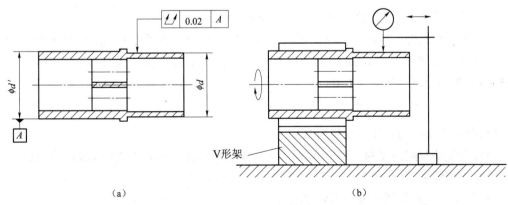

（a）

（b）

图 10-113　用 V 形架定位检测径向全跳动误差

（a）双偏心薄壁套图样；（b）检测示例

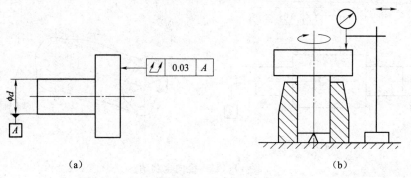

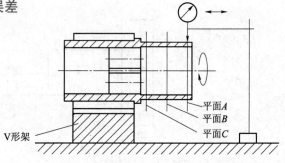

图 10-114　用导向套定位检测端面全跳动误差

（a）零件图样；（b）检测示例

2. 用导向套定位检测端面全跳动误差

3. 全跳动与圆跳动比较

全跳动是一项综合性指标，它可以同时约束被测零件的素线直线度、平行度、垂直度、圆度、同轴度和圆柱度等。对一个零件的同一被测要素，全跳动包含了圆跳动。

全跳动是在检测过程中一次总计读数（整个被测表面最高点与最低点

图 10-115　径向圆跳动检测与径向全跳动检测比较

之差），即反映整个被测表面的综合误差。圆跳动是分别多次读数，每次读数之间又无关系，仅能反映单个检测平面内被测要素的误差。

如图 10-115 所示零件，其基准圆柱用 V 形架定位并轴向固定，旋转零件，指示器分别在 A、B、C 三个平面上检测。

指示器在平面 A 上的读数：$-0.02 \sim 0$ mm。

指示器在平面 B 上的读数：$0 \sim 0.03$ mm。

指示器在平面 C 上的读数：$0.01 \sim 0.06$ mm。

从检测的数据看，指示器在单个平面上测得最大跳动量在平面 C，其值为 0.05 mm。把三个平面综合起来看，总的跳动量为 0.08 mm。该零件的检测结果是径向圆跳动误差为 0.05 mm，径向全跳动误差为 0.08 mm。

4. 径向全跳动与圆柱度比较

1）径向全跳动与圆柱度的相同之处

径向全跳动与圆柱度的公差带形状相同，均为两同轴圆柱面之间的区域；公差值 t 也相同，均等于两同轴圆柱面的半径之差，如图 10-116 所示。

2）径向全跳动与圆柱度的不同之处

径向全跳动公差带有基准轴线，检测时，基准轴线固定，若指示器在整个被测表面上的读数差≤t，径向全跳动合格；圆柱度为形状公差，公差带没有基准轴线，检测时，中心轴

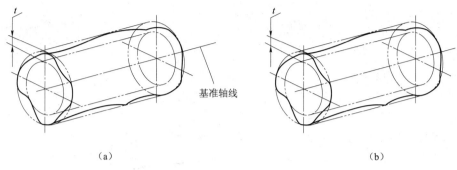

图 10-116　径向全跳动与圆柱度公差带比较

(a) 径向全跳动公差带；(b) 圆柱度公差带

线是浮动的，若指示器在整个被测表面上的读数差≤2t（以两点检测法为例），圆柱度为合格。

对同一被测要素，一般径向全跳动大于圆柱度误差。径向全跳动与圆柱度、同轴度的关系是：

$$径向全跳动＝圆柱度＋同轴度 \tag{10-42}$$

5. 端面全跳动与平面对轴线的垂直度比较

端面全跳动与平面对轴线的垂直度公差带完全一样，都是距离为公差值 t，且与基准轴线垂直的两平行平面之间的区域。端面全跳动的检测方法比较简单，故可用端面全跳动或其检测值代替垂直度或其误差值。

10.3　表面粗糙度轮廓幅度参数的测量

无论是机械加工的零件表面上，还是用铸、锻、冲压、热轧、冷轧等方法获得的零件表面上，都会存在着具有很小间距的微小峰、谷所形成的微观形状误差，这用表面粗糙度轮廓表示。零件表面粗糙度轮廓对该零件的功能要求、使用寿命、美观程度都有重大的影响。

为了正确地测量和评定零件表面粗糙度轮廓以及在零件图上正确地标注表面粗糙度轮廓的技术要求，以保证零件的互换性，我国发布了 GB/T 3505—2009《产品几何技术规范（GPS）表面结构轮廓法术语、定义及表面结构参数》、GB/T 10610—2009《产品几何技术规范（GPS）表面结构轮廓法评定表面结构的规则和方法》、GB/T 1031—2009《产品几何技术规范（GPS）表面结构轮廓法粗糙度参数及其数值》和 GB/T 131—2006《产品几何技术规范（GPS）技术产品文件中表面结构的表示法》等国家标准。

10.3.1　表面粗糙度轮廓及评定参数

1. 表面粗糙度轮廓的界定

为了研究零件的表面结构，通常用垂直于零件实际表面的平面与该零件实际表面相交所得到的轮廓作为评估对象，称为表面轮廓，是一条轮廓曲线，如图 10-117 所示。

一般来说，任何加工后的表面的实际轮廓总是包含着表面粗糙度轮廓、波纹度轮廓和宏观形状轮廓等构成的几何形状误差，它们叠加在同一表面上，如图 10-118 所示。粗糙度、波纹度、宏观形状通常按表面轮廓上相邻峰、谷间距的大小来划分：间距小于 1 mm 的属于粗糙度；间距在 1～10 mm 的属于波纹度；间距大于 10 mm 的属于宏观形状。粗糙度叠加在波纹度上，在忽略由于粗糙度和波纹度引起的变

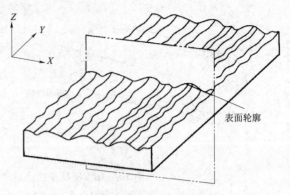

图 10-117　表面轮廓

化的条件下表面总体形状为宏观形状，其误差称为宏观形状误差或 GB/T 1182—2008 称谓的形状误差。

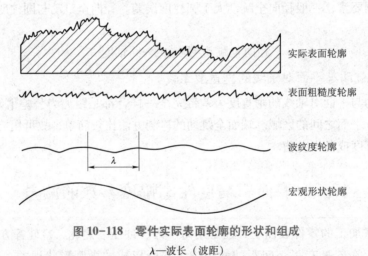

实际表面轮廓

表面粗糙度轮廓

波纹度轮廓

λ

宏观形状轮廓

图 10-118　零件实际表面轮廓的形状和组成

λ—波长（波距）

2. 表面粗糙度轮廓对零件工作性能的影响

零件表面粗糙度轮廓对该零件的工作性能有重大的影响。

1）对耐磨性的影响

相互运动的两个零件表面越粗糙，则它们的磨损就越快。这是因为这两个表面只能在轮廓的峰顶接触，当表面间产生相对运动时，峰顶的接触将对运动产生摩擦阻力，使零件表面磨损。

2）对配合性质稳定性的影响

相互配合的孔、轴表面上的微小峰被去掉后，它们的配合性质会发生变化。对于过盈配合，由于压入装配时孔、轴表面上的微小峰被挤平而使有效过盈减小；对于间隙配合，在零件工作过程中孔、轴表面上的微小峰被磨去，使间隙增大，因而影响或改变原设计的配合性质。

3）对耐疲劳性的影响

对于承受交变应力作用的零件表面，疲劳裂纹容易在其表面轮廓的微小谷底出现，这是

因为在微小谷底处产生应力集中，使材料的疲劳强度降低，导致零件表面产生裂纹而损坏。

4）对抗腐性的影响

在零件表面的微小凹谷容易残留一些腐蚀性物质，会向零件表面层渗透，使零件表面产生腐蚀。表面越粗糙，则腐蚀就越严重。

此外，表面粗糙度轮廓对连接的密封性和零件的美观等也有很大的影响。

因此，在零件精度设计中，对零件表面粗糙度轮廓提出合理的技术要求是一项不可缺少的重要内容。

3. 取样长度、评定长度及长波和短波轮廓滤波器的截止波长

零件加工后的表面粗糙度轮廓是否符合要求，应由测量和评定的结果来确定。测量和评定表面粗糙度轮廓时，应规定取样长度、评定长度、轮廓滤波器的截止波长、中线和评定参数。当没有指定测量方向时，测量截面方向与表面粗糙度轮廓幅度参数的最大值相一致，该方向垂直于被测表面的加工纹理，即垂直于表面主要加工痕迹的方向。

1）取样长度

鉴于实际表面轮廓包含着粗糙度、波纹度和宏观形状误差等三种几何形状误差，测量表面粗糙度轮廓时，应把测量限制在一段足够短的长度上，以抑制或减弱波纹度、排除宏观形状误差对表面粗糙度轮廓测量的影响。这段长度称为取样长度，它是用于判别被评定轮廓的不规则特征的 X 轴方向上（见图 10-117）的长度，用符号 lr 表示，如图 10-119 所示。表面越粗糙，则取样长度 lr 就应越大。取样长度的标准化值，见表 10-5。

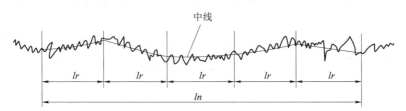

图 10-119　取样长度和评定长度

表 10-5　轮廓算术平均偏差 Ra、轮廓最大高度 Rz 和轮廓单元的平均宽度 Rsm 的
标准取样长度和标准评定长度（摘自 CB/T 1031—2009、GB/T 10610—2009）

$Ra/\mu m$	$Rz/\mu m$	Rsm/mm	标准取样长度 lr		标准评定长度
			$\lambda s/mm$	$lr=\lambda c/mm$	$ln=5\times lr/mm$
≥0.008～0.02	≥0.025～0.1	≥0.013～0.04	0.002 5	0.08	0.4
>0.02～0.1	>0.1～0.5	>0.04～0.13	0.002 5	0.25	1.25
>0.1～2	>0.5～10	>0.13～0.4	0.002 5	0.8	4
>2～10	>10～50	>0.4～1.3	0.008	2.5	12.5
>10～80	>50～320	>1.3～4	0.025	8	40

注：按 GB/T 6062—2009 的规定，λs 和 λc 分别为短波和长波滤波器截止波长，"λs-λc"表示滤波器传输带（从短波截止波长至长波截止波长这两个极限之间的波长范围）。本表中 λs 和 λc 的数据（标准化值）取自 GB/T 6062—2009 中的表 1。

GB/T 1031—2009 产品几何技术规范（GPS）表面结构　轮廓法　表面粗糙度参数及其数值

GB/T 10610—2009 产品几何技术规范（GPS）表面结构　轮廓法　评定表面结构的规则和方法

GB/T 6062—2009 产品集合技术规范（GPS）表面结构　轮廓法　接触（触针）式仪器的标称特性

2）评定长度

由于零件表面的微小峰、谷的不均匀性，在表面轮廓不同位置的取样长度上的表面粗糙度轮廓测量值不尽相同。因此，为了更可靠地反映表面粗糙度轮廓的特性，应测量连续的几个取样长度上的表面粗糙度轮廓。这些连续的几个取样长度称为评定长度，它是用于判别被评定轮廓特征的 X 轴方向上（见图 10-117）的长度，用符号 ln 表示，如图 10-119 所示。

应当指出，评定长度可以只包含一个取样长度或包含连续的几个取样长度。标准评定长度为连续的 5 个取样长度（即 $ln=5\times lr$）。评定长度的标准化值，见表 10-5。

3）长波和短波轮廓滤波器的截止波长

为了评价表面轮廓（图 10-118 所示的实际表面轮廓）上各种几何形状误差中的某一几何形状误差，可以利用轮廓滤波器来呈现这一几何形状误差，过滤掉其他的几何形状误差。

轮廓滤波器是指能将表面轮廓分离成长波成分和短波成分的滤波器，它们所能抑制的波长称为截止波长。从短波截止波长至长波截止波长这两个极限值之间的波长范围称为传输带。

使用接触（触针）式仪器测量表面粗糙度轮廓时，为了抑制波纹度对粗糙度测量结果的影响，仪器的截止波长为 λ_c 的长波滤波器从实际表面轮廓上把波长较大的波纹度波长成分加以抑制或排除掉；截止波长为 λ_s 的短波滤波器从实际表面轮廓上抑制比粗糙度波长更短的成分，从而只呈现表面粗糙度轮廓，以对其进行测量和评定。其传输带则是从 λ_s 至 λ_c 的波长范围。长波滤波器的截止波长 λ_c 等于取样长度 lr，即 $\lambda_c=lr$。截止波长 λ_s 和 λ_c 的标准化值，从表 10-5 查取。

4. 表面粗糙度轮廓的中线

获得实际表面轮廓后，为了定量地评定表面粗糙度轮廓，首先要确定一条中线，它是具有几何轮廓形状并划分被评定轮廓的基准线。以中线为基础来计算各种评定参数的数值。通常采用下列的表面粗糙度轮廓中线。

1）轮廓的最小二乘中线

轮廓的最小二乘中线如图 10-120 所示。在一个取样长度 lr 范围内，最小二乘中线使轮廓上各点至该线的距离的平方之和 $\int_0^{lr} Z^2 dx$ 为最小，即 $z_1^2+z_2^2$、$z_3^2+\cdots+z_i^2+\cdots+z_n^2=\min$。

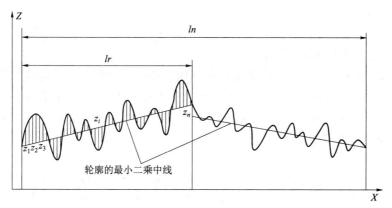

图 10-120　表面粗糙度轮廓的最小二乘中线

z_1、z_2、z_3、…、z_i、…、z_n——轮廓上各点至最小二乘中线的距离

2）轮廓的算术平均中线

轮廓的算术平均中线，如图 10-121 所示。在一个取样长度 lr 范围内，算术平均中线与轮廓走向一致，这条中线将轮廓划分为上、下两部分，使上部分的各个峰面积之和等于下部分的各个谷面积之和，即 $\sum_{i=1}^{n} F_i = \sum_{i=1}^{n} F'_i$

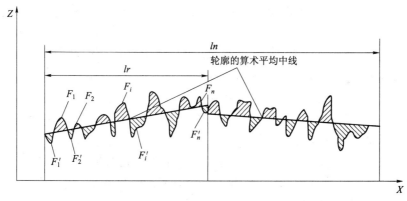

图 10-121　表面粗糙度轮廓的算术平均中线

5. 表面粗糙度轮廓的评定参数

为了定量地评定表面粗糙度轮廓，必须用参数及其数值来表示表面粗糙度轮廓的特征。鉴于表面轮廓上的微小峰、谷的幅度和间距的大小是构成表面粗糙度轮廓的两个独立的基本特征，因此在评定表面粗糙度轮廓时，通常采用下列的幅度参数（高度参数）和间距参数。

1）轮廓的算术平均偏差（幅度参数）

如图 10-120 所示，轮廓的算术平均偏差是指在一个取样长度 lr 范围内，被评定轮廓上各点至中线的纵坐标值 $Z(x)$ 的绝对值的算术平均值，用符号 Ra 表示，用公式表示为

$$Ra = \frac{1}{lr} \int_0^{lr} |Z(x)| \mathrm{d}x \tag{10-43}$$

或近似表示为

$$Ra = \frac{1}{n}\sum_{i=1}^{n} \left| Z(x_i) \right| = \frac{1}{n}\sum_{i=1}^{n} z_i \qquad (10-44)$$

2）轮廓的最大高度（幅度参数）

如图 10-122 所示，在一个取样长度 lr 范围内，被评定轮廓上各个高极点至中线的距离叫做轮廓峰高，用符号 Zp_i 表示，其中最大的距离叫做最大轮廓峰高 Rp（图中 $Rp = Zp_6$）；被评定轮廓上各个低极点至中线的距离叫做轮廓谷深，用符号 Zv_i 表示，其中最大的距离叫做最大轮廓谷深，用符号 Rv 表示（图中 $Rv = Zv_2$）。

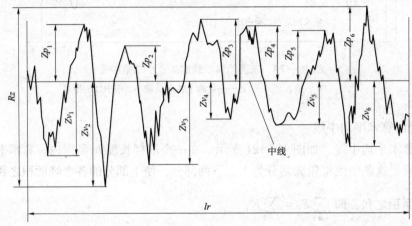

图 10-122　表面粗糙度轮廓的最大高度

轮廓的最大高度是指在一个取样长度 lr 范围内，被评定轮廓的最大轮廓峰高 Rp 与最大轮廓谷深 Rv 之和的高度，用符号 Rz 表示，即

$$Rz = Rp + Rv \qquad (10-45)$$

在零件图上，对零件某一表面的表面粗糙度轮廓要求，按需要选择 Ra 或 Rz 标注。

3）轮廓单元的平均宽度（间距参数）

对于表面轮廓上的微小峰、谷的间距特征，通常采用轮廓单元的平均宽度来评定。如图 10-123 所示，一个轮廓峰与相邻的轮廓谷的组合叫做轮廓单元，在一个取样长度 lr 范围内，中线与各个轮廓单元相交线段的长度叫做轮廓单元的宽度，用符号 Xs_i 表示。

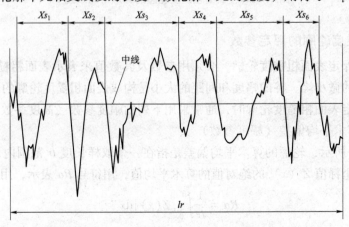

图 10-123　轮廓单元的宽度与轮廓单元的平均宽度

轮廓单元的平均宽度是指在一个取样长度 lr 范围内所有轮廓单元的宽度 Xs_i 的平均值，用符号 Rsm 表示，即

$$Rsm = \frac{1}{m}\sum_{i=1}^{m} Xs_i \tag{10-46}$$

Rsm 属于附加评定参数，与 Ra 或 Rz 同时选用，不能独立采用。

10.3.2　用比较法测量表面粗糙度

比较法测量表面粗糙度是生产中常用的方法之一。此方法是用表面粗糙度比较样板与被测表面比较，判断表面粗糙度的数值。尽管这种方法不够严谨，但它具有测量方便、成本低、对环境要求不高等优点，被广泛应用于生产现场检验一般表面粗糙度。

1. 比较样块

图 10-124 所示为表面粗糙度比较样块，它是采用特定合金材料加工而成，具有不同的表面粗糙度参数值。通过触觉、视觉将被测件表面与之作比较，以确定被测表面的粗糙度。

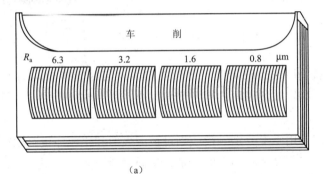

（a）

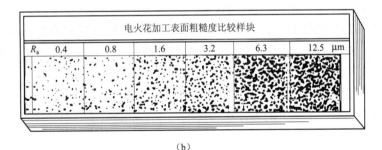

（b）

图 10-124　表面粗糙度比较样块

（a）车削加工样块；（b）电铸工艺复制的样块

GB/T 6060.1—1997 表面粗糙度
比较样块　铸造表面

GB/T 6060.2—2006 表面粗糙度
比较样块　磨、车、膛、铣、
插及刨加工表面

GB/T 6060.3—2008 表面粗糙度
比较样块　第 3 部分：电火花、
抛（喷）丸、喷砂、研磨、锉、
抛光加工表面

GB/T 14495—2009 产品几何技术
规范（GPS）表面结构　轮廓法　木制件
表面粗糙度比较样块

JJF 1099—2003 表面粗糙度
比较样块校准规范

ISO 粗糙度比较样块由高纯度镍电镀的特定低碳钢制成，在同一块比较样块上有细砂型和喷丸型两种规格，符合 ISO8503 标准所规定的细、一般、粗糙三个等级，达到喷砂、喷丸清除表面的 Sa2.5 级和 Sa3 级标准，如图 10-125 所示。

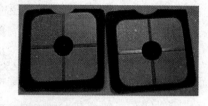

图 10-125　ISO 粗糙度比较样块

2. 检测方法

1）视觉比较法

视觉比较法就是用人的眼睛反复比较被测表面与比较样板间的加工痕迹异同、反光强弱、色彩差异，以判定被测表面的粗糙度的大小。必要时可借用放大镜进行比较。

2）触觉比较法

触觉比较法就是用手指分别触摸或划过被测表面和比较样板，根据手的感觉判断被测表面与比较样板在峰谷高度和间距上的差别，从而判断被测表面粗糙度的大小。

采用比较法检测时，应注意以下事项：

① 被测表面与粗糙度比较样板应具有相同的材质。不同的材质表面的反光特性和手感的粗糙度不一样。例如，用一个钢质的粗糙度比较样板与一个铜质的加工表面相比较，将会导致误差较大的比较结果。

② 被测表面与粗糙度比较样板应具有相同的加工方法，不同的加工方法所获取的加工痕迹是不一样的。例如，车加工的表面粗糙度绝对不能用磨加工的粗糙度比较样板去比较并得出结果。

③ 用比较法检测工件的表面粗糙度时，应注意温度、照明方式等环境因素影响。

10.3.3　用针描法测量表面粗糙度

针描法是指利用触针划过被测表面，把表面粗糙度轮廓放大描绘出来，经过计算处理装置直接给出 Ra 值。采用针描法的原理制成的表面粗糙度轮廓测量仪称为触针式轮廓仪，它适宜于测量 Ra 值为 0.04～5.0 μm 的内、外表面和球面。

如图 10-126 所示，量仪的驱动箱以恒速拖动传感器沿工件被测表面轮廓的 X 轴方向（图 10-117）移动，传感器测杆上的金刚石触针与被测表面轮廓接触，触针把该轮廓上的微小峰、谷转换为垂直位移，这位移经传感器转换为电信号，然后经检波、放大路线分送两路，其中一路送至记录器，记录出实际表面粗糙度轮廓；另一路经滤波器消除（或减弱）

波纹度的影响，由指示表显示出 Ra 值。

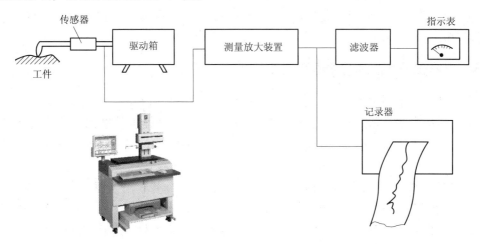

图 10-126　触针式轮廓仪

10.3.4　用光切法测量表面粗糙度

　　光切法是指利用光切原理测量表面粗糙度轮廓的方法，属于非接触测量的方法。采用光切原理制成的表面粗糙度轮廓测量仪称为光切显微镜（或称双管显微镜），它适宜于测量 Rz 值为 2.0～63 μm（相当于 Ra 值为 0.32～10 μm）的平面和外圆柱面。

　　如图 10-127 所示，测量仪有两个轴线相互垂直的光管，左光管为观察管，右光管为照明管。由光源 1 发出的光线经狭缝 2 后形成平行光束。该光束以与两光管轴线夹角平分线成45°的入射角投射到被测表面上，把表面轮廓切成窄长的光带。该被测轮廓峰尖与谷底之间的高度为 h。这光带以与两光管轴线夹角平分线成45°的反射角反射到观察管的目镜 3。从目镜 3 中观察到放大的光带影像（即放大的被测轮廓影像），它的高度为 h'。

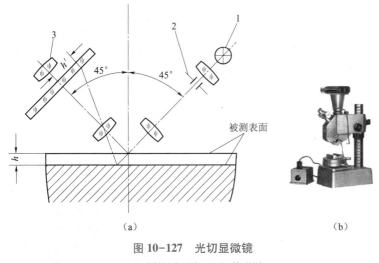

JB/T 9340—1999 光切
显微镜

JJF 1092—2002 光切
显微镜校准规范

图 10-127　光切显微镜

（a）测量原理图；（b）外形图

1—光源；2—狭缝；3—目镜

在一个取样长度范围内，找出同一光带所有的峰中最高的一个峰尖和所有的谷中最低的一个谷底，利用测量仪测微装置测出该峰尖与该谷底之间的距离（h' 值），把它换算为 h 值，来求解 Rz 值。

10.3.5　用显微干涉法测量表面粗糙度

显微干涉法是指利用光波干涉原理和显微系统测量精密加工表面粗糙度轮廓的方法，属于非接触测量的方法。采用显微干涉法的原理制成的表面粗糙度轮廓测量仪称为干涉显微镜，它适宜测量 Rz 值为 $0.063 \sim 1.0\ \mu m$（相当于 Ra 值为 $0.01 \sim 0.16\ \mu m$）的平面、外圆柱面和球面。

干涉显微镜的测量原理［图 10-128（a）］是基于由测量仪光源 1 发出的一束光线，经测量仪反射镜 2、分光镜 3 分成两束光线，其中一束光线投射到工件被测表面，再经原光路返回；另一束光线投射到测量仪的标准镜 4，再经原光路返回。这两束返回的光线相遇叠加，产生干涉而形成干涉条纹，在光程差每相差半个光波波长处就产生一条干涉条纹。由于被测表面轮廓存在微小峰、谷，而峰、谷处的光程差不相同，因此造成干涉条纹的弯曲，如图 10-128（c）所示。通过测量仪目镜 5 观察到这些干涉条纹（被测表面粗糙度轮廓的形状）。干涉条纹弯曲量的大小反映了被测部位微小峰、谷之间的高度。

在一个取样长度范围内，测出同一条干涉条纹所有的峰中最高的一个峰尖至所有的谷中最低的一个谷底之间的距离，求解 Rz 值。

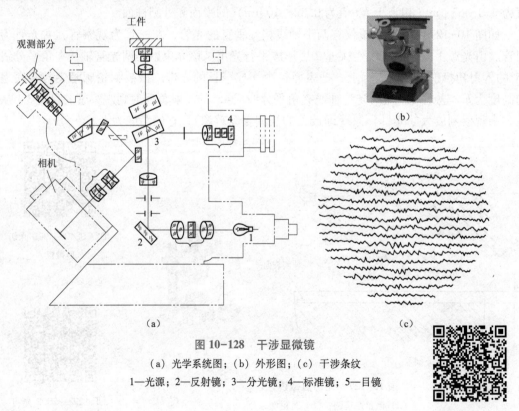

图 10-128　干涉显微镜

（a）光学系统图；（b）外形图；（c）干涉条纹

1—光源；2—反射镜；3—分光镜；4—标准镜；5—目镜

JJG 77—2006 干涉
显微镜检定规程

10.3.6　用表面粗糙度检查仪测量表面粗糙度

利用表面粗糙度检查仪测量表面粗糙度，具有直观、准确、高效等优势。测量时，主要是要严格遵守使用说明书的操作程序，仔细处理各项数据。

1. 用 2205 型表面粗糙度检查仪测量表面粗糙度

2205 型表面粗糙度检查仪的外形结构，如图 10-129 所示，由驱动箱、传感器、电器箱、支臂、底座、计算机等六个基本部件组成。

图 10-129　2205 型表面粗糙度检查仪的外形

当测量工件表面粗糙度时，将传感器搭在工件被测表面上，由传感器探出的极其尖锐的棱锥形金刚石测针，沿着工件被测表面滑行，此时工件被测表面的粗糙度引起了金刚石测针的位移，该位移使线圈电感量发生变化，经过放大及电平转换之后进入数据采集系统，计算机自动地将其采集的数据进行数字滤波和计算，得出测量结果，测量结果及图形在显示器上显示或打印输出。

2. 其他表面粗糙度检查仪

1）TR300 表面粗糙度形状测量仪

TR300 粗糙度形状测量仪如图 10-130 所示，是最新推出的一款完全符合最新 ISO 国际标准的新产品，是评定零件表面质量的多用途便携式仪器，具有符合多个国家标准和国际标准的多个参数，可对多种零件表面的粗糙度、波纹度和原始轮廓进行多参数评定，可测量平面、外圆柱面、内孔表面及轴承滚道等。该仪器具有测量范围大、性能稳定、精度高的特点，适用于生产现场、科研实验室和企业计量室。根据选定的测量条件计算相应的参数，测量结果可以数字和图形方式显示在液晶显示器上，也可以输出到打印机上。还可以连接电脑，电脑专用分析软件可直接控制测量操作并提供强大的高级分析功能。

2）123 指针型表面粗糙度测量仪

英国 elcometer 公司 123 指针型表面粗糙度测量仪，如图 10-131 所示，量程：0～1 000 μm，测量时可直接在表中读出所测表面的表面粗糙度数值。

图 10-130　TR300 表面粗糙度形状测量仪　　　　图 10-131　123 指针型表面粗糙度测量仪

3）SURTRONIC 25 便携式粗糙度测量仪

英国泰勒公司生产的 SURTRONIC 25 便携式粗糙度测量仪是一种体积小、携带方便的表面粗糙度测量仪，如图 10-132 所示，被广泛应用于加工现场或在计量室进行进一步分析。它可测量各种加工表面，包括：油泵油嘴、曲轴、凸轮轴、缸体缸盖的配合面、缸套、缸孔、活塞孔等的表面粗糙度。同时也可应用于 PS 版测量、在线检测机床的设置和调整、检测加工过程中刀具的磨损或松动。

图 10-132　SURTRONIC 25 便携式粗糙度测量仪

SURTRONIC25 便携式粗糙度测量仪仅手掌大小，可携带到任何需要测量表面粗糙度的地方。设计独特的探头支架可轻易使探头和被测工件表面稳定接触。在操作过程中，内置电池作微型驱动电源。测量通过按键控制，采用菜单选择方式，简单易行。测量结果可输出打印，或与 DPM 数据处理器连接。测量值在行程结束后 2 秒钟自动显示。可选择多种探头和附件以满足各种形状工件的测量。

思考与练习

1. 用两种不同检测法求圆锥角，并比较结果。准备清单为：① 4 号莫氏圆锥塞规；② 标准平板；③ φ8 mm 量棒（2 根）；④ 量块（1 套）；⑤ 25～50 mm 外径千分尺；⑥ 正弦规；⑦ 带表座百分表。

（1）用圆柱量棒、量块检测 4 号莫氏圆锥塞规［见图 10-133（a）］，通过公式计算出圆锥半角 $\alpha/2$，再求圆锥角 α。

（2）用正弦规检测 4 号莫氏圆锥塞规［见图 10-133（b）］，调整量块组高度，使指示器在 a 点与 b 点等高，根据量块组高度，通过公式计算出圆锥角 α。

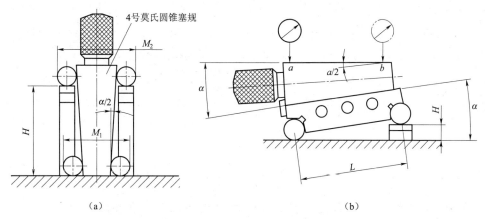

（a） （b）

图 10-133 比较用两种不同检测法求圆锥角
（a）用圆柱、量规检测；（b）用正弦规检测

2. 按表 10-6 所示的内容进行多角样板角度检测练习。准备清单为：① 多角样板；② 游标万能角度尺。

表 10-6 多角样板角度检测练习

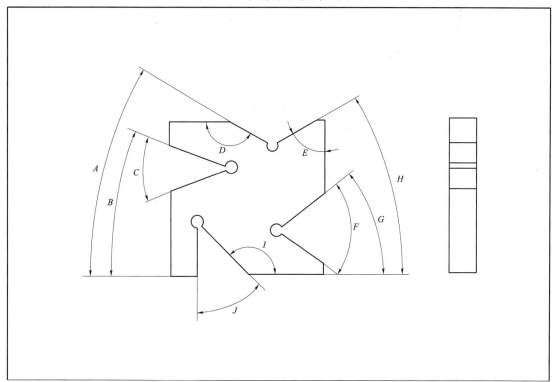

检测内容	实测角度	配分	得分
A		10	
B		10	
C		10	
D		10	
E		10	
F		10	
G		10	
H		10	
I		10	
J		10	

3. 按表10-7所示的内容进行多角样板综合检测练习。准备清单为：① 多角样板；② ϕ4 mm 量棒；③ ϕ8 mm 量棒（3根）；④ ϕ10 mm 量棒（3根）；⑤ 0～25 mm 深度千分尺；⑥ 1.7 mm 量块；⑦ 塞尺；⑧ 游标万能角度尺。

表 10-7　多角样板综合检测练习

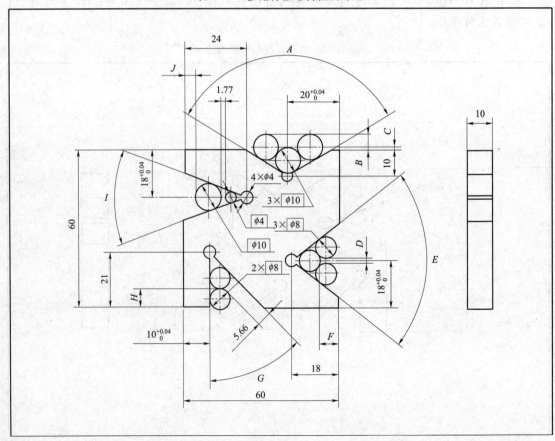

检测内容	实测数据	配分	得分
A		10	
B		10	
C		10	
D		10	
E		10	
F		10	
G		10	
H		10	
I		10	
J		10	

4. 用比较法检测表面粗糙度时需注意哪些事项？

5. 用表面粗糙度检查仪检测表面粗糙度的主要优点是什么？

6. 表面粗糙度检查仪由哪几个部分组成？

7. 表面粗糙度检查仪传感器的工作原理是什么？

项目十一

模具零件的手工制作实例

≫ **项目内容：**

- 模具零件的手工制作实例。

≫ **学习目标：**

- 按照工具钳工（中级）职业技能鉴定标准，能动手完成简单机械零件的手工制作任务。

≫ **主要知识点与技能：**

- 模具零件手工制作实训的基本要求。
- 四拼块配合件的制作。
- 蝶形配合件的制作。
- 十字块配合件制作。
- 六方体镶嵌配合件的制作。

11.1 模具零件手工制作实训的基本要求

模具零件手工制作实训的基本要求有：

（1）看懂较复杂的机械零件图、一般的部件图和装配图，能绘制较复杂零件图和简单零件装配图。

（2）能完成机械零件的划线、锯割、锉、錾、钻孔、铰孔、研磨、抛光和去毛刺等手工加工，并达到零件图样的技术要求。

（3）能制作曲线样板和凸轮等形状较复杂零件，表面粗糙度 $Ra0.8 \sim 1.6\ \mu m$。

（4）按图样要求刻字，做到整齐、清晰、大小一致。

（5）根据机械零件与部件的技术要求，编制加工工艺和装配工艺规程。

（6）按照工件的工艺技术要求组装复杂的组合夹具；装配、修理较复杂的中型或大型工装、夹具、模具。

（7）能自制和修磨完成零件手工制作所需的切削刀具、专用工具和检具。

（8）正确分析废品产生的原因和防止方法。

11.2　模具零件手工制作实例

11.2.1　四拼块配合件的制作

1. 手工制作任务

手工制作如图 11-1 所示四拼块配合件，材料 Q235，时间 7 小时。考核和评分标准见表 11-1。

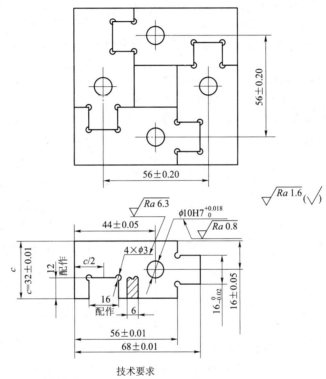

技术要求

1. 按图要求制作四件拼块满足装配要求。
2. 配合互换间隙不大于0.03，周边错位量不大于0.05。

图 11-1　四拼块配合件

表 11-1　考核和评分标准（四拼块配合件）

序号	考核项目	考试内容及要求	配分	检测结果	评分标准	备注
1	锉削	68±0.01 mm（4处）	4		超差不得分	
2		56±0.01 mm（4处）	4		超差不得分	
3		32±0.01 mm（4处）	4		超差不得分	
4		$16_{-0.02}^{0}$ mm（4处）	4		超差不得分	
5		$Ra1.6\ \mu m$（4处）	11		超差不得分	

续表

序号	考核项目	考试内容及要求	配分	检测结果	评分标准	备注
6	钻铰	$\phi 10^{+0.018}_{0}$ mm（4 处）	4		超差不得分	
7		16±0.05 mm（4 处）	4		超差不得分	
8		44±0.05 mm（4 处）	4		超差不得分	
9		$Ra0.8$ μm（4 处）	4		超差不得分	
10	配合	间隙小于或等于 0.03 mm（20 处）	30		超差不得分	
11		错位量小于或等于 0.05 mm	5		超差不得分	
12		56±0.20 mm（2 处）	2		超差不得分	
13						
14						
	工具设备使用与维护	正确规范使用工、刃、量具、合理保养及维护工、刃、量具	5		主观评判：不符合要求酌情扣 1～5 分	
		正确规范使用设备，合理保养及维护设备	3		主观评判：不符合要求酌情扣 1～3 分	
		操作姿势、动作正确规范	2		主观评判：不符合要求不得分	
	安全及其他	安全文明生产，符合国家颁发的有关法规或企业自定的有关规定	5		主观评判：一处不符合要求扣 2 分，发生较大事故者取消考核资格	
		操作工艺规程正确规范	5		主观评判：正确满分，一处不符合要求扣 1 分	
		考件工艺规程正确规范			考件局部不完整不得分	

准备所需的材料，见图 11-2。所需设备见表 11-2，所需工具、量具、刃具见表 11-3、表 11-4。

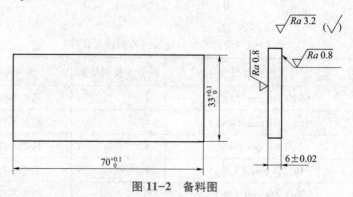

图 11-2　备料图

表 11-2　所需设备

序号	名　　称	规格/mm	数量	备　　注
1	台钻	Z4112	1	（台钻附件齐全）
2	钻夹头	1～13	1	
3	台虎钳	150	1	
4	钳桌	2 000×3 000	1	六工位（中间设安全网）
5	划线平板	1 500×2 000	1	4 工位蓝油
6	砂轮机	S3SL-250	1	白刚玉砂轮

表 11-3　所需工具、量具、刃具（实训场地准备）

序号	名　　称	规格/mm	数量	备　　注
1	高度游标卡尺	0～300	1	读数值 0.02 mm
2	游标卡尺	0～150	1	读数值 0.2 mm
3	直角尺	100×63	1	1 级
4	平行座表（含表头）			表头 0.01
5	外径千分尺	0～25	1	读数值 0.01 mm
6	外径千分尺	25～50	1	读数值 0.01 mm
7	外径千分尺	50～75	1	读数值 0.01 mm
8	游标万能角度尺	0～320	1	分度值 2′
9	钳工锉（三角、方、8×8 扁锉）	10″、8″、6″	各 1	粗、中、细
10	锯、锤子、狭錾		各 1	
11	钻头 ϕ9.8 mm、手用铰刀 ϕ10H7		若干	
12	塞尺、刀口形直尺 100	0.02～0.5，100	各 1	1 级
13	深度千分尺	0～25	1	读数值 0.01 mm
14	检验棒	ϕ10 mm×10 mm	1	
15	内外角样板	90°	1	
16	Ra1.6 μm、Ra0.8 μm 样板		各 1	

表 11-4　所需工具、量具、刃具（操作人员准备）

序号	名　　称	规格/mm	数量	备　　注
1	软钳口		1	铜皮
2	划针		1	
3	样冲		1	
4	锯条		适量	
5	钻头	ϕ3	2	
6	金属直尺	0～150	1	
7	锉刀刷		1	
8	毛刷		1	

2. 图样分析

（1）考核要求

① 公差要求：锉削 IT7；铰孔 IT7；配合间隙不大于 0.03 mm。

② 表面粗糙度：锉削 $Ra1.6\ \mu m$；铰孔 $Ra0.8\ \mu m$。

（2）操作前准备

① 了解技能鉴定的考核规则，按要求组织好工作场地，工、刃、量具、辅助工具摆放整齐。

② 按照备料技术要求，检查备料的各项技术指标，确定划线加工基准。

③ 编制各项操作的加工工艺步骤、加工方法及测量手段等。

（3）工艺要求分析

① 该配合件是多件配合，每个零件既是凸件，又是凹件，而且配合后，还有孔位精度要求。这四个零件图形、尺寸均相同，故可以四个一起划线，因为孔位精度要求为 ±0.05 mm，如果四个零件锉好后再钻孔，要全部保证其精度，比较困难，最好采用先钻、铰孔后，再以孔中心线为基准加工其他尺寸。对于凸台尺寸，虽无对称度公差要求，但要达到配合要求就必须注意对称问题，故在加工中，可以用百分表来检查，不必用尺寸链换算的方法。对凹槽可互相试配即可保证技术要求。

② 技术要求分析。主要是尺寸公差要求较严格，故锉削时，应特别小心认真，保证尺寸公差要求。配合间隙 0.03 mm 虽较小，但只要保证每个零件的尺寸公差及形状公差都准确，就能达到技术要求，只要能保证零件对称、中心准确，配合后周边错位量就不会超差。

③ 评分标准分析。配合间隙占 30 分，这个主要的评分必须得到。其余每个尺寸都只有 1 分，不能粗心。丢失一个尺寸，虽然只有 1 分，但它可能影响到配合分，故在锉削加工中，特别是在精锉修正时更要细心，同时，可用百分表来检查四个零件的各处尺寸，以保证一致为好。

④ 根据准备的量具分析可知，此题可以用多种方法进行加工，用深度千分尺来测量凸台深度，即 $16_{-0.02}^{0}$ mm 时，可用一种加工步骤；当没有准备深度千分尺时，要用外径千分尺，经过换算测量，又是另外一种加工步骤。

根据以上分析，此题主要是用锉削来达到各项技术要求的，故在加工步骤上，都要以修正为主，同时要特别注意测量时的准确性。

（4）操作要点分析

保证孔位公差可采用精钻孔的方法，也可以孔为基准，利用锉削方法达到孔位精度要求。根据此题情况和准备工具情况，以孔为基准，用锉削外形来达到孔的位置精度比较好些。即：先将 $\phi 10H7$ 的孔钻、铰好，达到孔径尺寸要求及表面粗糙度 $Ra0.8\ \mu m$ 要求后，然后以孔中心为测量基准加工另一邻边，保证孔中心到边的尺寸 16±0.05 mm。然后以孔中心为测量基准，用锉削方式保证尺寸 44±0.05 mm 技术要求，同时保证对已加工邻边的垂直度要求。最后加工外形 68±0.01 mm 和 32±0.01 mm 的尺寸。这样既可保证孔位公差±0.05 mm 的技术要求，又能保证零件外形尺寸要求。同时也可保证配合后孔距 56±0.02 mm 的尺寸要求。

3. 加工工艺步骤

（1）采用深度千分尺的测量方法如下：

① 检查毛坯料的尺寸及几何公差。

② 修正一对互相垂直的基准边。

③ 划 ϕ 10H7 的孔位线。注意 16 mm、44 mm 两处尺寸应留有修正量。

④ 钻 ϕ 9.8 mm 的孔，铰削达到 ϕ 10H7。

⑤ 以孔为基准粗、细锉 68 mm×32 mm，达到技术要求（最好为上偏差）。

注意：保证孔距 16±0.05 mm 和 44±0.05 mm 的两组尺寸。

⑥ 划线：划凸、凹加工界线。

⑦ 钻工艺孔 ϕ 3 mm 和凹槽处 ϕ 9.8 mm 孔。

⑧ 用锯削方式，去掉凸台和凹槽处的余量。

⑨ 粗、细锉凸台，用深度千分尺测量两边，达到技术要求。

⑩ 粗、细锉凹槽，保证到端头 8 mm，到对边 20 mm 两处尺寸，公差以上偏差为好。

⑪ 试配各凹槽，达到技术要求。

注意：外侧面的位置公差及各面之间的配合间隙。

⑫ 全面修正，去掉装夹痕迹。

注意：修正时，只能修正凹槽。

⑬ 检查尺寸及几何公差，去毛刺、打印记、涂油。

（2）用外径千分尺的测量方法如下：

① 检查毛坯料的尺寸及几何公差。

② 划 ϕ 10H7 的孔位线。注意，16 mm、44 mm 两处尺寸应留有修正量。

③ 钻 ϕ 9.8 mm 的孔，铰削达到 ϕ 10H7。

④ 以孔中心线为基准，锉削长边，保证尺寸 $16^{+0.05}_{0}$ mm。

⑤ 以孔中心线为基准，锉削端面，保证尺寸 $44^{+0.05}_{0}$ mm。

⑥ 以锉好的两边为划线基准，划外形尺寸界线。

⑦ 钻工艺孔 ϕ 3 mm，同时，在凹槽中钻 ϕ 9.8 mm 孔 1 个，以靠一边为好。

⑧ 利用锯削方式，去掉凸台一个角（即凹槽边的角）。

⑨ 粗、细锉，达到尺寸 $24^{0}_{-0.01}$ mm 和 56±0.01 mm 的要求，可利用百分表测量，同时可用百分表检查此面与底面的平行度误差。

⑩ 锯掉另外一个角。

⑪ 粗、细锉，达到尺寸 $16^{0}_{-0.02}$ mm 和 56±0.01 mm 的要求。

⑫ 锯凹槽余料。

⑬ 粗、细锉底边和靠端面的边，用千分尺测量，保证到端面 $8^{+0.01}_{0}$ mm，到底面 $20^{+0.01}_{0}$ mm 左右。

⑭ 锉削 32 mm 尺寸，达到公差±0.01 mm。

⑮ 锉削 68 mm 尺寸，达到公差±0.01 mm。注意：四块都加工完成后进行试配。

⑯ 利用凸台和凹槽进行试配，达到凸台配合精度。注意：用锉削 $16^{0}_{-0.02}$ mm 凸台的实际尺寸，来修配外形达到错位量小于或等于 0.05 mm。

⑰ 全面检查尺寸，去毛刺、打印记、涂油。

4. 注意事项

（1）以孔为基准锉削长边时，要特别注意在钻、铰孔时，必须留有一定的修正量，否则，将无法达到孔位±0.05 mm的技术要求。

（2）用深度千分尺测量时，要注意测量面放置水平。特别是在只用深度千分尺的单边尺座测量时，更要注意尺座与零件外形贴紧，并放置水平。在测量尺寸时，应用棘轮测量，当测杆与被测面接触，棘轮发出"嗒嗒"声时，即可读数。

（3）用外径千分尺测量法加工时，请注意测量基准的选择，同时应注意计算保证凸台的对称公差。

（4）还可采用比较法进行测量，用百分表检查各凸台的尺寸公差，这样比较方便快捷。

11.2.2 蝶形配合件的制作

1. 手工制作任务

手工制作如图11-3所示蝶形配合件，材料45钢，时间8小时。考核和评分标准见表11-5。

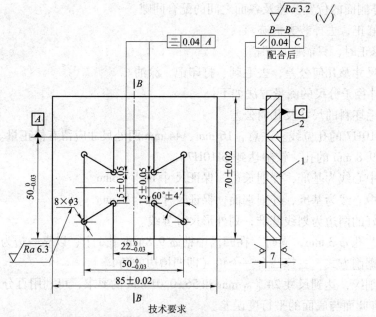

技术要求

以件1为基准，件2配件，配合互换间隙不大于0.05，下侧错位量不大于0.66。

图11-3 蝶形配合件

表11-5 考核和评分标准（蝶形配合件）

序号	考核项目	考试内容及要求	配分	检测结果	评分标准	备注
1		$50_{-0.03}^{0}$ mm	4		超差不得分	
2		$22_{-0.03}^{0}$ mm	4		超差不得分	
3	件1	15±0.05 mm	8		超差不得分	
4		60°±4′（4处）	8		超差不得分	
5		〓 0.04 A	8		超差不得分	
6		Ra3.2 μm（12处）	6		超差不得分	

续表

序号	考核项目	考试内容及要求	配分	检测结果	评分标准	备注
7	件2	70±0.02 mm	3		超差不得分	
8		85±0.02 mm	3		超差不得分	
9		Ra3.2 μm（16处）	8		超差不得分	
10	配合	间隙不大于0.05（22处）	22		超差不得分	
11		错位量不大于0.06	4		超差不得分	
12		⫽ 0.04 C	2		超差不得分	
	工具设备的使用与维护	正确规范使用工、刃、量具，合理保养及维护工、刃、量具	5		主观评判：不符合要求酌情扣1～5分	
		正确规范使用设备，合理保养维护设备	3		主观评判：不符合要求酌情扣1～3分	
		操作姿势、动作正确规范	2		主观评判：不符合要求不得分	
	安全及其他	安全文明生产，符合国家颁布的有关法规或企业自定的有关规定	5		主观评判：一处不符合要求扣2分，发生较大事故者取消考核资格	
		操作工艺规程正确规范	5		主观评判：正确满分，一处不符合要求扣1分	
		考件工艺规程正确规范			考件局部缺陷不得分	

准备所需的材料，见图11-4。所需设备见表11-6，所需工具、量具、刃具见表11-7、表11-8。

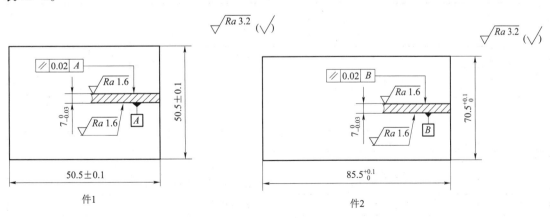

图11-4　备料图

表 11-6　所需设备

序号	名　称	规格/mm	数量	备　注
1	台钻	Z4112	1	台钻（附件齐全）
2	钻夹头	1～13	1	
3	台虎钳	150	1	
4	钳桌	2 000×3 000	1	六工位（中间设安全网）
5	划线平板	1 500×2 000	1	4 工位、蓝油
6	砂轮机	S3SL—250	1	白刚玉砂轮
7	方箱		1	

表 11-7　所需工具、量具、刃具（实训场地准备）

序号	名　称	规格/mm	数量	备　注
1	高度游标尺	0～300	1	读数值 0.02 mm
2	游标卡尺	0～150	1	读数值 0.02 mm
3	直角尺	100×63	1	1 级
4	平行座表（含表头）		1	表头 0.01 mm
5	外径千分尺	0～25	1	读数值 0.01 mm
6	外径千分尺	25～50	1	读数值 0.01 mm
7	外径千分尺	50～75	1	读数值 0.01 mm
8	游标万能角度尺	0～320	1	分度值 2′
9	钳工锉（齐头扁锉、三角锉、方锉 8×6）	10in、8in、6in	各 1	2 号、3 号、5 号
10	锯、锤子、錾子		各 1	
11	V 形铁 120°		1	
12	检验轴	ϕ 8×10	1	
13	塞尺，刀口形直尺	0.2～0.5，100	各 1	塞尺 0.02～0.1 mm
14	整形锉		1 盒	

表 11-8　所需工具、量具、刃具（操作人员准备）

序号	名　称	规格/mm	数量	备　注
1	软钳口		1	铜皮
2	划针		1	
3	样冲		1	
4	锯条		适量	
5	钻头	ϕ 3，ϕ 5，ϕ 10，ϕ 12	各 1	
6	金属直尺	0～150	1	
7	锉刀刷		1	
8	毛刷		1	

2. 图样分析

（1）考核要求

① 公差要求：锉削 IT7；配合间隙不大于 0.05 mm。

② 几何公差：对称度 0.04 mm；平行度 0.04 mm。

③ 表面粗糙度：锉削 $Ra3.2\ \mu m$。

（2）操作前准备

① 了解技能鉴定的考核规则，按要求组织好工作场地，工、刃、量具、辅助工具摆放整齐。

② 按照备料技术要求，检查备料的各项技术指标，确定划线加工基准。

③ 编制各项操作的加工工艺步骤、加工方法及测量手段等。

（3）工艺要求分析

① 该配合件是一个半封闭形式的插入配合件，以角度配合为主，同时又能进行换向配合。需经过划线、钻孔、锯削余料，锉削达到图样技术要求。件 1 为凸件，件 2 为凹件，并且是以件 1 为基准配作的。件 1 的加工主要是角度及对称度，以 50 mm 的两个外形对称中心平面为设计基准。故件 1 加工、划线、测量都无法和设计基准重合，必须采用间接测量的方法才能完成件 1 的加工。只要件 1 的尺寸及角度对设计基准的十字中心线都保持一样，那么，就能在与件 2 配合后，达到技术要求。根据准备工作情况来看，一无正弦规，二无成套样板，只准备有游标万能角度尺、外径千分尺等测量工具，操作时只能采用间接测量方法来保证尺寸的准确性和互换性，故在考虑加工步骤时，只能一步一步地加工。

② 技术要求分析。技术要求配合间隙不大于 0.04 mm，而且互换后间隙不大于 0.04 mm，底边错位量不大于 0.05 mm，大平面扭曲量不大于 0.04 mm。这就要求件 1 的尺寸加工误差不能大，应控制在 0.02 mm 以内，角度误差也不能大，应控制在 2′ 以内，同时件 1 的形位误差也不能过大，特别是垂直于大平面的要求也都应不大于 0.02 mm，这样才可以保证技术要求。故要求在加工件 1 时，应细心操作，认真测量，尽量保证几何公差、尺寸及角度误差都控制在最小范围。

③ 评分标准分析。件 1 配合 38 分，说明件 1（凸件）的重要性，再次提醒操作者重视，而件 2 配合 14 分，主要是外形尺寸配分，故加工件 2 时，要注意外形尺寸加工，配合占 28 分，其间隙不大于 0.05 mm（22 处含反转）配 22 分，即每处 1 分，应注意间隙的修配，力争保证达到要求。错位量 4 分，只要在加工中保证几何公差，是可以达到的。油光锉达到 $Ra3.2\ \mu m$ 是没有问题的。

从以上的分析看来，此试题重点在于考核如何选择对称零件的加工方法和测量方法，只要方法选择得当，认真细心的加工，就可达到各项技术要求。

（4）操作要点分析

件 1 燕尾的对称度加工，是根据测量工具来确定的，一般有三种方法：

① 用正弦规和百分表来检查时，可以一次去除所有余量进而加工成形。

② 用内外角度样板和尺寸样板控制的方法来加工对称燕尾。

③ 用外径千分尺和测量柱采用间接测量方法来加工对称燕尾。

这几种方法中，第一种精度高些；第二种考前应做几个分样板，比较麻烦；第三种是常用方法之一，主要问题是间接测量，需通过尺寸链计算，一般用于精度较低之处。根据量具准备情况，应采用第三种方法。

3. 加工工艺步骤

（1）件1的加工步骤

① 检查毛坯料，选择较好的一对垂直边进行修正，并作为划线基准。

② 粗、细锉 50 mm×50 mm 外形，达到垂直度、平行度和平面度误差均在 0.02 mm 以内，尺寸加工到 50 mm 的上极限尺寸内为好。可用百分表检查，使两组尺寸公差一致。

③ 划双燕尾的加工界线，并用 ϕ 3 mm 钻头钻出四个工艺孔。

④ 用锯削方式去掉 a 角余料，如图 11 - 5 所示。

⑤ 粗、细锉 a 燕尾角，用外径千分尺测量到 A 边尺寸，达到技术要求，用检验轴 ϕ 8 mm 和外径千分尺测量到 B 边的尺寸，达到技术要求，同时要用量角器测量 60°±4′ 角度，达到技术要求。

⑥ 用锯削方式去掉 b 角余料，如图 11 - 5 所示。

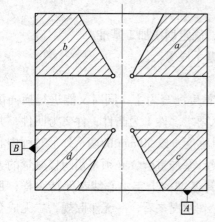

图 11-5　去掉各角余料

⑦ 粗、细锉 b 燕尾角，用外径千分尺测量到 A 边尺寸，达到技术要求，用两个 ϕ 8 mm 检验轴测定燕尾中心距 15±0.05 mm 尺寸，达到技术要求，用量角器检查 60°±4′ 角度，达到技术要求，同时可用杠杆百分表校验两燕尾底边到 A 边尺寸的一致性。用 120° V 形铁检验 60°±4′ 燕尾两个斜边尺寸的一致性，这样两个角 60°±4′ 就对称了。

⑧ 重复第 4 步，去 c 角余料。

⑨ 重复第 6、7、8 步，去掉 d 角余料。注意在重复第 8 步的过程中，用百分表检验对称度时，用外形作为基准，要特别注意四个燕尾底边和斜边都能保证尺寸一致，公差越小越能保证互换精度要求。

⑩ 最后进行全面检查，去毛刺、清洗、交验。

（2）件2的加工步骤

① 检查毛坯料，修正垂直度较好的一边垂直边，作为划线基准。

② 粗、细锉外形尺寸，达到公差要求。

③ 划内燕尾线，用 ϕ 3 mm 钻头钻四个工艺孔，用 ϕ 4 mm 钻头钻排孔，并去余料。或用 ϕ 12 mm 钻头在直槽角处、两个燕尾角处各钻一个孔，用锯削方式去掉余料。

④ 粗锉内燕尾，留 0.1 mm 的精修量。

⑤ 用件 1 进行试配、修正，达到配合要求和互换要求。

⑥ 检查错位量进行微量修正。

⑦ 全面检查各项技术要求，去毛刺、清洗、交验。

4. 注意事项

（1）件1外形修正时由于尺寸加工到上偏差的附近，如果在修配时对某些高点修正就不会使尺寸超差。

（2）使用检验轴和外径千分尺测量尺寸，属于间接测量法，加工过程中应再利用尺寸链的方法来计算尺寸公差，以便更好的保证精度。

（3）用杠杆百分表校验尺寸时，请注意表头要垂直工件表面，同时要多次校验，以免测量不准。

（4）件2去内燕尾余料时，如用錾削去余料的方式，注意不能使工件变形。建议最好使用锯割方式去余料，这样可避免工件变形。

（5）如果件2外形尺寸及几何公差都比较好，也可用间接测量法加工内燕尾，留下0.02 mm 余量进行修配，这样用的试配时间会少些。但这需要根据自己的加工能力和水平而定。

（6）在试配时，特别注意不要用锤子敲击件1配入，这样可能引起件2变形，造成配合后平行度超差。

11.2.3 十字块配合件制作

1. 手工制作任务

手工制作如图 11-6 所示十字块配合件，材料 Q235，时间 6 小时。

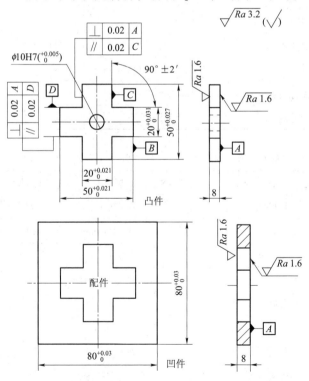

技术要求

1. 凸件镶嵌在凹件内，其配合间隙不大于0.03 mm；凸件应在凹件内进行互换和反转，且配合间隙均匀不大于0.03 mm。
2. 配合后，A面平面度误差不大于0.02 mm。
3. φ10H7孔对凹件外形对称度误差不大于0.05 mm。

图 11-6 十字块配合件

准备所需的材料，见图 11-7。所需设备见表 11-9，所需工具、量具、刃具见表 11-10、表 11-11。

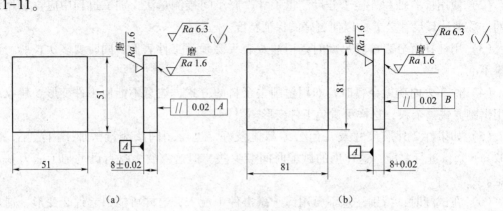

图 11-7　备料图

（a）凸件；（b）凹件

表 11-9　所需设备

序号	名　　称	规　　格	数量	备　　注
1	台钻	Z4112	8	台钻附件齐全
2	钻夹头	1～13 mm	8	
3	台虎钳	150 mm	24	
4	钳工台	2 000 mm×3 000 mm	4	六工位中间设安全网
5	划线平台	1 500 mm×2 000 mm	5	4 工位、蓝油
6	砂轮机	S3SL—250	3	白刚玉砂轮

表 11-10　所需工具、量具、刃具（实训场地准备）

序号	名　　称	规　　格	数量	备　　注
1	高度游标卡尺	0～300 mm	4	刻度值 0.02 mm
2	游标卡尺	0～150 mm	21	刻度值 0.02 mm
3	直角尺	100×63 mm	21	1 级
4	平行座表（含表头）		10	表头 0.01
5	外径千分尺	0～25 mm	21	
6	外径千分尺	25～50 mm	21	
7	外径千分尺	50～75 mm	21	分度值 0.01 mm
8	外径千分尺	75～100 mm	21	分度值 0.01 mm
9	深度千分尺	0～25 mm	各 21	
10	杠杆千分尺	0～0.8 mm	各 21	
11	锉（板锉、三角锉、方锉）	25 mm，28 mm	21	2 号、3 号、5 号

续表

序号	名　称	规　格	数量	备　注
12	锯、锤、錾子		各21	
13	量块	38	各21	1级
14	塞尺，刀口尺	自定	21	塞尺0.02~0.05
15	磨石（三角形、圆形、扁形）		各1	
16	钻头	$\phi 4$、$\phi 8$、$\phi 9.8$、$\phi 12$	21	
17	整形锉		21	
18	塞规	$\phi 10h7$	1	
19	手用铰刀	$\phi 10h7$	1	

表 11-11　所需工具、量具、刃具（操作人员准备）

序号	名　称	规　格	数量	备　注
1	软钳口		1	铜皮
2	划针		1	
3	样冲		1	
4	锯条		适量	
5	钻头	$\phi 3$, $\phi 5$, $\phi 10$, $\phi 12$	1	
6	金属直尺	0~150 mm	1	
7	锉刀刷		1	
8	毛刷		1	

2. 图样分析

（1）考核要求

① 尺寸公差：锉削 IT7，铰孔 IT7，配合间隙不大于 0.03 mm。

② 几何公差：垂直度 0.02 mm，平行度 0.02 mm。

③ 表面粗糙度：锉削面 $Ra3.2 \mu m$，铰孔 $Ra0.8 \mu m$。

（2）工艺要求分析

① 配合件结构分析

此配合件是一个全封闭的配合，配合的各面间均为垂直关系。需经过划线、锯割、切削去除余料，以锉削达到图样要求。图形中有一个中心孔，对外轮廓有对称度 0.02 mm 的要求，只要加工工艺和测量方法正确，是完全可以达到的。从试题要求上分析，件1为凸件，形状都是外直角，既便于测量，又便于锉削，比较好加工，易达到各项技术要求。

根据量具准备情况分析，件1可采用以下几种测量方法：

（a）采用外径千分尺通过间接计算的测量方法。

（b）采用深度千分尺直接测量的方法。

（c）采用杠杆百分表和量块作比较的测量方法。

这三种测量方法均可达到图样规定的技术要求，但加工步骤却不一样。

另外，件1中心有ϕ10H7的中心孔，虽然规定是对件2的外形有对称度0.02 mm的技术要求，却没有标注对件1外形的要求，但件1在件2内配合有反转互换要求，这样就说明中心孔对件1也同样是有对称度0.02 mm要求的，为此在考虑加工步骤时，必然要考虑ϕ10H7孔的对称要求。

件2只有外形尺寸要求，内十字是以件1配作的，但配合后中心孔ϕ10H7的对称度有要求，说明内十字的配合一定在件2的中心上，也要求对称，故加工件2时，也要考虑好对称关系。

② 技术要求上分析

主要是强调件1在件2内配合的，间隙要小于0.03 mm，间隙要求比较严，同时做到反转互换时的间隙相等，说明凸件（件1）一定要加工到公差的中差范围内，且每组尺寸、角度都要做到中差，这样才能达到配合、互换及反转要求。错位量主要是指对大平面的垂直度要求，只要加工中注意垂直度，就可保证此项技术要求。

从以上分析可得知，主要是考核基本操作和测量方法，只要测量准确，加工步骤正确，还是容易保证各项技术要求的，关键在于不能粗心，要认真、仔细地测量和加工。根据量具准备，加工件1的三种方法均可采用，第一种方法需用尺寸链换算，需逐个角依次加工；第二种方法，不用换算尺寸，但由于测量面比较小，深度千分尺不能测量准确；第三种方法比较好，用量块和杠杆百分表作比较测量，尺寸测量精度高、测量面积大，省时。为此，最好采用第三种测量方法来确定加工步骤。

（3）操作要点分析

中心孔ϕ10H7对外形有对称度要求：其实是中心孔ϕ10H7对件1、件2均有对称度要求，在加工中可以用以下几种方法：

① 用卡尺测量来保证孔的位置度要求。先进行钻、扩、铰完成ϕ10H7孔的加工，以孔中心到四周各边尺寸相等来保证孔的位置度要求，这种方法能达到的精度较低，但仍可满足要求。

② 用杠杆百分表和量块配合测量来保证孔的位置度要求。用杠杆百分表和量块定好测量尺寸，用杠杆百分表测量孔到四周各边尺寸是否正确及一致，这种方法能达到较高的精度，适用于精度要求高的零件加工。

③ 用钻、扩、铰的方法来保证孔的位置度。先加工好件1及件2的外形，配合后再用划线、钻、扩、铰的方法来达到此题的技术要求。这种划线、钻孔、扩孔、铰孔多用于对于精度要求一般的零件进行加工。

该配合件对称度要求较高，宜采用第二种方法。但最终仍需以测量工具来确定测量方法并最后决定采用哪种加工方法。

3. 加工工艺步骤

（1）凸件的制作

第一种制作凸件的方法，采用外径千分尺测量的加工方法，基本步骤如图11-8所示。

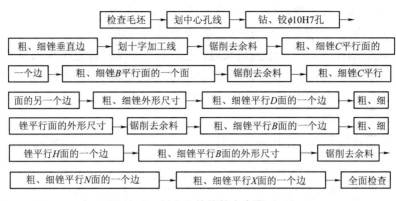

图 11-8　制作凸件的基本步骤（一）

步骤 1：检查毛坯情况，选择一对比较好的垂直边作为划线基准。

步骤 2：划中心孔 ϕ10H7 的加工线。

步骤 3：钻、扩、铰 ϕ10H7 孔达到技术要求。

步骤 4：以 ϕ10H7 孔中心为基准，粗、细锉一对垂直面 B、C。要保证中心孔到 B、C 的尺寸公差一致，最好在对称公差的 1/3 左右。

步骤 5：以 B、C 面为基准划十字加工界线。

步骤 6：用锯削方式去掉 C 面对边一个直角余料，如图 11-9（a）所示。

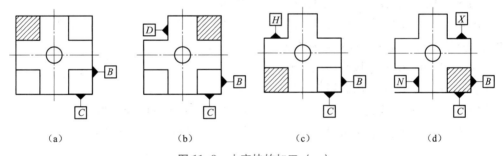

（a）　　　　　　　（b）　　　　　　　（c）　　　　　　　（d）

图 11-9　十字块的加工（一）

（a）加工步骤 6；（b）加工步骤 9；（c）加工步骤 13；（d）加工步骤 17

步骤 7：粗、细锉平行 C 面的一个边，达到尺寸及平行 C 面的要求。

步骤 8：粗、细锉平行 B 面的一个边，达到尺寸及平行 B 面的要求。

步骤 9：用锯削方式去掉 C 面对边的另一个角余料，见图 11-9（b）。

步骤 10：粗、细锉平行 C 面的一个边，达到尺寸及平行 C 面的要求。

步骤 11：粗、细锉平行 C 边的外形尺寸，达到技术要求。

步骤 12：粗、细锉平行 D 面的一个边，达到尺寸及平行 D 面的要求。

步骤 13：用锯削方式去掉 B 面对边的一个直角余料，见图 11-9（c）。

步骤 14：粗、细锉平行 B 面的一个边，达到尺寸及平行 B 面的要求。

步骤 15：粗、细锉平行 H 面的一个边，达到尺寸及平行 H 面的要求。尺寸及平行度应与上一个凸台尺寸及平行度一致。

步骤 16：粗、细锉平行 B 面的外形尺寸，达到技术要求。

步骤17：用锯削方式去掉最后一个角的余料，见图11-9（d）。

步骤18：粗、细锉 N 面的一个直角底边，达到技术要求。

步骤19：粗、细锉 X 边的一个直角底边，达到技术要求。注意事项同步骤18。

步骤20：全面检查与修正，达到外形两组尺寸一致，四个直角的尺寸及几何公差均应一致。同时，校验中心孔 ϕ 10H7 到外形两组尺寸的一致性。

步骤21：清洗，去毛刺。

第二种制作凸件的方法，采用深度千分尺测量的加工方法，基本步骤如图11-10所示。

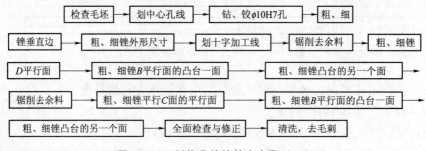

图11-10　制作凸件的基本步骤（二）

步骤1：检查毛坯情况，选择一对比较好的垂直边作为划线基准。

步骤2：划中心孔 ϕ 10H7 的加工线。

步骤3：钻、扩、铰 ϕ 10H7 的孔达到技术要求。

步骤4：以 ϕ 10H7 孔中心基准，进行粗、细锉一对垂直面 B、C。要保证中心孔到 B、C 的尺寸公差一致，最好在对称公差的 1/3 左右。

步骤5：以 B、C 面为基准加工外形。

步骤6：以 B、C 面为基准划十字加工界线。

步骤7：用锯削方式去掉 D 面的两个直角余料，如图11-11（a）所示。

步骤8：粗、细锉平行 D 面的两个边，达到尺寸及平行 D 面的要求。

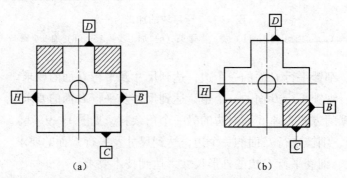

(a)　　　　　　　　　　(b)

图11-11　十字块的加工（二）

(a) 加工步骤7；(b) 加工步骤11

步骤9：粗、细锉平行 B 面的凸台一边的尺寸，达到技术要求。

步骤10：粗、细锉平行 H 面的凸台一边的尺寸，达到技术要求。

步骤11：用锯削方式去掉 C 面的两个直角余料，见图11-11（b）。可根据自己锉削情况，留锉削量 0.1～0.3 mm。

步骤 12：粗、细锉平行 C 面的两个边，达到尺寸及平行 C 的要求。尺寸及平行度应与 D 边的尺寸及平行度一致。

步骤 13：粗、细锉平行 B 面的凸台一边的尺寸，达到技术要求。用深度尺检查尺寸及平行度时，是以 B 面为基准进行测量，应控制到尺寸中差范围。此尺寸应控制在外形尺寸的中差范围。

步骤 14：粗、细锉平行 H 面的凸台一边的尺寸，达到技术要求。

步骤 15：全面检查与修正，达到外形两组尺寸一致，四个直角的尺寸及几何公差均应一致。同时，校验中心孔 ϕ 10H7 到外形两组尺寸的一致性。

步骤 16：清洗，去毛刺。

（2）凹件的制作

凹件制作的基本步骤如图 11-12 所示。

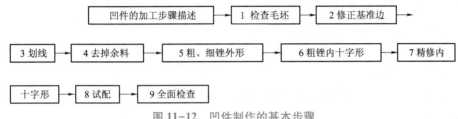

图 11-12　凹件制作的基本步骤

步骤 1：检查毛坯，符合备料尺寸，并选择一对较好的垂直边作为基准。

步骤 2：修正基准边，符合技术要求。

步骤 3：以基准边为划线基准，划出内十字形加工线和外形加工线。

步骤 4：用钻孔和锯削方式去掉内十字形余料和外形余料，如图 11-13 所示。

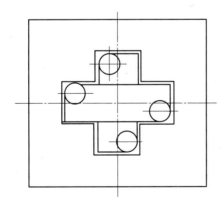

图 11-13　凹件去余料示意图

步骤 5：粗、细锉外形达到技术要求。

步骤 6：粗锉内十字形，留 0.1 mm 左右余料进行精加工。

步骤 7：精修内十字各边尺寸，达到技术要求。

步骤 8：用凸件与凹件试配，达到配合、反转、互换要求，如图 11-14 所示。

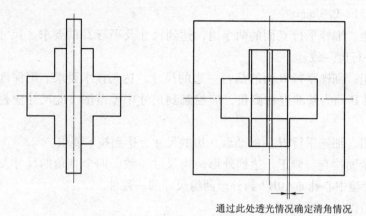

通过此处透光情况确定清角情况

图 11-14　内角清角的检查方法

步骤 9：全面检查各项技术要求，去毛刺、清理、打印、交验。

11.2.4　六方体镶嵌配合件的制作

1. 手工制作任务

手工完成下图所示六方体镶嵌配合件制作，材料 Q235。

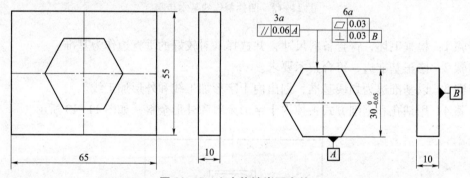

图 11-15　六方体镶嵌配合件

2. 制作准备

（1）准备工具、量具、刃具

窄錾子，锤子，锯弓，锯条，平锉，三角锉，$\phi 5$ mm、$\phi 6$ mm、$\phi 10$ mm 的麻花钻，游标高度尺，游标卡尺，刀口形直尺，千分尺，正弦规，量块，杠杆百分表。

（2）准备材料

材料：Q235 钢；规格：65 mm×90 mm×10 mm。

3. 手工制作工艺与步骤

六角体配合属于封闭式镶配，掌握板料制作六角体（正多边形）的加工方法、误差检测和修正方法。

（1）检查来料合格后，将其分成两块 65 mm×55 mm×10 mm 和 65 mm×$30_{-0.05}^{0}$ mm×10 mm，如图 11-16 所示，平面度、垂直度、平行度均为 0.03 mm，表面粗糙度 $Ra \leqslant 3.2$ μm。

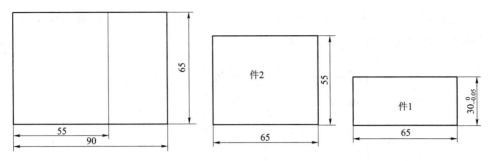

图 11-16 坯料准备

（2）加工外六方体

加工外六方体的步骤如下：

① 先精加工 65 mm×$30_{-0.05}^{0}$ mm 的尺寸，保证垂直度。再采用坐标法划出 $a \sim f$ 六点坐标值，并划出六角形，如图 11-17 所示。

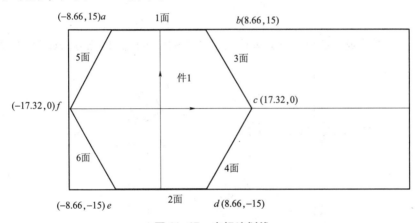

图 11-17 坐标法划线

② 加工第 3 面（bc 面）

a. 用锯子沿两线去除右边的材料，如图 11-18 所示。

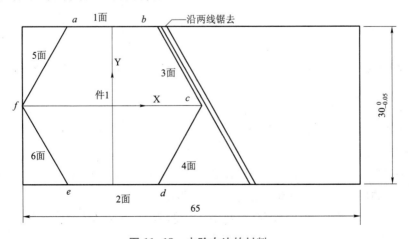

图 11-18 去除右边的材料

b. 再用锉刀进行锉削加工，保证第 1 面与第 3 面 [b (c) g 面] 的夹角为 120°，表面粗糙度 $Ra \leqslant 3.2\ \mu m$，垂直度为 0.05 mm，如图 11-19 所示。

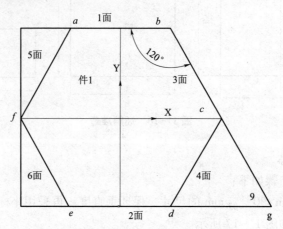

图 11-19　锉削加工第 1 面和第 3 面

c. 然后，用正弦规、量块、百分表检测第 3 面的位置度，检测方法如图 11-20 所示。

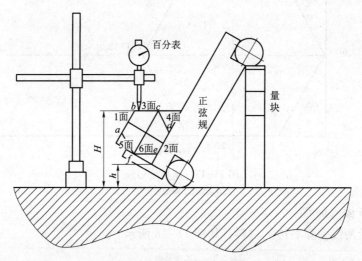

图 11-20　检测第 3 面的位置度

图 11-20 中量块高度 $H = 56.66$ mm，因为 $\sin \alpha = H/L$，$\alpha = 60°$，$L = 100$ mm，所以 $H = \sin 60° \times 100$ mm，如图 11-21 所示。

d. 采用比较法检测第 3 面的尺寸，方法如图 11-22 所示。

e. 采用"比较法"测量：比较百分表的浮动范围，从而检测第 3 面到底面的尺寸 M，如图 11-23 所示。

由图 11-22 可知，$h = H - \cos 15° \times L - D/2$，$L = 1.414 \times D/2$，$M = N + h$

③ 第 4 面的加工方法、测量方法与第 3 面的相同。

特别注意的是：第 4 面的 M 值必须与第 3 面的 M 值相等，从而确定第 3 面与第 4 面的夹角为 120°。

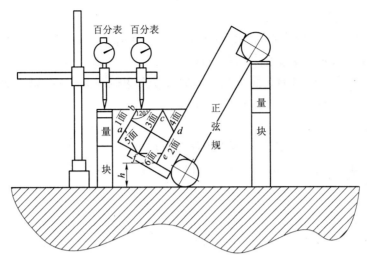

图 11-21　量块计算

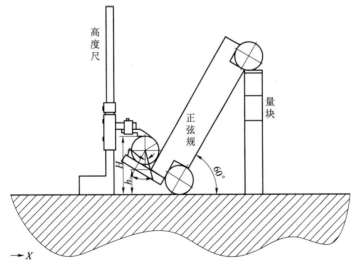

图 11-22　采用比较法检测第 3 面的尺寸

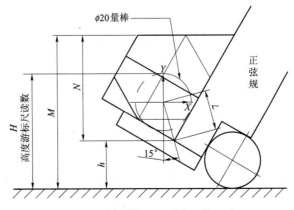

图 11-23　检测第 3 面到底面的尺寸 M

④ 然后加工第5面和第6面，如图11-24所示。

a. 先加工第5面，控制第6面与第3面的尺寸为 $30_{-0.05}^{0}$ mm，与第1面的角度为120°，表面粗糙度 $Ra \leqslant 3.2$ μm，垂直度为0.05 mm。

b. 再加工第6面，控制第5面与第4面的尺寸为 $30_{-0.05}^{0}$ mm，与第1面的夹角为60°，表面粗糙度 $Ra \leqslant 3.2$ μm，垂直度为0.05 mm。

⑤ 最后去毛刺，复检。

（3）加工内六角体件2（采用锉配的方法进行加工）

① 划线。先让件2找正中心，再采用坐标法划出 $a \sim f$ 六点坐标值，并划出六角形，如图11-25所示。

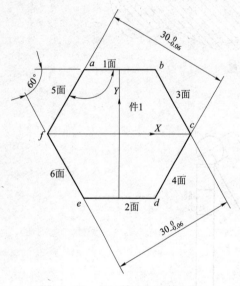

图11-24　加工第5面和第6面

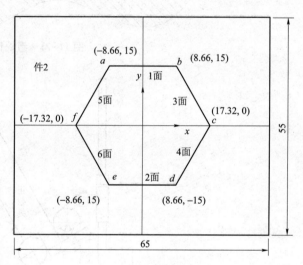

图11-25　划线

② 钻孔。用 $\phi 5$ mm 或 $\phi 6$ mm 的钻花钻排孔，进行排料，或者用 $\phi 10$ mm 的钻花在坐标原点钻 3~4 个孔，易于排料，如图11-26所示。

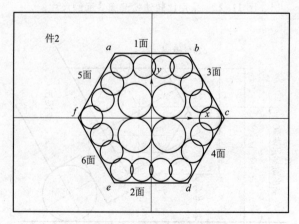

图11-26　钻孔去除材料

③ 排料后，粗加工划线，留 0.2 mm 的余量进行精加工锉削，如图 11-27 所示。

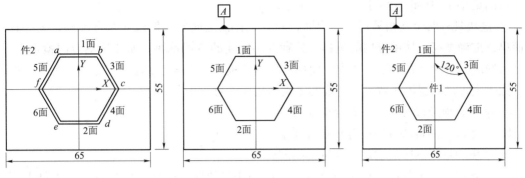

图 11-27 粗加工后再划线

④ 精加工（采用锉配法加工）

a. 先精加工件 2 第 1 面，控制第 1 面与基准面 A 面的平行度。

b. 然后精加工第 2 面，控制第 2 面与第 1 面的平行度、尺寸为 30 mm（配合），用件 1 定位定向试配，如图 11-28 所示。

c. 再精加工第 3 面，控制第 3 面与第 1 面的夹角为 120°。

d. 再精加工第 6 面，控制第 6 面与第 1 面的夹角为 60°，与第 3 面的尺寸为 30 mm（配合），用件 1 定位定向试配，如图 11-29 所示

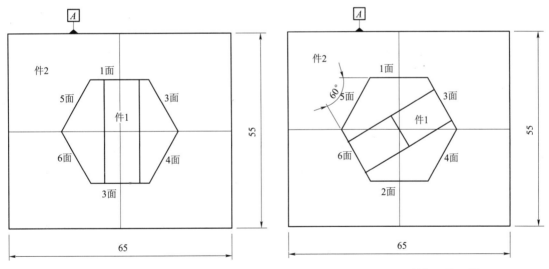

图 11-28 精加工第 2 面   图 11-29 精加工第 6 面

e. 最后精加工第 4 面和第 5 面，如同第 3 面和第 6 面。

（4）整体修配（先单面换位配合，再换向配合），达到配合精度。

（5）测控说明

① 用百分表先测量第 3 面的高度 M，再测量第 4 面的高度，看两次测量值是否相等，如果相等，则证明第 3 面和第 4 面的夹角为 120°。

② 正弦规是利用正弦定义测量角度和锥度等的量规，也称正弦尺。它主要由一钢制长

方体和固足在其两端的两个相同直径的钢圆柱体组成。正弦规一般用于测量小于40°的角度，在测量小于30°的角度时，精确度可达3″。

③ 量块具有两个互相平行的工作面，而且工作面之间的长度尺寸非常准确，是一种结构简单，准确度高，使用方便的量具。具有专门用途的专用量块，如计量室专门检定卡尺、千分尺的成套量块，在检定工作中，使用方便，准确度高，可减少量块由于研合所造成的磨损，能大大提高检定工作效率。量块的正确使用应注意以下几点：

a. 量块必须经过检定，并有合格证书。

b. 检定量具的量块等级应符合规程要求。

c. 量块测量范围应能满足所检量具的需要。

d. 必须符合温度规范。检定量具或在车间使用量块时，应使量块与量具或工件温度尽可能一致。

模具零件的手工制作与检测题例

12.1　角度凸台镶配

手工完成图 12-1 所示的角度凸台镶配，材料 Q235。

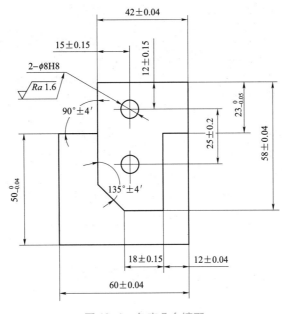

图 12-1　角度凸台镶配

1. 考核内容

（1）所有加工表面粗糙度为 $Ra3.2\ \mu m$（图中另有标注的除外）。

（2）以凸件为基准配作凹件，配合间隙应小于或等于 0.06 mm。

（3）单侧错位量≤0.06 mm。

（4）去除毛刺，倒棱角 $R0.3$ mm（图中另有标注的除外）。

2. 工时定额：5 小时

3. 安全文明生产

（1）能正确执行安全技术操作规程。

（2）能按企业有关文明生产的规定，做到工作场地整洁，工件、工具摆放整齐。

4. 考核标准

考核标准如表 12-1 所示。

表 12-1　考核标准（角度凸台镶配）

考核项目		项次	技术要求	配分	评分标准	实测	扣分	成绩
角度凸台镶配	凸件	1	42±0.04	3	超差无分			
		2	23-0.03	3	超差无分			
		3	58±0.04	3	超差无分			
		4	12±0.15	3	超差无分			
		5	18±0.15	3	超差无分			
		6	135°±4′	3	超差无分			
		7	2×φ8H8 Ra1.6	2 处×2	1 处超差扣 2 分			
		8	12±0.04	3	超差无分			
		9	15±0.15	3	超差无分			
		10	25±0.2	3	超差无分			
	凹件	9	60±0.04	3	超差无分			
		10	50-0.04	3	超差无分			
	配合	15	配合间隙≤0.05	5 处×4	1 处超差扣 4 分			
		16	90°±4′	5	超差无分			
		17	错位量≤0.06	4	超差无分			
		18	粗糙度 Ra1.6	4	超差无分			
职业素养		19	安全意识	10	该项成绩 18 分以上为及格			
		20	职业行为习惯	20				
考评人员				评分人员		总评成绩		

注：1. 职业素养考核不及格（分数为 18 分以下）的，总评成绩判为不合格。

　　2. 职业素养不及格的，总评成绩判为不及格。

12.2　T 字角度镶配

手工制作如图 12-2 所示 T 字角度镶配，材料 Q235。

1. 考核内容

（1）所有加工表面粗糙度为 Ra3.2 μm。

（2）以凸件为基准配作凹件，配合间隙≤0.05 mm。两侧错位量≤0.10 mm。

（3）去除毛刺，倒棱角 R0.3 mm。

2. 工时定额：5 小时

3. 安全文明生产

（1）能正确执行安全技术操作规程。

（2）能按企业有关文明生产的规定，做到工作场地整洁，工件、工具摆放整齐。

4. 考核标准

考核标准如表 12-2 所示。

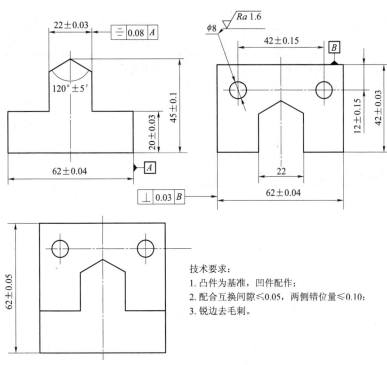

技术要求:
1. 凸件为基准,凹件配作;
2. 配合互换间隙≤0.05,两侧错位量≤0.10;
3. 锐边去毛刺。

图 12-2　T 字角度镶配

表 12-2　考核标准(T 字角度镶配)

考核项目	项次		技术要求	配分	评分标准	实测	扣分	成绩
T字镶配		凸件						
	1		62±0.04	3	超差无分			
	2		22±0.03	3	超差无分			
	3		20±0.03	3	超差无分			
	4		45±0.10	3	超差无分			
	5		对称度 0.08	3	超差无分			
	6		120°±5′	3	超差无分			
	7	凹件	62±0.04	3	超差无分			
	8		42±0.03	3	超差无分			
	9		12±0.15	3	超差无分			
	10		2×φ8　Ra1.6	2	超差无分			
	11		42±0.15	3	超差无分			
	12		垂直度 0.03	3	超差无分			
	15	配合	配合间隙≤0.05	12 处×2	1 处超差扣 2 分			
	16		62±0.06	3	超差无分			
	17		错位量≤0.10	4	超差无分			
	18		粗糙度 Ra1.6	4	超差无分			

考核项目	项次	技术要求	配分	评分标准	实测	扣分	成绩
职业 素养	19	安全意识	10	该项成绩18分 以上为及格			
	20	职业行为习惯	20				
考评人员			评分人员			总评成绩	

注：1. 职业素养考核不及格（分数为18分以下）的，总评成绩判为不合格。
　　2. 职业素养不及格的，总评成绩判为不及格。

12.3　凸凹件暗配

手工制作如图 12-3 所示凸凹件暗配，材料 Q235。

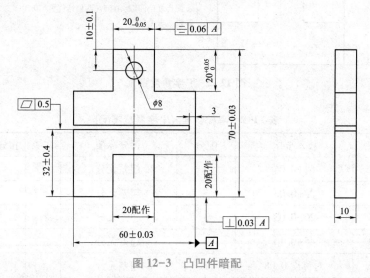

图 12-3　凸凹件暗配

1. 考核内容

（1）锯割处不得自行锯开，否则作废件处理。

（2）所有加工表面粗糙度为 $Ra3.2\ \mu m$。

（3）配合互换间隙应小于或等于 0.05 mm，两侧错位量≤0.06 mm。

（4）去除毛刺，倒棱角 $R0.3$ mm。

2. 工时定额：5 小时

3. 安全文明生产

（1）能正确执行安全技术操作规程。

（2）能按企业有关文明生产的规定，做到工作场地整洁，工件、工具摆放整齐。

4. 考核标准

考核标准如表 12-3 所示。

表 12-3　考核标准（凸凹件暗配）

考核项目		项次	技术要求	配分	评分标准	实测	扣分	成绩
凸凹体暗配	工件	1	70±0.03	4	超差无分			
		2	60±0.03	4	超差无分			
		3	20-0.05	4	超差无分			
		4	20+0.05	2 处×4	1 处超差扣 4 分			
		5	对称度 0.06	4	超差无分			
		6	垂直度 0.03	4	超差无分			
		7	锯割平面度 0.5	4				
		8	粗糙度 Ra3.2	12×0.5	1 处超差扣 0.5 分			
		9	10±0.10	3	超差无分			
		10	32±0.40	3	超差无分			
	配合	11	配合间隙≤0.05	10 处×2	1 处超差扣 2 分			
		12	错位量≤0.06	2 处×3	1 处超差扣 3 分			
职业素养		13	安全意识	10	该项成绩 18 分 以上为及格			
		14	职业行为习惯	20				
考评人员				评分人员		总评成绩		

注：1. 职业素养考核不及格（分数为 18 分以下）的，总评成绩判为不合格。
　　2. 职业素养不及格的，总评成绩判为不及格。

12.4　圆弧梯形镶配

手工制作如图 12-4 所示圆弧梯形镶配，材料 Q235。

1. 考核内容

（1）件 2 梯形槽按件 1 配作，件 1 尺寸 R10 按件 2 配作，配合间隙≤0.05 mm。

（2）所有加工表面粗糙度为 Ra3.2 μm，不准使用专用工，夹具加工，抛光。

（3）去除毛刺，倒棱角 R0.3 mm（图中●有标注的除外）。

2. 工时定额：5 小时

3. 安全文明生产

（1）能正确执行安全技术操作规程。

（2）能按企业有关文明生产的规定，做到工作场地整洁，工件、工具摆放整齐。

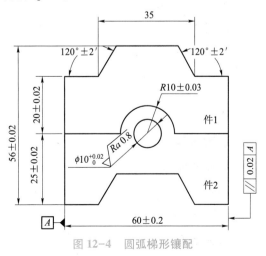

图 12-4　圆弧梯形镶配

4. 考核标准

考核标准如表 12-4 所示。

表 12-4　考核标准（圆弧梯形镶配）

考核项目		技术要求	配分	评分标准	实测	成绩
作品	件1	20±0.02　2 处	70	每处超差扣 2 分，扣完为止。		
		120°±2′　2 处				
	件2	25±0.02　2 处				
		$R10±0.03$				
		$\phi\,10^{+0.02}_{0}$				
	配合	平行度 0.02				
		56±0.02				
		配合间隙≤0.05（8 处）				
		翻边间隙≤0.05（8 处）				
		错位量≤0.06				
		粗糙度 $Ra3.2$（20 处）				
职业素养		安全意识	10	该项成绩 18 分以上为及格		
		职业行为习惯	20			
考评人员			评分人员		总评成绩	
注：职业素养考核不及格（分数为 18 分以下）的，总评成绩判为不合格。						

12.5　皮带轮样板

手工制作如图 12-5 所示皮带轮样板，材料 $Q235$。

1. 考核内容

（1）件 2 梯形槽按件 1 配作，配合间隙≤0.05 mm。

（2）所有加工表面粗糙度为 $Ra3.2\ \mu m$，不准使用专用工、夹具加工、抛光。

（3）去除毛刺，倒棱角 $R0.3$ mm。

（4）考件表面不许有敲打痕迹，如有敲打痕迹则扣 10 分。

2. 工时定额：5 小时

3. 安全文明生产

（1）能正确执行安全技术操作规程。

（2）能按企业有关文明生产的规定，做到工作场地整洁，工件、工具摆放整齐。

4. 考核标准

考核标准如表 12-5 所示。

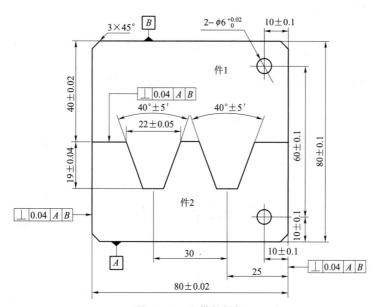

图 12-5　皮带轮样板

表 12-5　考核标准（皮带轮样板）

考核项目		技术要求	配分	评分标准	实测	成绩
作品	件1	$\phi 6^{+0.02}_{0}$	70	每处超差扣 2 分，扣完为止。		
		$40°\pm5'$　2 处				
		10 ± 0.1　2 处				
		$3\times45°$　2 处				
		19 ± 0.04				
	件2	10 ± 0.1　2 处				
		$\phi 6^{+0.02}_{0}$				
	配合	60 ± 0.1				
		60 ± 0.1				
		垂直度 0.04（4 处）				
		配合间隙 ≤0.05（9 处）				
		翻边间隙 ≤0.05（9 处）				
		错位量 ≤0.06				
		粗糙度 $Ra3.2$（24 处）				
职业素养		安全意识	10	该项成绩18分以上为及格		
		职业行为习惯	20			
考评人员			评分人员		总评成绩	
注：职业素养考核不及格（分数为18分以下）的，总评成绩判为不合格。						

12.6　锥度样板副

手工制作如图 12-6 所示锥度样板副，材料 45 钢。

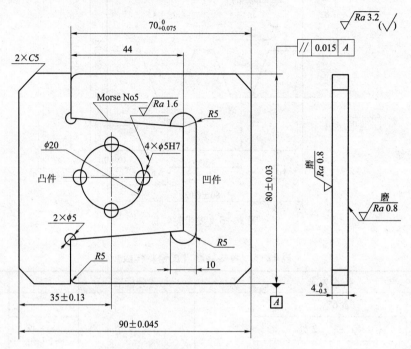

技 术 要 求

1. 凸件与凹件配合后，其最大单边间隙不大于0.05，
   正反换位，配合性质不变。
2. 4×φ5等分误差不大于0.2。
3. 两件配合面，直线度误差均为0.02。

图 12-6　锥度样板副

制作要求：

（1）公差要求：锉削为 IT8～IT10，铰孔为 IT7。

（2）单边配合间隙：0.05 mm。

（3）几何公差要求：形状公差为 0.02 mm，位置公差为 0.05 mm。

（4）表面粗糙度：锉削为 $Ra3.2\ \mu m$，铰削为 $Ra1.6\ \mu m$。

（5）工时定额：5 小时。

12.7　角度量块

手工制作如图 12-7 所示角度量块组合件，材料 CrWMn 钢。

制作要求：

（1）公差要求：研磨角度尺寸为自由公差。

（2）表面粗糙度：锉削为 $Ra1.6\ \mu m$；研磨为 $Ra0.05\ \mu m$ 图中●有标注的除外。

（3）工时定额：8 小时。

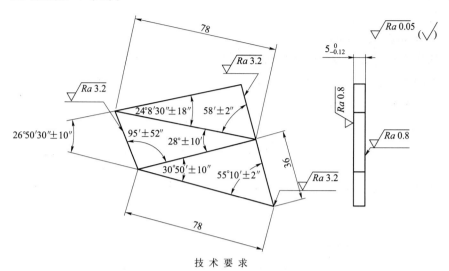

技 术 要 求

1. 三块三角形角度块规应在一个坯料件上划线排样，然后下料加工。
2. 研磨时，应用正弦规和杠杆千分表检测其工作角度的误差值；三件如图组合后，其研合性良好。

图 12-7　角度量块组合件

12.8　燕尾圆弧配合件

手工制作如图 12-8 所示燕尾圆弧配合件，材料 45 钢。

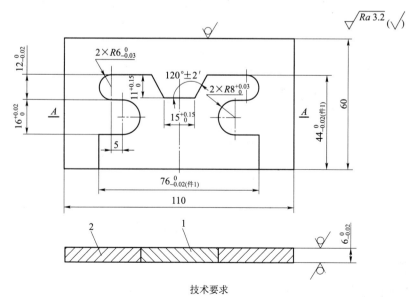

技术要求

件2按件1配作，配合互换间隙不大于0.04 mm，下侧错位量不大于0.04 mm。

图 12-8　燕尾圆弧配合件

制作要求：

（1）公差要求：锉削为IT7。

（2）配合间隙：0.04 mm。

（3）几何公差要求：位置公差为0.02 mm。

（4）表面粗糙度：锉削为 $Ra3.2$ μm。

（5）工时定额：7 小时。

12.9　组合内四方配合件

手工制作如图 12-9～图 12-12 所示组合内四方配合件，材料 Q235。

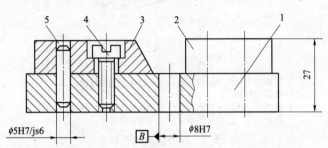

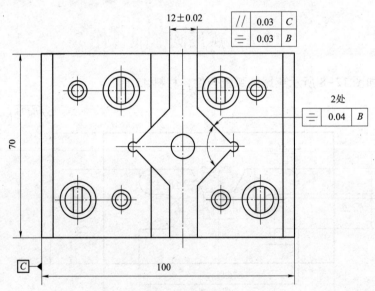

图 12-9　组合内四方配合件的装配图

1—底板；2—右V板；3—左V板；4—圆柱头螺钉；5—圆柱销

1. 操作要求

（1）熟悉考件图样。

（2）检查毛坯是否与考件符合。

（3）工具、量具、夹具的准备。

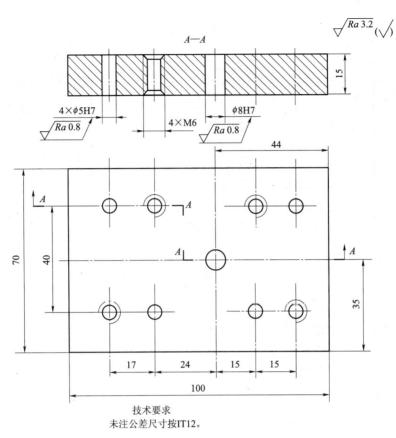

技术要求
未注公差尺寸按IT12。

图 12-10　组合内四方制件的底板

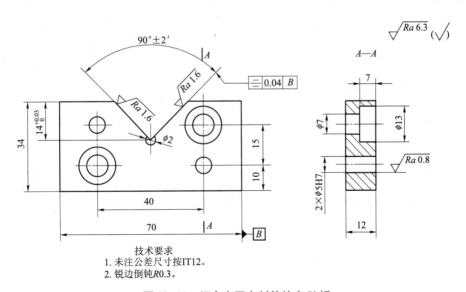

技术要求
1. 未注公差尺寸按IT12。
2. 锐边倒钝R0.3。

图 12-11　组合内四方制件的右 V 板

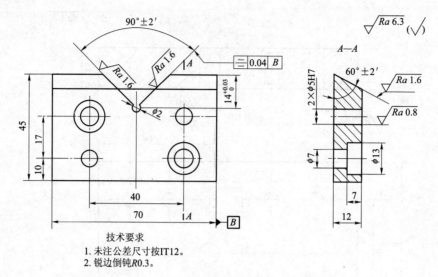

图 12-12　组合内四方制件左 V 板

（4）设备的检查（主要是电气和机械传动部分）。

（5）划线及划线工具的准备。

（6）安全文明生产要求的准备。

（7）操作时限：6 小时。

2. 配分与评分标准

配分与评分标准，见表 12-6。

表 12-6　配分与评分标准（组合内四方制件）

序号	检测内容	配分	评分标准	量具	检测结果	扣分
1	$60°\pm2'$（2 处）	7	超差不得分	万能角度尺		
2	$90°\pm2'$（2 处）	8	超差不得分	百分表正弦规		
3	$14^{+0.03}_{0}$ mm（2 处）	8	超差不得分	千分尺		
4	$2\times\phi$ 5H7 mm（2 处）	8	超差不得分	塞规		
5	10 mm、17 mm、 40 mm、45 mm（2 处）	6	超差不得分	游标卡尺		
6	⫼ 0.03 B（4 处）	12	超差不得分	杠杆百分表		
7	ϕ 7 mm、ϕ 13 mm、7 mm（2 处）	6	超差不得分	游标卡尺		
8	44 mm、35 mm、40 mm、17 mm	8	超差不得分	游标卡尺		
	ϕ 8H7 mm	2	超差不得分	心轴		
9	24 mm、15 mm、15 mm	5	超差不得分	游标卡尺		
10	12 mm$\pm$0.02 mm	5	超差不得分	量块		

续表

序号	检测内容	配分	评分标准	量具	检测结果	扣分
11	// 0.03 C	4	超差不得分	百分表		
12	〓 0.03 B	4	超差不得分	百分表		
13	$Ra1.6\ \mu m$（6处）	6	超差不得分	目测		
14	$Ra0.8\ \mu m$（5处）	5	超差不得分	目测		
15	安全文明生产	6	设备、工量具使用及操作中的安全要领、工作服的穿戴等	考场记录		

12.10 六方定位组合件

手工制作如图 12-13～图 12-16 所示六方定位组合件，材料 Q235。

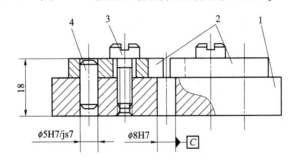

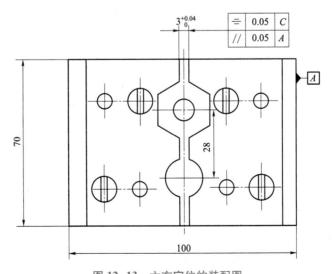

图 12-13 六方定位的装配图

1—底板；2—左、右板；3—螺钉；4—圆柱销

315

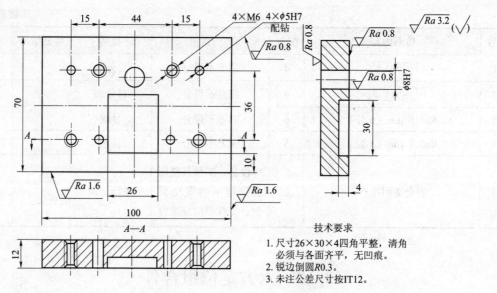

图 12-14　六方定位组合件的底板

技术要求

1. 尺寸26×30×4四角平整，清角必须与各面齐平，无凹痕。
2. 锐边倒圆R0.3。
3. 未注公差尺寸按IT12。

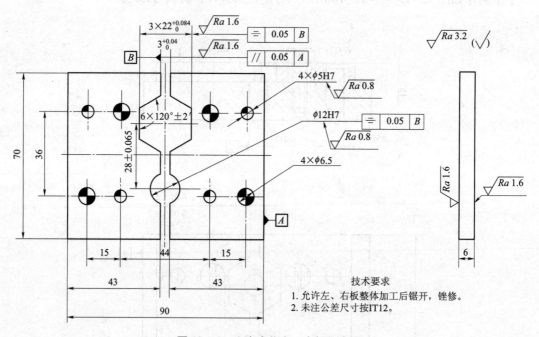

图 12-15　六方定位左、右板组合图

技术要求

1. 允许左、右板整体加工后锯开，锉修。
2. 未注公差尺寸按IT12。

1. 操作要求

（1）熟悉考件图样。

（2）检查毛坯是否与考件符合。

（3）工具、量具、夹具的准备。

（4）设备的检查（主要是电气和机械传动部分）。

（5）划线及划线工具的准备。

（6）安全文明生产要求。

（7）操作时间：8 小时。

2. 技术标准

（1）采用锯、锉、钻、铰的方法制作，加工后应达到图样要求的尺寸公差。对称度公差 0.05 mm，平行度公差 0.05 mm；锉削表面粗糙度为 $Ra1.6\ \mu m$，铰孔表面粗糙度为 $Ra0.8\ \mu m$，其他 $Ra3.2\ \mu m$。

（2）正确执行安全技术操作规程。

（3）应按企业有关文明生产的规定，做到工作场地整洁，工件、工具、量具等摆放整齐。

3. 考核与评分标准

考核与评分标准，见表 12-7。

表 12-7　考核与评分标准（六方定位组合件）

序号	考核要求	配分	评分标准	检测结果	扣分	得分
1	$\phi 8H7$，$Ra0.8\ \mu m$	8	超差不得分			
2	26 mm×30 mm×4 mm 四角平整，4 侧面 $Ra3.2\ \mu m$	10	超差不得分			
3	15 mm（4 处），44 mm、36 mm 各 2 处	8	超差不得分			
4	$4×\phi 5H7$，$Ra0.8\ \mu m$	8	超差不得分			
5	$6×120°±2'$（6 处）	12	超差不得分			
6	$3×22^{+0.084}_{0}$ mm，$Ra1.6\ \mu m$（6 处）	12	超差不得分			
7	$3^{+0.04}_{0}$ mm（3 处），$Ra1.6\ \mu m$（6 处）	12	超差不得分			
8	28 mm±0.065 mm	4	超差不得分			
9	$\phi 12H7$，$Ra0.8\ \mu m$	4	超差不得分			
10	// 0.05 A	3	超差不得分			
11	≡ 0.05 B	3	超差不得分			
12	≡ 0.05 C	6	超差不得分			
13	外观	4	超差不得分			
14	设备、工量具使用及操作中的安全要领、工作服的穿戴等	6	根据情节酌情扣分			

12.11　接头的测量

测量如图 12-16 所示的尺寸，标注尺寸公差、形状和位置公差。

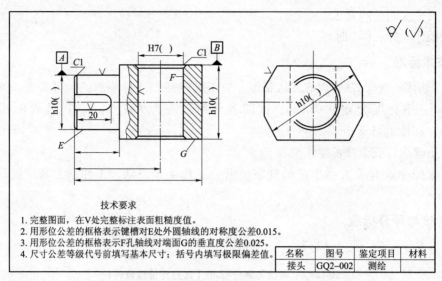

技术要求
1. 完整图画，在V处完整标注表面粗糙度值。
2. 用形位公差的框格表示键槽对E处外圆轴线的对称度公差0.015。
3. 用位位公差的框格表示F孔轴线对端面G的垂直度公差0.025。
4. 尺寸公差等级代号前填写基本尺寸；括号内填写极限偏差值。

名称	图号	鉴定项目	材料
接头	GQ2-002	测绘	

图 12-16 接头

1. 具体要求：

（1）根据实物测量尺寸。

（2）绘制完整的零件图。

（3）在图中标注尺寸公差和几何公差。

2. 考核与评分标准

考核与评分标准，见表12-8。

表 12-8 评分表（接头的测量）

职业（工种）		时限	1 小时	得分	
测绘提示	1. 测绘后的零件图应能直接进行生产 2. 实际测得的尺寸要圆整到设计时的基本尺寸标注，公差应按零件尺寸公差等级相应选择 3. 表面粗糙度等级应按零件实际工作要求确定，同时应考虑其经济性 4. 几何公差按适当等级公差标注				
1	文字表示的要求，改用框格形式表示			20	（2×10分）
2	按实测数据标注基本尺寸；按指定的尺寸公差等级标注标准公差			30	（5×6分）
3	图样完整、正确			10	
4	尺寸标注齐全			10	
5	表面粗糙度符号的表示和 Ra 值选用正确			20	（5×4分）
6	技术要求表达正确			5	
7	工件材料和热处理选用合适			5	

参 考 文 献

［1］何建民．钳工操作技术与窍门［M］．北京：机械工业出版社，2006．

［2］邱言龙，陈玉华．钳工入门［M］．北京：机械工业出版社，2004．

［3］刘洪璞．模具钳工实用技能［M］．北京：机械工业出版社，2006．

［4］门佃明．钳工操作技术［M］．北京：化学工业出版社，2006．

［5］杨摧，陈国香．机械与模具制造工艺学［M］．北京：中国宇航出版社，2005．

［6］机械工业职业技能鉴定指导中心．中级工具钳工技术［M］．北京：机械工业出版社，2004．

［7］机械工业职业技能鉴定指导中心.中级钳工技术［M］．北京：机械工业出版社，2005．

［8］张能武．模具钳工技能实训教程［M］．北京：国防工业出版社，2006．

［9］机械工业职业技能鉴定指导中心.初级钳工技术［M］．北京：机械工业出版社，2005．

［10］付宏生．模具识图与制图［M］．北京：化学工业出版社，2006．

［11］机械工业职业技能鉴定指导中心.钳工技能鉴定考核试题库［M］．北京：机械工业出版社，2004．

［12］劳动和社会保障部教材办公室．模具制造工［M］．北京：中国劳动社会保障出版社，2005．

［13］王志鑫．钳工操作技术要领图解［M］．济南：山东科学技术出版社，2004．

［14］杨占尧，注塑模具典型结构图例［M］．北京：化学工业出版社，2005．

［15］伍先明，王群，庞佑霞，张厚安．塑料模具设计指导［M］．北京：国防工业出版社，2006．

［16］模具设计与制造技术教育丛书编委会．模具钳工工艺［M］．北京：机械工业出版社，2005．

［17］李云程．模具制造工艺学［M］．北京：机械工业出版社，2005．

［18］黄健求．模具制造［M］．北京：机械工业出版社，2001．

［19］徐冬元．钳工工艺与技能训练［M］．北京：高等教育出版社，2005．

［20］劳动和社会保障部教材办公室．钳工工艺学［M］．北京：中国劳动社会保障出版社，2005．

［21］刘森．钳工［M］．北京：金盾出版社，2003．

［22］闻健萍．钳工技能训练［M］．北京：高等教育出版社，2005．

［23］劳动和社会保障部教材办公室．模具钳工工艺与技能训练［M］．北京：中国劳动社会保障出版社，2004．

［24］韩森和．模具钳工训练［M］．北京：高等教育出版社．2005.7.

［25］李益民．机械制造工艺设计简明手册［M］．北京：机械工业出版社，1993.6.

［26］许发樾．实用模具设计与制造手册［M］．北京：机械工业出版社，2001.2.

［27］常宝珍，刘药．钳工划线问答［M］．北京：机械工业出版社，2002.

［28］郑文虎．机械加工实用经验［M］．北京：国防工业出版社，2003.

［29］朱光力．模具设计与制造实训［M］．北京：高等教育出版社，2004.

［30］郑冀苏．简明工具钳工手册［M］．北京：机械工业出版社，2000.

［31］劳动部培训司．钳工生产实习［M］．北京：中国劳动出版社，1992.

［32］机械工业职业教育研究中心组．钳工技能实战训练［M］．北京：机械工业出版社，2005.

［33］机械工业职业技能鉴定指导中心．钳工技能鉴定考核试题库［M］．北京：机械工业出版社，2004.

［34］李文林，邱言龙，陈德全．钳工实用技术问答［M］．北京：机械工业出版社，2004.

［35］陈大钧．钳工技能［M］．北京：航空工业出版社，1991.

［36］孙以安，等．金工实习教学指导［M］．上海：上海交通大学出版社，1998.

［37］张详武．金工实习［M］．北京：中国铁道出版社，1996.

［38］应龙泉．模具制作实训［M］．北京：人民邮电出版社，2007.

［39］刘洪璞．模具钳工实用技能［M］．北京：机械工业出版社，2006.

［40］苏伟，朱红梅．模具钳工技能实训［M］．北京：人民邮电出版社，2007.

［41］《职业技能鉴定教材》、《职业技能鉴定指导》编审委员会．工具钳工（初级、中级、高级）［M］．北京：中国劳动社会保障出版社，1997.

［42］任级三，孙承辉．工具钳工实训与职业技能鉴定（修正版）［M］．沈阳：辽宁科学技术出版社，2007.

［43］全燕鸣．金工实训［M］．北京：机械工业出版社，2001.

［44］郑凤琴．互换性及测量技术［M］．南京：东南大学出版社，2000.

［45］吴兆祥．模具材料及表面处理［M］．北京：机械工业出版社，2005.

［46］侯维芝，杨金凤．模具制造工艺与工装［M］．北京：高等教育出版社，2005.

［47］陆建中，周志明．金属切削原理与刀具［M］．北京：机械工业出版社，2006.

［48］温上樵，杨冰．钳工基本技能项目教程［M］．北京：机械工业出版社，2008.

［49］熊建武．机械零件的公差配合与测量［M］．大连：大连理工大学出版社，2010.

［50］熊建武．模具零件的手工制作［M］．北京：机械工业出版社，2009.

［51］徐洪义．装配钳工（技师、高级技师）［M］．北京：中国劳动和社会保障出版社，2008.

［52］陈山弟．几何公差与检测技术［M］．北京：机械工业出版社，2009.

［53］甘永立．几何量公差与检测实验指导书［M］．上海：上海科学技术出版社第6版，2010.

［54］马喜法，张习格，王建．工具钳工（高级）国家职业资格证书取证问答［M］．北京：机械工业出版社，2007.

［55］马喜法，楼一光，张习格．工具钳工（高级）考前辅导（国家职业资格鉴定考前辅导丛书）［M］．北京：机械工业出版社，2009.

［56］湖南省职业院校高职模具设计与制造专业技能抽查考试试题库，2010.

［57］王高尚，马喜法，李伟杰．工具钳工（中级）考前辅导［M］．北京：机械工业出版社，2009.

［58］吴五一．模具钳工［M］．长沙：湖南大学出版社，2009.

［59］熊建武．模具零件的工艺设计与实施［M］．北京：机械工业出版社，2009.

［60］熊建武．模具制造工艺项目教程［M］．上海：上海交通大学出版社，2010.